Les espaces du vent

Pins sylvestres au port en drapeau sur une crête.

Les espaces du vent

Jean Riser

Collection Synthèses

Déjà parus

Les invasions biologiques, une question de natures et de sociétés
Martine Atramentowicz, Robert Barbault, coord.,
2010, 208 p.

Hétérosis et variétés hybrides en amélioration des plantes
André Gallais,
2009, 379 p.

Éthologie appliquée
Comportements animaux et humains, questions de société
Alain Boissy, Minh-Hà Pham-Delègue, Claude Baudoin, coord.,
2009, 264 p.

La forêt face aux tempêtes
Yves Birot, Guy Landmann et Ingrid Bonhême, coord.
2009, 470 p.

Génétique moléculaire des plantes
Frank Samouelian, Valérie Gaudin et Martine Boccara
2009, 224 p.

Éditions Quæ
RD 10, F-78026 Versailles cedex

 ISBN : 978-2-7592-0624-7 ISSN : 1777-4624

Sommaire

Chapitre III - Les espaces continentaux

Chapitre IV - L'Homme et le vent dans les espaces continentaux

Modifications des espaces du vent et changements climatiques

Les planches couleur sont insérées entre les pages 136 et 137.

Remerciements

Je tiens à remercier Joël Mathez, botaniste à l'Institut de botanique de Montpellier et Claude Simone, docteur en géographie physique d'avoir relu avec beaucoup d'attention et critiqué amicalement ce texte long, parfois ardu. Je remercie aussi Michel Thevenot, ornithologue pour les précieux renseignements qu'il m'a fournis sur les oiseaux et le vent. Claude Grare, grand navigateur, a su me prêter les ouvrages et me donner les conseils nécessaires pour écrire les paragraphes consacrés à la marine à voile et à la plaisance. Mon fils Frédéric, véliplanchiste, adepte du deltaplane, du char à voile et du kit surf, m'a fourni la documentation sur ces sports éoliens. Enfin, toute ma gratitude va à mes amis qui se sont souvent inquiétés de mon entreprise et de sa lente maturation.

La nuit tombait du ciel, ensemble s'abattaient l'Euros et le Notos
et le Zéphir hurlant et le Borée qui naît dans l'Azur
et qui fait rouler les grandes houles.

HOMÈRE, *Odyssée* V

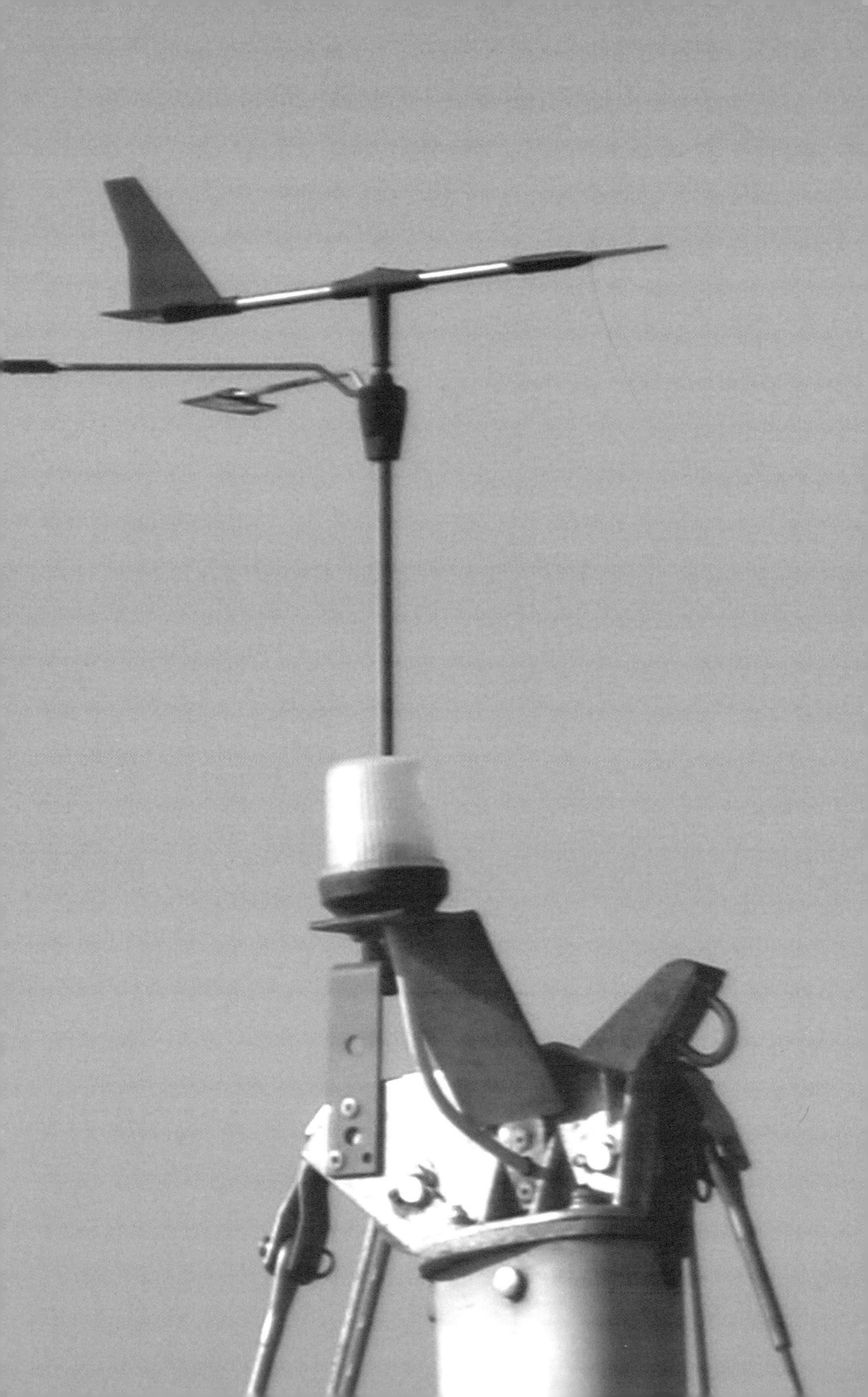

Introduction

L'air est un fluide dont la manifestation naturelle est le vent. La dynamique de ce dernier fait appel à de nombreux paramètres comme la pression atmosphérique, le relief, la végétation ou les étendues lacustres et maritimes. Je me suis alors demandé s'il était possible de répartir, géographiquement, l'action du vent. Malgré leurs caractères fugaces et imprévisibles, les espaces du vent peuvent être circonscrits et décrits à la surface de la planète.

Le vent est un mouvement horizontal de l'air. Il souffle des hautes pressions vers les basses pressions. L'échauffement de la Terre par le rayonnement solaire est irrégulier et variable : plus accentué dans les régions tropicales que dans les zones tempérées ou circumpolaires, plus précoce sur les reliefs que dans les vallées, plus constant sur les adrets que sur les ubacs. Ainsi, le mécanisme, simplifié à l'extrême, est le suivant : l'air, au contact des sols ensoleillés, s'échauffe et cet air chaud, donc moins dense, s'élève en exerçant une pression moindre ou dépression. Inversement, l'air froid, plus lourd se comprime, s'affaisse et crée des zones de hautes pressions ou anticyclones. Le rôle du vent consiste à réguler les différences de pressions qui se produisent à la suite de la compression ou de la dilatation des masses d'air sous l'effet des variations de température. C'est en 1640 que Galilée eut l'intuition que l'air était pesant mais ce sont les expériences de Torricelli en 1643, de Pascal et de son beau-frère Florin Périer, au sommet du Puy de Dôme, qui le démontrèrent.

Les isobares sont les lignes d'égale pression, mesurée au sol et la vitesse du vent est fonction du gradient de pression. C'est-à-dire du resserrement plus ou moins marqué des isobares. Plus ils sont rapprochés, plus le champ des hautes pressions est proche de celui des basses pressions et plus le vent est fort comme si l'air, considéré comme un fluide, pouvait se comparer à un torrent dévalant des sommets vers les plaines. Le vent est donc présent sur l'ensemble de la planète, d'une manière saisonnière ou journalière. Il parcourt aussi bien les espaces maritimes et littoraux que l'écorce rugueuse des continents (figure 1).

La vitesse ou force du vent se mesure à l'aide d'un anémomètre. Il en existe deux types. L'anémomètre de rotation est gradué en fonction de la rotation d'un moulinet actionné par le vent. L'anémomètre de pression mesure la vitesse en fonction de la pression exercée par le vent sur une plaque mobile. La vitesse ou force du vent

Ci-contre : girouette équipant un voilier.

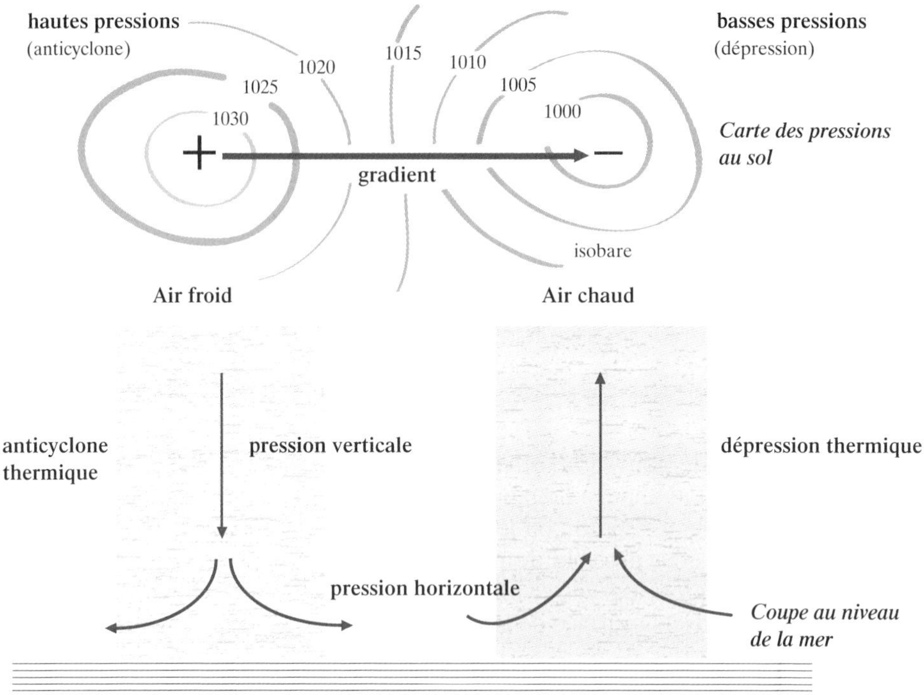

1020 : pression en hectopascals (hPa).
Figure 1. Schéma des pressions dans la basse atmosphère.

s'exprime en m/s, en km/h, en milles/h, en nœuds (milles marins par heure) ou en degrés Beaufort.

La direction du vent est observée par les girouettes, appareils rotatifs tournant autour d'un axe vertical, au-dessus d'un cercle gradué en degrés ou en grades, la rose des vents ou par des manches à air, cylindres de toile ouverts aux deux extrémités et utilisés sur les aérodromes et parfois sur les autoroutes. La fréquence et la durée du vent sont observées par les météorologues qui les notent en heures ou en jours et les reportent sur une rose des vents (figure 2). Les espaces parcourus par le vent sont essentiellement atmosphériques. Ils sont compris entre la limite supérieure de la troposphère et la surface du sol. L'air circule donc au-dessus des océans et des continents. Il se déplace à des vitesses variables et sur des durées, elles aussi, variables. Ces deux données étant mesurables, les espaces du vent varient en étendue, mais aussi en épaisseur, puisque la pression, en différents points de la planète, n'est pas la même. Il existe une hiérarchie des espaces du vent à cause de sa durée et de sa vitesse, de l'ordre de quelques minutes pour une bourrasque, de l'heure pour un orage, de plusieurs jours pour une dépression sur les côtes de la Manche mais aussi de saisons entières pour la mousson. La mobilité des espaces du vent peut être facilitée par l'absence de végétation comme dans les déserts. Ces espaces peuvent aussi être figés, témoins de paléoclimats arides, comme les ergs sahariens, par exemple.

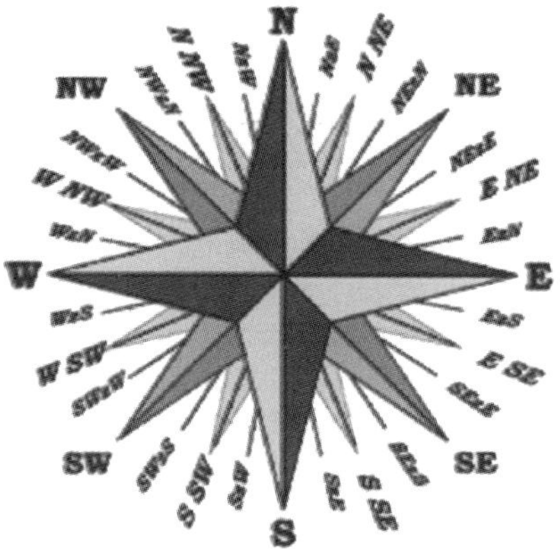

Figure 2. Rose des vents à 32 directions.

Il existe aussi des espaces dont le vent est une composante ou un acteur privilégié. En voici quelques illustrations : la basse vallée du Rhône où les haies de cyprès et de peupliers protègent les cultures contre les morsures du mistral, un champ d'éoliennes, un port de plaisance rassemblant des voiliers dans l'attente d'une traversée maritime, une régate, espace mouvant des voiliers tirant des bords.

Depuis la plus haute Antiquité, le vent est une source d'énergie. Il gonfle les voiles des navires, pousse Ulysse dans son périple autour de la Méditerranée, fait tourner les ailes des moulins. Le vent paraît si mystérieux aux anciens qu'il ne peut être que d'essence divine. Dans la Bible, il n'est autre que le souffle de Dieu : « Au commencement, Dieu créa le ciel et la Terre. Or la Terre était vide et vague, les ténèbres couvraient l'abîme, un vent de Dieu tournoyait sur les eaux ». (Genèse, Ancien Testament). Chez les Grecs, des Dieux personnifient les quatre vents principaux. Ils prennent des apparences particulières et leurs vies sont souvent aussi tumultueuses que les tempêtes. Borée, vent du Nord, froid et rigoureux, est un vieillard barbu et ailé, vêtu d'une courte tunique. Il souffle sur la Thrace. On raconte qu'il enlève Orithye, fille du roi d'Athènes Erechthée, dans un tourbillon de poussière et qu'il l'épouse de force ! Euros, le vent d'Est est un ombrageux vieillard ; Notos, le vent du Sud, est représenté par un homme en train de renverser une jarre remplie d'eau car ce sont les souffles venus de la Méditerranée qui apportent les pluies sur la Grèce. Zéphyr, enfin, personnifie le vent d'Ouest, c'est un jeune homme ailé qui glisse doucement dans l'espace et annonce l'humide printemps. Comme tous les Dieux, Zéphyr manifeste parfois sa colère. La légende raconte qu'il est jaloux de l'affection qu'Apollon porte à l'un de ses compagnons, Hyacinthe. Un jour que ce dernier s'exerce à lancer le disque, Zéphyr, d'un souffle puissant, détourne la plaque de métal qui heurte Hyacinthe au front et le tue net. Eole est cependant le plus célèbre des Dieux du vent. Fils de Poseïdon, il règne sur des sujets agités, enfermés dans des cavernes des îles Eoliennes ou retenus dans des outres. Il ne leur donne leur essor que sur ordre de Zeus. Il lui arrive parfois de désobéir et il libère alors les vents qui se déchaînent. Ulysse, qui a conquis la confiance d'Eole, reçoit la garde des fameuses outres dont l'une contient le vent qui doit pousser le bateau vers Itaque. Hélas, les marins croyant que ces récipients sont remplis de vin, les ouvrent et libèrent les vents qui jettent Ulysse et ses compagnons sur le rivage le plus proche. Eole, furieux, abandonne alors Ulysse à son sort. Il existe une grande variété de proverbes et dictons qui prennent le vent, ou plus généralement la météorologie, pour sujet : « Petite pluie abat grand vent ». « Le vent dominant le jour de l'an reste moitié de l'an ». Certains dictons associent un animal à l'existence d'un temps venteux : « Si chat se frotte l'oreille, le mistral se réveille ». Un aspect du ciel est annonciateur du vent : « Barbes de chat aux nuages annoncent du vent grand tapage ». Enfin, plusieurs proverbes mettent le vent en cause : « À navire rompu, tous les vents sont contraires » ; « Selon le vent, la voile » ; ou le proverbe indien, « Il n'est pas d'arbre que vent n'ait secoué ».

À Istanbul souffle le vent des aubergines. Ce nom lui vient d'une ancienne coutume de l'époque ottomane. En été, saison des aubergines, les habitants allumaient imprudemment des feux devant leur porte pour faire griller leur légume préféré. Le vent, venu de la mer, dispersait souvent les braises, provoquant de nombreux incendies qui endommageaient la ville (Jeanguyot et Séguier-Guis, 2004).

Le vent parcourt donc tout l'espace terrestre puisqu'il souffle aussi bien à haute altitude, là où circulent les avions, que sur les océans traversés par les navires et sur l'ensemble des continents. L'impact du vent peut être catastrophique dans les espaces humanisés, forestiers, agricoles ou urbains et sur les littoraux. Certains milieux naturels sont presque éternellement soumis à l'action du vent. C'est le cas de la très haute montagne ou des inlandsis dont les marges sont balayées par des vents catabatiques. Cependant, dans la plupart des milieux naturels, le vent est associé à d'autres contingences ou éléments naturels. Dans certains cas, il est le principal acteur. Il a édifié, au cours des phases arides du Quaternaire, les ergs sahariens et balayé les regs dégagés, par déflation, de toutes leurs particules fines. En revanche, sur les littoraux, le vent engendre les vagues qui érodent les falaises, déclenche les dérives littorales qui charrient sables et graviers pour construire pouliers, cordons littoraux et plages. Sur ces dernières, le vent transporte le sable pour édifier des dunes sur le haut de plage. Dans les toundras circumpolaires et les déserts glacés, il charrie la farine glaciaire abandonnée par les glaciers et toutes les particules argileuses triturées par le gel. Ces matériaux fins constituent les lœss que le vent accumule contre des obstacles ou dans de vastes plaines. Ils s'observent sur une longue bande zonale depuis les grandes plaines d'Amérique du Nord, d'Europe du Nord et danubienne et de la Chine du Nord-Est. Actuellement, les sociétés humaines présentent deux attitudes face à l'action du vent.

La première est une attitude ancestrale de défense. Elle se manifeste par la plantation de haies de cyprès ou de peupliers, le long des champs. L'architecture des mas provençaux présente le corps principal du logis avec la façade exposée au Sud, donnant sur une cour fermée tandis que les façades exposées au mistral sont aveugles ou seulement percées de fenestrons. Dans les oasis, les claies de branchages protègent cultures et habitations de l'ensablement, lui-même induit par l'action du vent. Sur les littoraux, la défense contre les vagues passe par la construction de digues et d'épis.

La deuxième attitude, qui prévaut depuis une cinquantaine d'années, porte sur la domestication du vent. Bien sûr, les moulins et les voiliers ont, de tout temps, utilisé l'énergie éolienne, mais elle est devenue une des principales énergies renouvelables et les champs d'éoliennes se multiplient dans tous les pays industrialisés.

La voile est aussi devenue un loisir et un sport. Les plaisanciers organisent, par beau temps, des promenades en voiliers le long des côtes, d'autres plus expérimentés traversent la Méditerranée, d'île en île, ou même se lancent dans la traversée de l'Atlantique, des Canaries aux Antilles. Ces marins, plus ou moins confirmés, se passionnent pour les courses au large. Les champions manœuvrent de grands oiseaux des mers qui volent littéralement au-dessus des vagues dans les quarantièmes rugissants. D'autres sportifs se jouent des vagues et du vent sur leurs planches à voile.

Évidemment, il faut construire, entretenir, abriter tous ces bateaux, ménager des espaces pour les véliplanchistes. Ainsi, les portions littorales, à l'abri des vents, aussi bien en bord de mer que sur de très grands lacs, comme le Léman, sont aménagées en ports de plaisance équipés de toutes les infrastructures nécessaires.

L'homme peut d'ailleurs aussi créer le vent artificiellement. Les ventilateurs brassent l'air des garages souterrains et des tunnels. Les souffleries permettent de déterminer les formes les plus aérodynamiques des avions ou des automobiles ou créer, sur des bassins, vagues, houles et tempêtes en miniature.

Cet ouvrage est destiné à tous ceux qui s'intéressent à ce phénomène associé aux types de temps planétaires ou locaux et auquel chacun de nous est confronté au quotidien, non seulement par le bulletin météorologique mais aussi par la météo marine. Il est l'élément essentiel de la vie des marins et de certains loisirs comme le véliplanchisme, le vol à voile ou le parapente. Il est contraignant dans certains sports tel que le vélo. Enfin, il peut faire basculer l'issue d'un match de rugby lorsqu'au moment crucial de la transformation d'un essai, une rafale d'un vent malin dévie le ballon ovale !

Le livre est divisé en quatre grands chapitres : le premier traite de l'espace atmosphérique. Il explique les mécanismes climatiques et météorologiques qui provoquent les vents. Dans certains espaces, ils agissent quotidiennement comme l'alizé du Nord-Est, au Sahara, dans d'autres, ils ne sont qu'un phénomène météorologique ponctuel ou d'une saisonnalité imparfaite, tel le mistral. Certains vents, enfin, sont propres à un type de climat, ils sont saisonniers, comme la mousson. Le deuxième chapitre présente l'action du vent dans les espaces océaniques et sur les littoraux. Sur les immensités marines, le vent gonfle la houle. Il est un des facteurs de mise en mouvement des courants marins. Il pousse les voiliers d'un mouillage à un autre. Sur les espaces littoraux, il projette les vagues sur les falaises et les plages et l'action de la mer est parfois si dynamique que l'homme est impuissant à la maîtriser durablement. La troisième partie décrit les espaces continentaux où soufflent les vents. Ils édifient les dunes des déserts, balaient les toundras. Le quatrième chapitre traite des sociétés humaines et de leurs rapports aux vents. De tout temps, elles s'en sont protégées, elles ont aussi tenté de les domestiquer et de créer des vents de manière artificielle. Enfin, la conclusion aborde le réchauffement climatique et les changements qui pourraient survenir dans la répartition et la force des vents en raison des modifications du climat.

Chapitre I

L'espace atmosphérique

Cependant, le courrier de Patagonie abordait l'orage, et Fabien renonçait à le contourner. Il l'estimait trop étendu car la ligne d'éclairs s'enfonçait vers l'intérieur du pays et révélait des forteresses de nuages.

Saint-Exupéry, *Vol de nuit*

Entre le sommet de la tropopause et la surface du sol, l'atmosphère est constamment sous l'influence des vents caractérisés par leur vitesse, leur durée, leur fréquence ou leur soudaineté.

Il existe d'abord des vents planétaires, violents, localisés à très haute altitude, un peu en dessous de la tropopause (figure 3), ce sont les courants-jets ou jet-streams. Le vent peut être aussi un élément quotidien du climat comme l'alizé au Sahara. Il est souvent un simple fait météorologique qui se reproduit irrégulièrement lorsque les conditions de pression sont favorables à son déclenchement : c'est le cas du mistral ou de la bora, au Nord du Bassin méditerranéen. Comme il a déjà été mentionné en introduction, certains vents sont saisonniers, liés à des mécanismes climatiques planétaires. La mousson asiatique ou africaine est de ceux-là. Enfin, s'observent des vents violents et localisés comme les tornades.

▸▸ La structure de l'atmosphère

L'atmosphère est la couche gazeuse qui enveloppe la Terre. Elle fait partie intégrante de notre planète et se décompose en quatre enveloppes concentriques : la troposphère, la stratosphère et la haute atmosphère divisée en mésosphère et en thermosphère.

C'est évidemment la couche inférieure, la troposphère, qui joue le rôle climatique essentiel car elle est le siège des principaux mouvements atmosphériques qui régissent le temps et le climat. Elle est épaisse de 17 km environ à l'équateur, 12 km dans les zones tempérées et 9 km aux pôles. Les avions long-courriers volent souvent dans la partie supérieure de la troposphère et utilisent les courants-jets qui se manifestent à cette altitude. Le flux des courants-jets est de direction ouest-est suivant la rotation de la Terre.

Ci-contre : ciel zebré de cirrus indiquant la présence de la « mer de vent ».

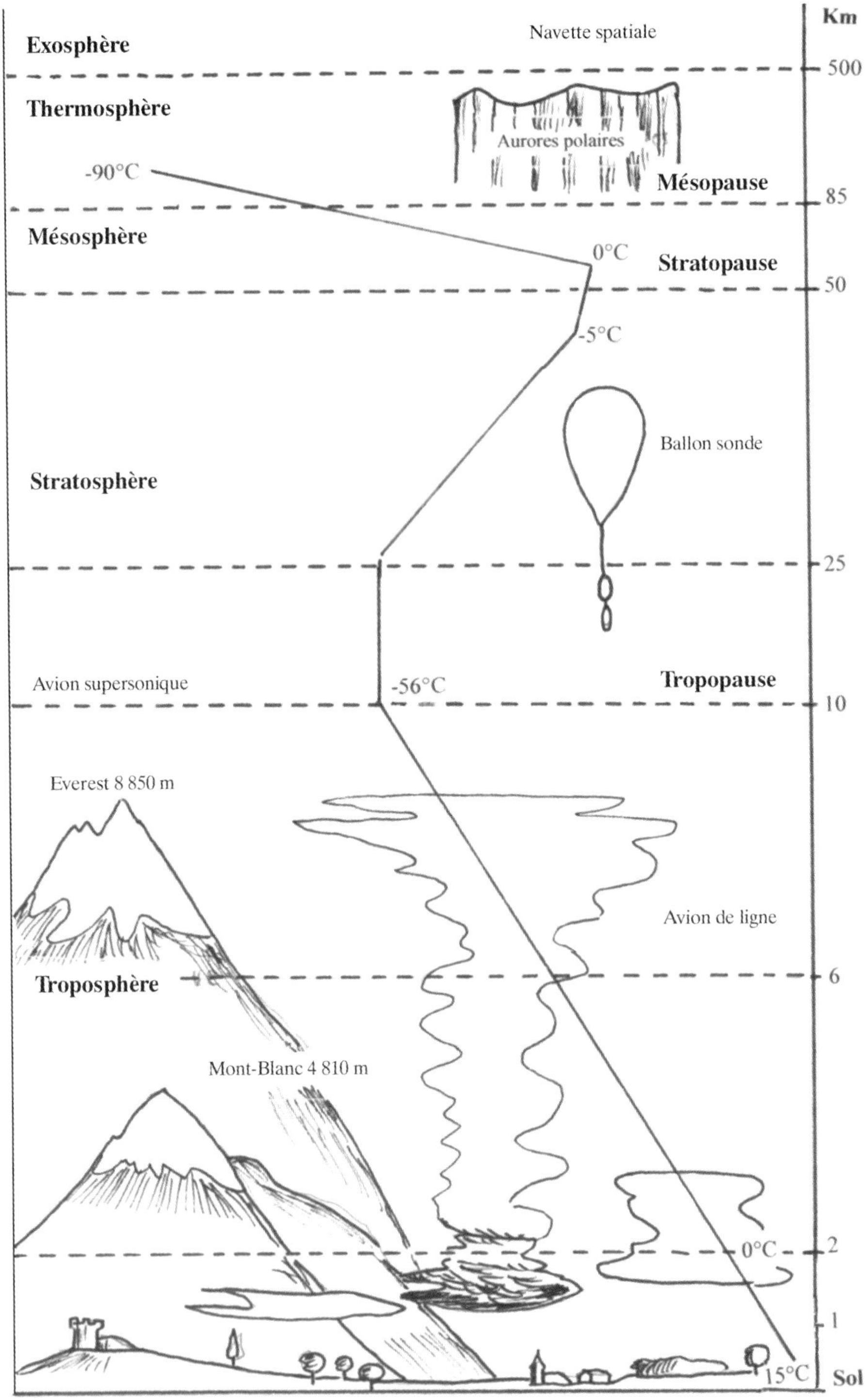

Figure 3. Coupe schématique de l'atmosphère.

Les autres enveloppes atmosphériques se composent d'un air raréfié et leur effet essentiel est de filtrer le rayonnement solaire.

Cette pellicule gazeuse qui entoure la planète est composée d'azote et d'oxygène qui constituent 99 % de l'air. Le 1 % restant comporte une concentration variable de vapeur d'eau, d'ozone, de gaz carbonique libéré par les combustions domestiques et industrielles et la respiration des êtres vivants.

Des particules liquides et solides sont aussi en suspension dans l'air. Pour ces dernières, il s'agit de débris minéraux, de cendres et de poussières volcaniques ou industrielles, de cristaux de glace. Ces différents éléments favorisent la condensation et la formation des gouttelettes de pluie.

La troposphère : une couche turbulente

La troposphère est la partie troublée de l'atmosphère (Leroux, 1996). Ce sont, en effet, les 1 500 premiers mètres qui sont les plus perturbés. Ces basses couches méritent une attention particulière pour plusieurs raisons. Elles ont la plus forte densité. Elles possèdent l'essentiel de la vapeur d'eau qui génère les pluies et participe à l'effet de serre. Elles sont le lieu d'échange d'énergie sol-air alimentée par la source de chaleur terrestre. Ces échanges sont d'ailleurs très complexes à cause des différents substratums géologiques, du relief, de la répartition de la végétation, des comportements thermiques océaniques, des mouvements verticaux de l'atmosphère (Leroux, 2000). Ainsi, les différents niveaux de la troposphère sont étroitement solidaires. L'atmosphère est une entité indissociable et sa dynamique, dans son ensemble, n'est que le réajustement imposé par la permanence des déséquilibres (Amat *et al.*, 1996).

Il convient donc de comprendre les mouvements de l'air, avant d'expliquer les dynamiques de l'atmosphère provoquant le vent.

L'atmosphère est animée, en premier lieu, de mouvements verticaux liés à la densité différentielle de l'air. Celle-ci dépend de sa température : l'air chaud moins dense, s'élève, l'air froid, plus dense, se tasse vers le sol. Cette instabilité verticale est complétée par une instabilité horizontale soumise aux variations de pression, à la surface du globe. Dans l'hémisphère nord, l'air quitte les anticyclones en tournant dans le sens des aiguilles d'une montre et alimente les dépressions en tournant dans le sens contraire des aiguilles d'une montre. Dans l'hémisphère sud, le mécanisme est inverse. Cette règle est le résultat des observations empiriques effectuées au XIXe siècle par le météorologue hollandais Buys-Ballot (Godard et Tabeaud, 1993). C'est-à-dire qu'un observateur tourné dos au vent a toujours, dans l'hémisphère nord, les hautes pressions sur sa droite et les basses pressions sur sa gauche. La situation est inverse dans l'hémisphère sud. L'air est aussi dévié de sa trajectoire initiale, rectiligne, par une force appelée la force de Coriolis, du nom d'un mathématicien français du début du XIXe siècle. Il a démontré que la force qui entraîne la déviation des vents est directement proportionnelle à la vitesse de rotation de la Terre, à la vitesse du vent, et dépend de la latitude, car la force de Coriolis est proportionnelle au sinus de celle-ci. Elle sera donc maximale près des pôles (sinus 90° = 1) et nulle à l'équateur (sinus 0° = 0). On comprend mieux pourquoi, dans la zone intertropicale, les vents font un angle plus marqué avec le tracé des isobares que dans les moyennes et hautes latitudes (Godard et Tabeaud, 1993). Ils se dirigent, en effet, plus directement des hautes pressions vers les basses pressions puisque la force de Coriolis est quasi nulle. La déviation des vents par la force de Coriolis n'est pas sans limites. On assiste donc à un ajustement entre les deux forces, celle engendrée par le gradient barométrique et la force de Coriolis. Suivant l'influence plus ou moins grande de l'une ou de l'autre, le vent souffle plus ou moins parallèlement aux isobares. Ce vent est dit géotrophique.

La circulation atmosphérique

Notre propos ne consiste pas à rappeler les théories météorologiques et climatiques des différentes écoles pour décrire le fonctionnement complexe de l'atmosphère mais d'illustrer les mécanismes simples, observés grâce aux images satellitales, qui expliquent le déplacement de l'air à la surface du globe.

La circulation atmosphérique, les phénomènes météorologiques et les transferts d'énergie qui leur sont associés sont la conséquence de l'influence d'un nombre limité de facteurs qui sont (Leroux, 2000) le rayonnement solaire, source principale d'énergie, les mouvements de la Terre, responsables d'un bilan radiatif différentiel suivant la latitude et les saisons et enfin des facteurs géographiques comme le relief, les étendues maritimes, lacustres ou forestières.

Ces mécanismes et leurs différentes composantes font l'objet de remises en cause actuelles par certains climatologues comme M. Leroux. Il est donc utile de rappeler les éléments essentiels de la circulation atlmosphérique tels qu'ils sont présentés, par exemple, chaque soir aux journaux télévisés. Les climats, d'une manière générale, sont gérés par des mouvements horizontaux de l'air que sont les masses d'air ou anticyclones. En Europe, par exemple, les masses d'air sont au nombre de cinq. Trois sont constituées d'air froid et engendrent des vents de même nature. Il s'agit de l'air polaire maritime originaire du Groenland et d'Islande, de l'air polaire arctique descendu de Scandinavie et enfin de l'air polaire continental venu d'Europe centrale. Les deux autres sont chaudes : l'air tropical maritime désigné communément sous le terme d'anticyclone des Açores et l'air tropical continental originaire du Sahara et qui intéresse essentiellement les rivages méridionnaux de la Méditerrannée. Cependant, en été, il peut facilement déborder, surtout sur le bassin oriental de celle-ci. Ces masses d'air se déplacent car des échanges se produisent constamment entre l'air tropical chaud et l'air froid polaire aussi bien en latitude qu'en longitude. La révolution de la Terre autour du soleil et son inclinaison sur le plan de l'écliptique font varier la durée du jour et de la nuit. Pendant l'hiver de l'hémisphère nord, les masses d'air froid s'étendent sur l'Europe et repoussent les anticyclones tropicaux vers le Sud. En revanche, la situation est inverse en été boréal, ce qui exlique que la France, par exemple, soit baignée par l'anticyclone des Açores en été. Le contact entre ces masses d'air de température et d'humidité différentes provoque des fronts le long desquels circulent de l'air instable donnant naissance à des dépressions accompagnées de vent, de pluie et de neige en hiver. Le plus permanent d'entre eux est le front polaire situé entre les masses d'air polaire et tropical. Il est positionné, en hiver sur la France et l'Europe méditerranéenne et en été sur l'Europe du Nord et la Scandinavie.

Pour d'autres climatologues et en particulier pour Marcel Leroux, la circulation horizontale de l'air est générée par des anticyclones centrés sur les pôles appelés : anticyclones mobiles polaires (AMP). En effet, en hiver, les pôles et les régions circumpolaires sont le siège, à cause du froid intense, d'anticyclones puissants. Par exemple, dans l'hémisphère nord, en hiver, la pression est supérieure à 1035 hPa (hectopascals), pouvant même dépasser 1050 hPa sur la Sibérie (Monts de Verkhoyansk) et sur l'Alaska (Leroux, 2000). En été, d'ailleurs, ces anticyclones, même plus faibles, restent bien présents sur la Sibérie septentrionale ou la mer de Beaufort avec des valeurs supérieures à 1025 hPa.

La genèse des AMP est la suivante : sur les pentes des inlandsis et des anticyclones alaskiens et sibériens, des décharges d'air froid se produisent, donnant naissance à des vents catabatiques. Le départ de cet air froid crée une dépression, aussitôt comblée par de l'air chaud qui glisse en altitude au-dessus de l'air froid. Ainsi, un niveau d'inversion des vents et des températures se situe vers 1500 m d'altitude sur l'Arctique. En revanche, sur les zones continentales, comme le Groenland et l'Antarctique, l'inversion des vents et des températures se trouve vers 3000 m, compte tenu de l'altitude de la surface des deux inlandsis.

La formation des AMP se produit presque journellement avec, par exemple, un total moyen de 329 AMP au cours de l'année (Leroux, 2000).

Les AMP, éjectés des régions polaires, constituent des masses d'air de faible épaisseur mais de grande superficie, d'un diamètre de 2 000 à 3 000 km. Ces galettes d'air froid se déplacent d'Ouest en Est. En effet, l'affaissement progressif de l'air entraîne ce dernier dans le même sens que la rotation de la Terre, à cause du tourbillon planétaire maximum aux pôles.

Les conditions dynamiques du déplacement des AMP varient en fonction des saisons et du relief terrestre. La variation saisonnière dépend du déficit thermique polaire. En hiver, les AMP de plus forte puissance ont tendance à se déporter davantage vers les tropiques. En été, leur puissance est moindre et leur trajectoire s'éloigne moins rapidement des pôles. Par exemple, en Amérique du Nord, les AMP centrés sur le Grand Nord canadien descendent en hiver, vers le tropique. Leur déplacement est d'ailleurs canalisé dans un entonnoir constitué, à l'Ouest, par la barrière infranchissable des Rocheuses et à l'Est par celle, moins imperméable, des Appalaches. Dans l'hémisphère sud, les AMP sont soit déviés vers l'Ouest sur le Chili soit surtout vers l'Est sur la Pampa argentine, par la cordillère des Andes (Barbier, 2006). Les océans offrent, en permanence, un espace sans entrave à leur déplacement et c'est au-dessus d'eux que sont observées les vitesses les plus grandes. « C'est dans les latitudes australes, essentiellement océaniques, où les navigateurs ont reconnu les 40e rugissants, les 50e hurlants et les 60e furieux, que les AMP qui dévalent violemment de l'Antarctique, se manifestent avec le plus de vigueur » (Leroux, 2000).

Les reliefs influent notablement sur la trajectoire des AMP puisque l'air est froid et dense jusqu'au sol. Ils peuvent diviser un AMP qui cerne alors le relief avant de se reconstituer, une fois l'obstacle franchi, le découper, en diviser un fragment qui s'oriente vers une autre direction, le bloquer contre des chaînes de montagnes aussi puissantes que les Rocheuses, les Andes ou l'Himalaya. Dans les espaces aérologiques, les reliefs créent des goulets d'étranglement dans lesquels les flux des AMP se concentrent, donnant naissance à des vents violents à cause de l'effet venturi. Le Bassin méditerranéen offre un exemple éloquent de l'interférence entre les reliefs et les AMP (Leroux, 2000 ; figure 3). Par exemple, le couloir rhodanien, entre Valence et la mer est balayé par le mistral qui, à partir d'Avignon et de Nîmes, s'étale en flux divergents vers Montpellier et Narbonne d'une part et vers Toulon d'autre part. En Espagne, le *cierzo* emprunte la vallée de l'Ebre, le *ponente* pénètre en Méditerranée entre la chaîne Bétique et le Rif en empruntant le détroit de Gibraltar. La *bora* s'engouffre vers la mer Adriatique entre les Alpes et les Alpes Dinariques. Le *struma* et le *vardar*, vents glacials en hiver, venus des plaines danubiennes, franchissent les vallées des Balkans et des Rhodopes vers la Grèce, tandis que les vents étésiens ou *meltemi* s'écoulent de la mer Noire vers la mer Égée.

Les flux des AMP s'affaiblissent en s'éloignant de leur source d'air froid dynamique, leur vitesse se réduit et ils sont freinés par les barrières montagneuses, si bien qu'ils finissent par s'agglutiner entre eux pour constituer des zones anticycloniques très étendues comme l'anticyclone des Açores, les hautes pressions sahariennes, l'anticyclone de Sainte-Hélène ou des Mascareignes dans l'hémisphère sud. Il s'agit des agglutinations anticycloniques (AA) décrites par M. Leroux (2000).

Au cours de leurs déplacements, les AMP soulèvent l'air chaud qui se trouve à leur contact, créant ainsi une zone dépressionnaire sur leur front. Dès que cette dépression est créée, la circulation, dans les basses couches de l'atmosphère, s'organise selon la rotation cyclonique. En avant de l'AMP, un couloir dépressionnaire se forme ; il est d'autant plus dynamique que l'AMP est puissant. Si cet air chaud se charge d'humidité sur l'océan, des précipitations abondantes se produisent. Une telle situation se déclenche, par exemple, dans le bassin occidental de la Méditerranée, en particulier en automne, car la Méditerranée et l'air qui la surmonte sont très chauds. Une dépression traverse le bassin occidental de la Méditerranée en se chargeant d'humidité. Elle épouse la direction cyclonique (sens contraire des aiguilles d'une montre) en remontant vers le Nord où elle vient heurter les barrières des Cévennes, des Pyrénées orientales et des Alpes du Sud, en donnant, sur les versants sud, des averses violentes accompagnées de vents souvent vigoureux (figure 4).

La zone tropicale est encadrée par les anticyclones tropicaux définis comme des agglutinations anticycloniques par M. Leroux (2000). Entre ces hautes pressions s'inscrit un couloir dépressionnaire zonal des basses pressions intertropicales (BPIT), occupé par l'équateur météorologique (EM) : « axe de symétrie vers lequel se réalise la confluence des transports effectués par les AMP boréaux et austraux » (Leroux, 2000). Cette confluence est une zone dépressionnaire puisque l'air y est chaud et donc ascendant. Sa migration saisonnière en latitude dépend étroitement de la dynamique des anticyclones (agglutinations de M. Leroux).

La disposition générale des centres d'action, AMP, agglutinations anticycloniques, basses pressions intertropicales, génère des vents qui circulent sur des surfaces continentales et maritimes considérables, à la surface de la planète.

Il s'agit d'abord des courants-jets qui se propagent d'Ouest en Est dans l'atmosphère libre au-dessus des zones de la troposphère où les contrastes géographiques et le

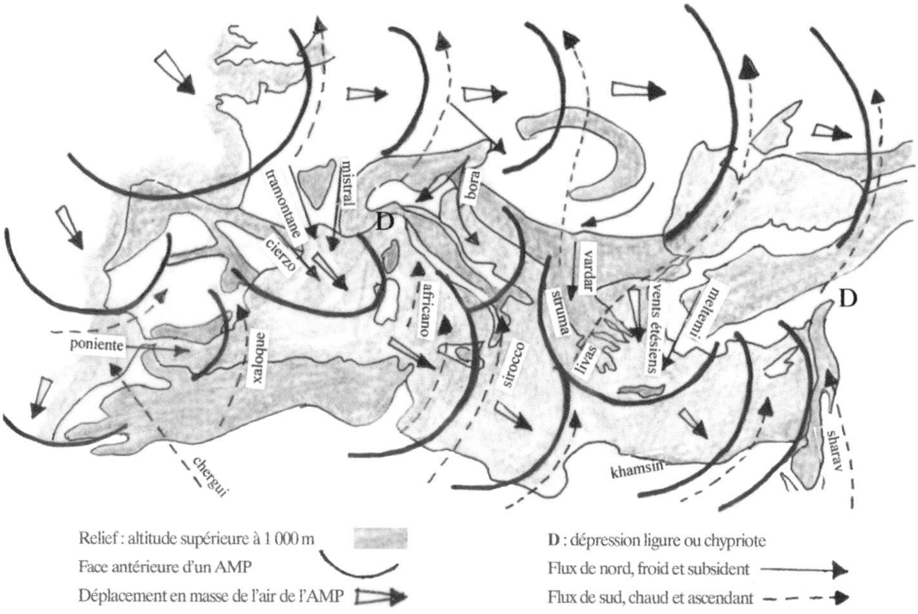

Figure 4. Anticyclones mobiles polaires, relief et vents locaux dans le Bassin méditerranéen.

relief ne présentent plus d'influences notables. Ils parcourent, à très haute altitude, les moyennes latitudes dans les deux hémisphères. À ces mêmes latitudes, s'inscrivent aussi, dans les basses couches de l'atmosphère, cette fois, les westerlies, vents d'ouest très puissants, surtout dans l'hémisphère sud. Les anticyclones tropicaux (agglutinations anticycloniques) sont le domaine des alizés tandis que, dans la zone de balancement des basses pressions intertropicales et de leur contact avec les anticyclones tropicaux, s'installe le flux de mousson. Courants-jets, westerlies, alizés, mousson peuvent être considérés comme des vents à l'échelle de la planète.

▸▸ Les vents planétaires

Entre l'une et l'autre mousson, il y a un intervalle de temps pendant lequel, les vents varient et où un vent du Nord se mêlant avec les vents ordinaires cause, surtout auprès des côtes, d'horribles tempêtes.

Montesquieu, *L'Esprit des lois*

La circulation en altitude : les courants-jets ou jet-stream

Les courants-jets soufflent d'Ouest en Est. Ils se situent aux latitudes tempérées mais souvent, surtout en hiver, ils se dédoublent et l'air se déplace alors, à la limite entre le flux d'Ouest et les hautes pressions subtropicales. Certains nuages sont liés au courant-jet et composent « la mer de vent » (photo p. 16). Ce sont de longs nuages de type cirrus, en bandes convergentes vers un point de l'horizon. Ils peuvent représenter des couloirs de vent, plats, étroits et sinueux d'une épaisseur de l'ordre de 3 à 5 km, d'une largeur de 500 à 800 km et d'une longueur de plusieurs milliers de kilomètres, où la vitesse atteint son apogée. Celle-ci est très élevée, souvent supérieure à 200 km / h. L'axe du jet, c'est-à-dire la zone de vitesse maximale se place, par exemple, pour la zone tempérée vers 10,5 à 12 km d'altitude. D'une manière générale, la vitesse la plus grande des vents se situe le long du front polaire au contact des masses d'air polaires et des masses d'air tropicales. Cependant, l'appellation de courant-jet ou jet-stream est quelque peu fallacieuse dans la mesure où la notion de courant suggère une permanence, comme dans le cas d'un courant marin. S'il est rarement absent sur une carte hémisphérique des vents en altitude, sa position est extrêmement fluctuante d'un jour à l'autre.

Trois types de régimes peuvent être observés sur des périodes journalières ou hebdomadaires (Estienne et Godard, 1970) :
– le courant-jet est supérieur à 150 km / h, avec un tracé peu sinueux et une position latitudinale basse par rapport au lit moyen du courant venteux qui se situe habituellement vers le 45e parallèle ;
– le courant est moins rapide et des ondulations apparaissent, soit positives ou anticycloniques soit négatives et dépressionnaires. La distance d'une crête d'ondulation à l'autre est de l'ordre de 5 000 à 8 000 km ;
– enfin en circulation lente (inférieure à 70 km / h), le courant-jet décrit de grandes sinuosités, véritables méandres aériens où l'amplitude est plus forte que dans le cas précédent, mais la longueur d'onde réduite à des valeurs de l'ordre de 1 600 à 3 200 km. Dans cette situation, des anticyclones et des dépressions se développent dans les méandres du jet (Estienne et Godad, 1970).

La situation du jet est variable aussi d'une saison à l'autre. En hiver, le flux d'Ouest est animé d'un mouvement très rapide, situé en moyenne à des latitudes relativement basses. Les deux flux ont tendance à se rejoindre, celui des latitudes polaires se rapprochant de celui des zones subtropicales dont la position est plus fixe.

En été, la circulation zonale d'Ouest est affaiblie et les jets, tout en subissant une translation générale vers les pôles, s'individualisent moins bien car leur vitesse diminue sensiblement.

Les vents des climats polaires

Les vents divergent à partir des hautes pressions polaires pour devenir des vents d'Est. Cette orientation est plus régulière dans l'Antarctique que dans l'Arctique où les conditions géographiques apportent des perturbations. Les vents forts qui soulèvent la neige au sol et la projettent à l'horizontale, lorsqu'elle tombe, sont les blizzards. Liés aux gradients de pressions, ils peuvent se combiner au glissement laminaire d'un air dense sur les pentes des inlandsis, constituant, ainsi, les vents catabatiques.

Le domaine groenlandais englacé produit son propre anticyclone. L'air froid et lourd s'écoule de l'Est et du Sud-Est sur la façade occidentale de l'inlandsis et du Nord et Nord-Ouest sur sa face orientale. L'air qui arrive à la périphérie du Groenland subit un mouvement descendant qui provoque son réchauffement.

Dans l'Antarctique, deux principaux types de vents s'observent : les vents dépressionnaires et, comme au Groenland, les vents catabatiques.

Les vents dépressionnaires résultent du passage, aux abords immédiats du continent, de dépressions de type océanique qui, parfois, arrivent à pénétrer à l'intérieur des terres englacées, provoquant un réchauffement brutal des températures. La différence de pression et de température entraîne le déclenchement d'ouragans d'une violence extrême. Des lames énormes font danser les glaçons des lambeaux de banquise tandis que les icebergs se retrouvent en pleine débâcle. Par exemple, le blizzard relevé en mai 1957, dans les parages de la mer de Ross, a sévi environ une semaine et elle connut cette année-là plusieurs cyclones très creusés et de violentes tempêtes de neige. De l'air chaud, d'origine océanique, rabattu sur la région, imposa des remontées brutales de température. À la Petite Amérique, on enregistra - 1,1 °C seulement. À la station Amundsen-Scott, le 11 mai, la température était de - 73,3 °C tandis que le 15, elle remontait à - 34,4 °C (Pagney, 1970 et 1976).

Les vents catabatiques sont plus violents dans l'Antarctique qu'au Groenland, bien que l'origine et la genèse soient les mêmes. Ils sévissent sur les pentes des montagnes de l'intérieur de l'Antarctique, l'air froid s'écoulant par gravité le long des versants des reliefs. Cependant, ces vents sont plus précisément des phénomènes récurrents dans les régions côtières. Ils se produisent d'abord par situation anticyclonique, pour deux raisons. Les anticyclones sont les plus propices au rayonnement de la neige et de la glace, générateurs de froid pelliculaire à leur surface. Cette couche d'air froid peut ensuite facilement glisser, par gravité, le long des moindres pentes. Cependant, les situations dépressionnaires sont à même de jouer aussi un rôle dans le déclenchement des vents catabatiques. En effet, si à l'avant d'une dépression, le vent souffle à contre-courant des pentes de l'inlandsis et empêche le courant de gravité de se produire, il n'en est pas de même à l'arrière d'une dépression où les deux flux sont dirigés dans le même sens. Le vent dépressionnaire, en soufflant dans le sens des aiguilles d'une montre, « aspire » le vent catabatique de gravité. Cette situation se produit le long de la couronne océanique de l'Antarctique.

Les westerlies : les vents d'Ouest des zones tempérées

Après le cap de Bonne-Espérance, le pire reste à faire. L'océan Indien attend les marins. La température commence sa chute vertigineuse. Les dernières terres qui freinaient encore la mer et le vent ont disparu. Plus rien ne peut empêcher les vagues de galoper autour du Pôle avec une monstrueuse régularité. Leurs crêtes blêmes laissent échapper une fumée d'embruns… La pluie se transforme en neige. Sur les ponts verglacés, les gestes se font plus lents. L'onglée rend les manœuvres interminables. Les îles Kerguelen sont le prochain repère, la dernière balise avant le cap Horn.

Titouan Lamazou

Les vents d'Ouest soufflent entre le 35e et le 65e parallèle et sont particulièrement violents autour de l'Antarctique. Ils sont limités sur leur flanc tropical par la barrière des hautes pressions tropicales. Dans l'hémisphère sud, les vents violents qui ne rencontrent aucun obstacle sur l'océan austral soufflent avec une puissance et une régularité incomparables. Ce sont les 45e rugissants, les 50e hurlants et les 65e furieux des marins.

Dans les Andes, au Sud du 45e parallèle, les littoraux orientés nord-sud reçoivent de plein fouet les vents d'Ouest qui soufflent presque toute l'année en suivant la trajectoire oscillante du front polaire. Ainsi, le Sud de la Patagonie, pourtant située à la latitude de l'Angleterre présente une température moyenne de 5 °C. Les hivers sont neigeux et venteux et les étés restent frais et humides. Dans ces régions, les hêtres du continent américain, les *Nothofagus* présentent des spécimens rabougris et courbés par le vent. Des études récentes (Munoz *et al.,* 2004) montrent que ces vents ont aussi pour conséquence le transport, sur de longues distances, d'éléments floristiques dans les îles circumantarctiques et qu'ils jouent un rôle plus grand dans la dispersion de ces éléments floristiques que la proximité géographique.

Dans l'hémisphère nord, les westerlies subissent, le long de leur parcours, de profondes modifications à cause des surfaces continentales, de l'imbrication des terres et des mers, du relief, des anticyclones thermiques qui, en hiver, stagnent sur l'Europe occidentale. Ils sont pourtant l'une des principales caractéristiques des climats de la frange océanique de l'Europe qui s'étend, en Norvège, de Bergen au cap Lindesnes puis englobe les îles Britanniques, le Danemark, les Pays-Bas, la Belgique, la France de l'Ouest, y compris le Bassin parisien et enfin la façade cantabrique du golfe de Gascogne, le Portugal et la côte atlantique du Maroc jusqu'à Essaouira. En Amérique du Nord, ce climat se manifeste depuis la Colombie britannique, au Sud de Prince Ripert jusqu'aux États de Washington et de l'Oregon, à l'Ouest de la chaîne des Cascades.

Ces vents provoquent, par exemple en mer du Nord, des ondes de tempête, activées par des dépressions qui circulent sur le Nord de la Mer du Nord. Les eaux, repoussées vers le Sud puis vers l'Est, entraînent la surélévation du niveau de la mer (surcote) de plus de 2 m. Ce phénomène devient catastrophique s'il s'ajoute à des marées de vives-eaux.

La côte occidentale de l'Irlande se trouve directement exposée aux vents dominants liés aux perturbations de front polaire qui circulent entre l'Islande et le Nord de l'Europe (Reffay, 1972). Ces vents soufflent d'abord sur l'océan et se présentent en pleine force lorsqu'ils abordent le continent. Si l'on considère leur fréquence pour une vitesse donnée, les vents supérieurs à 4° Beaufort représentent 71 % du vent à Malin-Head, au Nord de Londonderry. Les tempêtes qui correspondent à des vents supérieurs à 8° Beaufort sont très fréquentes sur le littoral du Donegal. Ainsi, de 1875 à 1915 par exemple, 40 tempêtes par an ont été enregistrées contre 35 en mer d'Irlande, plus abritée. La fréquence et la force du vent sont un des facteurs expliquant l'absence d'arbres le long de la côte occidentale de l'Irlande. Il faut également mentionner les embruns qui favorisent le développement de steppes halophiles (Reffay, 1972). Dans l'Ouest de l'Irlande et de l'Écosse, s'observe la limite climatique de la forêt à feuillage caduc. Elle est remplacée par une mosaïque de buissons, de landes et de tourbières. Les fortes précipitations (1 à 2 m par an), réparties sur 220 à 250 jours, une notoire insuffisance de la chaleur estivale, la rareté des journées entièrement ensoleillées et enfin les vents violents sont autant d'inhibiteurs au développement de la végétation. Toutefois des boisements de pins sylvestres s'observent encore, montrant que la dégradation anthropique est aussi une des causes de la disparition des forêts dans ces régions.

Ces caractères sont encore mieux représentés dans les climats circumpolaires océaniques. L'instabilité climatique est là à son comble. Les nuages, poussés par des vents furieux, rendent le ciel changeant au cours d'une même journée. Les averses de pluie, de neige ou de grésil alternent avec de fugaces éclaircies. L'Islande, mais surtout les îles circumpolaires de l'hémisphère sud sont soumises aux vicissitudes d'un tel climat : Kerguelen, Bouvet, Crozet, Macquarie. En Géorgie du Sud, l'amplitude annuelle n'est que de 6 °C, les précipitations abondantes tombent sous forme de neige, le nombre de jours de gel dépasse la centaine ! Constamment humide et froid, brumeux et venteux, le climat de ces îles est l'un des plus désagréables de la planète.

Les alizés : grands courants intertropicaux

Les alizés matérialisent les courants réguliers d'Est des basses latitudes. Ce sont des flux parfois épais de plusieurs milliers de mètres, circulant sur le flanc équatorial des cellules de hautes pressions subtropicales (agglutinations). Ils intéressent, au moins une partie de l'année, plus du quart de la surface continentale du globe et un tiers des océans.

Ils se caractérisent d'abord par une remarquable régularité dans leur vitesse, de l'ordre de 20 km / h et par une constance exceptionnelle dans leur orientation : Nord-Est Sud-Ouest ou Est-Nord-Est-Ouest-Sud-Ouest pour l'hémisphère nord et Sud-Est-Nord-Ouest et Est-Sud-Est-Ouest-Nord-Ouest pour l'hémisphère sud. Ensuite, ce sont des vents desséchants. Ce caractère est bien marqué sur les continents (alizé saharien). Sur les océans, l'alizé doit parcourir de très longues distances pour se charger en humidité mais il ne donne pas de pluie. Il se contente d'emmagasiner des quantités importantes de vapeur d'eau, par évaporation, effectuant ainsi un puissant transfert d'énergie vers l'équateur (Estienne et Godard, 1970). Cette sécheresse provient d'une part, de l'alimentation du flux d'alizé par des anticyclones eux-mêmes secs et, d'autre part, de la structure de l'atmosphère dans les régions tropicales. Elle comporte une inversion thermique, en altitude, qui s'oppose au déclenchement de toutes précipitations, en particulier sur les océans où l'air, au contact de la mer, est frais et humide et dominé par de l'air chaud, sec et très stable.

La séparation entre ces deux masses d'air est souvent soulignée par des cumulus ou des stratocumulus. En réalité, il n'existe pas de véritables discontinuités au sein de l'alizé qui reste essentiellement un puissant flux d'est. Lorsque celui-ci est vigoureux, en particulier aux intersaisons, il prend en charge des poussières qu'il véhicule du Sahara jusqu'en Floride, à travers l'Atlantique (Toon, 2003).

Au sol, l'alizé saharien se lève vers 10 heures. Son souffle régulier enfle peu à peu au cours de la matinée. Il soulève des sables fins qui se déplacent au ras du sol en longues traînées. Puis, le transport des matériaux devient plus conséquent, les particules fines circulent en suspension tandis que la surface du sol se voile d'un tapis de sable en mouvement. Vers la fin de l'après-midi, le vent se calme avec la tombée du jour.

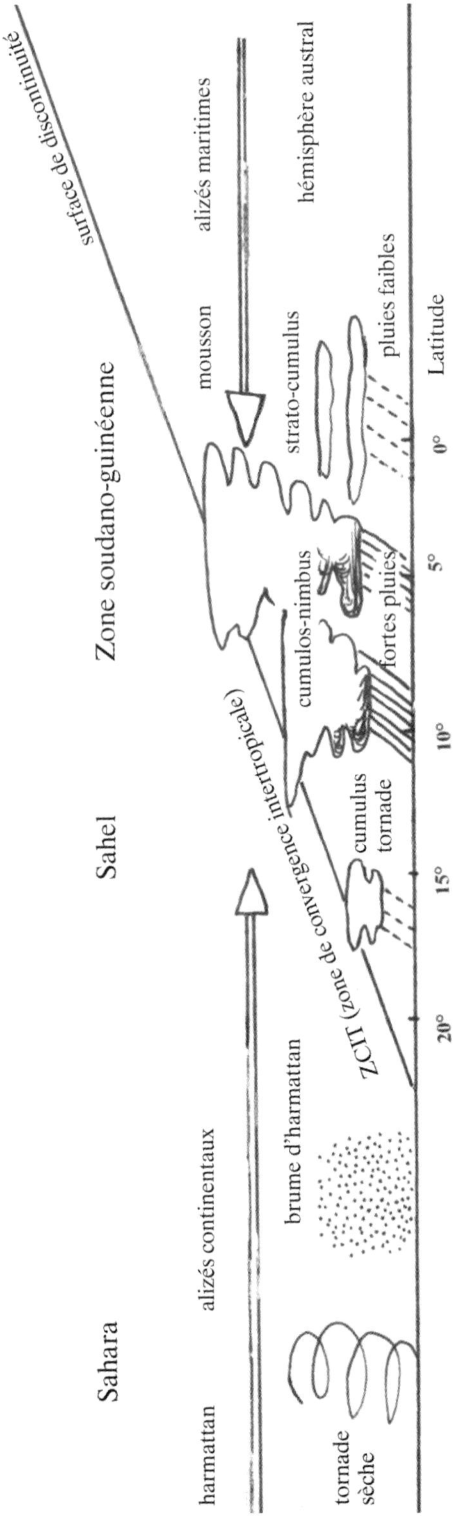

Figure 5. Coupe du front de mousson en Afrique occidentale.

Le long du littoral atlantique, entre le cap Saint-Vincent et l'archipel des Canaries, l'alizé, expulsé de l'anticyclone des Açores souffle du Nord-Nord-Est. Il prend en charge, sur les plages et les estrans, des sables qu'il charrie à l'intérieur des terres et qu'il dépose sous forme de sioufs et de dunes littorales. Ces constructions dunaires sont particulièrement bien développées à l'Est et surtout au Sud du cap Juby où la côte est parallèle au flux alizéen.

Par leur régularité, les alizés jouent un rôle essentiel sur le climat des régions où ils soufflent. Les Canaries ou îles Fortunées doivent la douceur de leur climat aux alizés du Nord-Est. La température moyenne ne monte pas au-dessus de 25 °C en août et ne descend jamais au-dessous de 18 °C en janvier. Chaque île possède son climat comportant des versants au vent et d'autres sous le vent. L'alizé pousse souvent, sur le versant au vent, des écharpes de brouillard et de nuages qui s'accrochent aux pentes des volcans vers 1000 à 1500 m d'altitude. Dans cet étage humide et brumeux, s'étendent des bois de lauriers géants, des bruyères arborescentes et de superbes pins canariens, aux ramures drapées d'épiphytes et de lichens.

L'air tropical indien de l'anticyclone des Mascareignes expulse, sur Madagascar, l'alizé du Sud-Est, plus puissant en hiver en juillet-août, qu'en été entre décembre et avril. En hiver, sur la côte orientale de l'île, il atteint 5 à 6° Beaufort. Les reliefs de l'île, plus abrupts à l'Est, provoquent l'ascension orographique de l'alizé chargé d'humidité après un parcours de plusieurs milliers de kilomètres sur l'océan Indien. Des stratocumulus se forment et des pluies abondantes se produisent. En franchissant la barrière des hautes terres, les pluies s'amenuisent et, vers Tananarive, elles se transforment en crachin tenace dans un ciel nébuleux (Donque, 1974).

Ainsi, l'alizé est un élément essentiel des espaces tropicaux. Il détermine la direction des dunes dans les déserts, celle des pistes des aéroports, les sites portuaires. Il est à l'origine d'activités touristiques variées comme la voile, le véliplanchisme, le surf, le kite-surf, en particulier aux Canaries. Les *trade winds* poussèrent les caravelles de Christophe Colomb vers le Nouveau Monde et facilitèrent ensuite, au temps de la marine à voiles, les liens commerciaux à travers l'Atlantique.

Le souffle saisonnier de la mousson

Il est commode de distinguer deux moussons : la mousson africaine, bien représentée en Afrique occidentale et la mousson asiatique sur l'Inde et l'Asie du Sud-Est. Par ailleurs, la circulation tropicale est particulière, à la latitude de l'isthme centraméricain qui représente un carrefour aérologique de première importance.

La mousson africaine

Les climats de l'Afrique occidentale et centrale sont essentiellement caractérisés par le régime des précipitations. La répartition de celles-ci trouve son origine dans la remontée progressive, vers le Nord, du front de mousson ou zone de convergence intertropicale (ZCIT). La saison pluvieuse ou hivernage est de plus en plus courte, en remontant vers le Nord en direction du tropique (figure 5 ; Riser, 1999). Secondairement, en hiver, de timides incursions d'air polaire (AMP) donnent naissance à quelques précipitations de saison froide sur le Nord du Sahara.

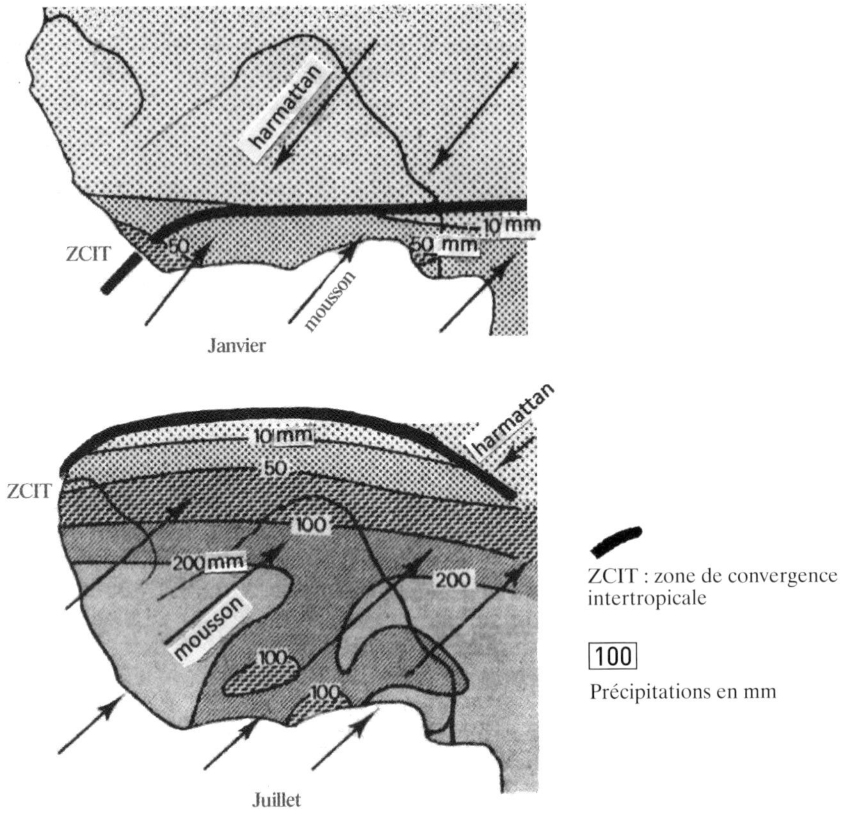

Figure 6. Situation atmosphérique schématique en Afrique occidentale en janvier et juillet.

Durant l'hiver austral, les masses d'air antarctiques envoient de puissantes décharges d'air polaire (AMP) et l'anticyclone de Sainte-Hélène (agglutination) atteint sa pression maximale (plus de 1025 hPa). Il remonte alors vers le Nord et se retrouve centré près de l'équateur. Il émet de fréquentes intumescences (gonflements) ou dorsales de valeur parfois supérieure à 1015 hPa sur les régions côtières du golfe de Guinée, c'est l'alizé austral. Simultanément, durant l'été boréal, les espaces sahariens surchauffés sont le siège de basses pressions thermiques. L'alizé austral, en franchissant l'équateur, est dévié vers l'Est par la force de Coriolis. La ligne de front entre les masses d'air humides, venues du golfe de Guinée, et l'air sec et brûlant du Sahara est la zone de convergence intertropicale (ZCIT) ou front intertropical (FIT). La ZCIT progresse vers le Nord de mai à août, en relation avec le renforcement de l'anticyclone de Sainte-Hélène. Les vents sont alors accompagnés de lignes de grains qui se propagent des régions soudaniennes vers les zones sahéliennes (figure 6).

Au cours de l'hiver boréal, les masses d'air froid arctique repoussent vers le Sud les masses d'air tropical (anticyclone des Açores et hautes pressions sahariennes), tandis que l'anticyclone de Sainte-Hélène s'affaiblit et regagne, avec l'été austral, sa position estivale. Ainsi, de mai à août, la ZCIT progresse en direction du tropique du Cancer et elle atteint au mieux, les parages du 20e latitude nord, fin juillet-début août, sous forme de

Paysage bocager dans le Macina (Mali), champs entourés de haies de branchage pour lutter contre le vent et la divagation des troupeaux. Le ciel uniformément gris indique la présence de la brume d'harmattan.

bourrasques de vent accompagnant quelques grains épars, puis elle redescend pour se situer, en janvier, légèrement au Nord du golfe de Guinée. L'alizé continental envahit alors progressivement le continent africain. La saison sèche s'étend d'octobre à mai et seules les régions équatoriales sont épargnées. Là, l'air s'élève lentement en altitude, provoquant des basses pressions peu actives au sol.

Le long de la ZCIT se déclenchent des phénomènes éoliens concomitants aux précipitations. Les lignes de grains s'accompagnent, sous les orages, de violentes bourrasques qui soulèvent des nuages de poussière mêlés aux averses de pluie. Au cours de la remontée, vers le Nord de la ZCIT, l'alizé se renforce sous forme d'un vent tumultueux sec et brûlant : l'harmattan. Il charrie, en altitude, depuis les confins sahariens, des poussières qui s'élèvent en suspension dans l'atmosphère. En hiver, l'harmattan n'est présent qu'au Nord du 9e parallèle. Toutefois, si la ZCIT descend très bas sur le golfe de Guinée, des situations exceptionnelles peuvent se produire et le vent du désert peut alors souffler pendant quelques heures sur les franges de la forêt équatoriale. Dans cette situation, on est en présence d'une anomalie climatique passagère, mais dont les effets sont d'autant plus marquants qu'ils sont inhabituels. Le temps d'harmattan présente trois caractères principaux :
– la chute de l'hygrométrie. Par exemple, le 14 décembre 1972, à Bouaké, l'harmattan se met à souffler en début de matinée, l'hygrométrie tombe de 96 % à 8 h à 20 % à 10 h, ce qui représente une chute de 38 % à l'heure. La remontée de l'humidité, à la fin du coup d'harmattan, est tout aussi brutale ;
– l'accroissement diurne de l'écart thermique. La saison sèche est marquée par de forts écarts thermiques qui s'accroissent par temps d'harmattan. À Tombouctou, il est fréquent que cet écart atteigne 33 °C. À Abidjan, sur le littoral, cette différence est atténuée par la présence de l'océan. Cependant, le 25 janvier 1974, le thermomètre indiquait 22 °C à 6 h du matin et 33 °C à 13 h 45 ;

– la présence de la brume sèche. Elle masque le soleil, brouille les lointains sous un voile jaunâtre diaphane et recouvre la végétation d'une mince pellicule de sable, c'est la brume sèche ou brume d'harmattan (ci-dessus). Elle est fréquente, dans les régions sahéliennes, aux intersaisons, en mars-avril, lorsque la ZCIT commence sa remontée vers les régions soudaniennes et en octobre, au cours de sa redescente vers l'équateur.

Pour illustrer le mécanisme de la mousson africaine (figure 6), des mesures et des données inédites ont été dépouillées dans le cadre d'un projet de recherche sur les géosystèmes des lacs de Léré et de Fitri, au Tchad. Le premier est situé par 14° de longitude est et 9° 40' de latitude nord, dans la zone soudanienne et le second entre 17° 20' et 17° 30' de longitude est et 12° 50' et 13° de latitude nord, en région sahélienne.

Ainsi, il est possible de suivre, au cours de l'hiver, du printemps et de l'été 2002, l'évolution du temps et surtout d'en détailler quelques modalités journalières qui échappent aux données moyennes, par ailleurs très incertaines dans ces régions.

À Léré, les données portent sur les températures journalières, à 7 h et 12 h et sur la vitesse et l'orientation des vents aux mêmes dates. Les composantes essentielles de l'alizé sont Nord-Est-Sud-Ouest. La température augmente du 1er janvier au 5 juin, début de la mousson et de l'hivernage. En considérant ensuite quelques dates précises, représentatives d'un phénomène climatique, on remarque que les 18 et 19 janvier 2002, la température, à 12 h s'élève à 42 °C et correspond à un coup d'harmattan. La même situation se reproduit le 27 janvier ou le 16 mars. Par temps d'harmattan, ce jour-là, la température s'élève à 34,4 °C à 7 h et à 52 °C à midi.

À Yao, sur les bords du lac Fitri, la composante essentielle de l'alizé est orienté Est-Ouest puis Nord-Est-Sud-Ouest et secondairement Nord-Sud. Les températures commencent à baisser le 2 juin 2002 avec la première pluie de mousson. La correspondance entre les temps d'harmattan et la hausse des températures apparaît moins nette qu'à Léré. Cependant les 21 et 22 avril 2002 par exemple, à 7 h, les températures s'élèvent déjà à 40 °C, elles atteignent 47 °C à 12 h pour redescendre à 40 °C, le soir à 18 h.

La mousson arrive à Léré entre le 5 et le 18 avril 2002. Elle déboule, d'un coup, en bourrasques violentes, soulevant des nuages de poussière. Le ciel s'obscurcit de cumulo-nimbus à l'origine de grains de courte durée. Elle est de composantes principales, en premier lieu, Ouest-Est, puis Sud-Nord. Ensuite, elle s'affirme en mai avec deux directions essentielles : Sud-Ouest-Nord-Est et Ouest-Est.

À Yao, les mesures, pour les mêmes périodes, sont plus détaillées. La mousson effectue une brève apparition le 15 avril avec des bourrasques dès le matin et quelques gouttes, mais elle ne s'installe durablement qu'en juin. Elle devient permanente et omniprésente toute la journée, en juillet, août et septembre. Au cours de ce mois, après chaque épisode pluvieux, le vent tourne à l'est. Dès le lendemain, le courant de mousson reprend le dessus. C'est à partir du 20 octobre 2002 que l'alizé s'affirme de nouveau et que débute la saison sèche.

La mousson asiatique

Les premiers navigateurs au long cours qui se rendaient en Inde ou en Chine étaient frappés par le renversement saisonnier des vents et des types de temps *(mausin*, en arabe, veut dire saison) ; ces changements étant plus brutaux et plus marqués qu'en Afrique.

Les mécanismes de la mousson

En hiver boréal, le vent souffle de la terre avec régularité. Il est porteur de sécheresse et souvent de froid. L'été, au contraire, l'air humide, venu des zones équatoriales de l'océan Indien, envahit le continent et se heurte aux barrières himalayennes.

Les mécanismes qui génèrent la mousson dépendent du déplacement des masses d'air équatoriales. Celles-ci sont centrées, en hiver, à 10° environ de latitude sud. En été, elles remontent jusqu'à 30° de latitude nord. Simultanément, l'air polaire continental assimilable aux AMP se trouve décalé vers le Nord en été, mais, en revanche, il s'avance jusqu'au tropique du Cancer en hiver et les gelées atteignent Hong-Kong.

Cependant, la chaîne himalayenne rejette, en été, la circulation d'Ouest vers le Nord et permet l'invasion de l'air tropical sur une grande partie du continent asiatique. Il est certain aussi que l'Himalaya, en isolant le sous-continent indien du reste de l'Asie, contribue à la différenciation des climats de mousson.

Les principaux climats de mousson

La mousson japonaise présente les mécanismes les plus simples. En hiver, les masses d'air sibériennes occupent tout le continent. Elles dirigent, vers le Sud-Est, de l'air arctique ou polaire continental très froid qui s'étend sur la Sibérie orientale, la Mandchourie, la Mongolie et la péninsule coréenne. Les flux de ces AMP glaciaux atteignent le Japon par saccades. En traversant la mer du Japon, ils se chargent d'humidité et projettent des précipitations neigeuses sur les versants nord et nord-ouest des reliefs de l'archipel. Par ailleurs, les précipitations hivernales se produisent aussi au passage des perturbations d'Ouest circulant sur le flanc sud-est de l'anticyclone sibérien. C'est ce type de temps perturbé et neigeux qui, en janvier 2008, a recouvert la Chine jusqu'à Shangaï, au moment du nouvel an chinois.

En été, un anticyclone humide, originaire du Pacifique, dirige sur le Japon et la Chine du Nord, un flux humide et chaud provoquant des pluies orageuses et parfois des cyclones.

Dans le Sud-Est asiatique, la circulation hivernale est dominée par les poussées d'air froid sibérien (AMP). Elles atteignent parfois le 20e degré nord. Au Sud de cette latitude, l'air septentrional se réchauffe et l'hiver est sec et chaud (Cochinchine, Sud du Laos, Cambodge, Thaïlande). En été, le flux de mousson provoque un temps chaud et lourd, aux pluies abondantes. Il se transforme parfois en cyclone tropical.

En Inde, la chaîne himalayenne joue un rôle primordial. En hiver, les dépressions de front polaire issues du Bassin méditerranéen glissent sur le flanc sud de la chaîne qui protège l'Inde des influences sibériennes. Le temps est froid en montagne et les chutes de neige fréquentes sur l'Ouest de la chaîne. En été, la mousson éclate brusquement *(the burst of monsoon)*. Chargée d'humidité sur la mer d'Arabie et le golfe du Bengale, elle s'engouffre dans le couloir d'Anam et se heurte à la barrière himalayenne. Les pluies orographiques sont de très forte intensité. Le flux de mousson s'incurve alors vers l'ouest et arrose tout le flanc sud de la chaîne himalayenne. Le centre et l'Est reçoivent de plein fouet de fortes chutes de neige. Cependant, la mousson ne franchit pas l'Himalaya et le versant tibétain conserve un climat froid et sec tandis que, comme au Karakorum, les vallées abritées restent arides.

La mousson s'atténue progressivement vers l'Ouest où les derniers soubresauts peuvent atteindre les montagnes sèches d'Afghanistan et parfois les plaines intérieures iraniennes. Cette incursion occidentale de la mousson reste cependant rare. L'Ouest de la plaine indogangétique demeure sous l'influence de l'air sec et chaud d'origine arabique qui souffle sur le désert de Thar.

Le caractère saisonnier de la mousson asiatique, son brusque déclenchement, les fortes précipitations qu'elle engendre, accompagnées souvent de graves inondations, marquent la perception indigène du phénomène et la mémoire collective des sociétés indienne, srilankaise et thaïlandaise. La saison des pluies est le pivot autour duquel tourne l'ensemble du calendrier agricole et religieux, astrologique et médical. Le vent, alternativement associé à la sécheresse ou à la pluie, provoque, selon les médecins traditionnels, un ensemble de maladies spécifiques qu'ils combattent à l'aide de cocktails d'épices dont ils ont le secret.

Les marins furent les premiers à utiliser les vents alternants pour se rendre de la mer Rouge et de la mer d'Oman sur la côte de Malabar et en revenir. En hiver, ils cinglaient du Sud de l'Arabie vers la côte de Malabar et ils en revenaient en été. De cette navigation pendulaire est né le commerce des épices entre l'Inde, le Moyen-Orient et le Bassin méditerranéen.

Le calendrier des travaux et des jours se calque sur le rythme de la mousson et l'année, en Inde et en Chine, se divise en deux grandes saisons, l'hiver et l'été qui s'étend de juin à septembre et représente la saison des semailles ; septembre est le mois des premières récoltes. Quelques-unes des fêtes les plus significatives du calendrier indien concluent cette période comme Dipavali (la fête des lumières), qui a lieu fin octobre.

Le calendrier indien fixe la durée de la mousson à quatre mois, même si météorologiquement, le début et la fin de cette période pluvieuse est variable suivant que l'on soit au Sri Lanka (25 mai), à Calcutta (1er juin), à Bénarès (15 juin). Cette durée virtuelle de quatre mois correspond à une nuit de la vie du dieu Visnu. La Harisayani est une fête qui célèbre le coucher de Visnu. Celui-ci est supposé se retirer sous l'océan pour un sommeil de quatre mois jusqu'à la Haibodhinî : le réveil du Dieu. Pendant ces quatre mois, la période des travaux des champs nécessite la mobilisation de toutes les énergies. Les mariages et les voyages sont proscrits. Les ascètes, les pèlerins itinérants, les mendiants s'arrêtent de voyager et affluent dans les villes saintes comme Bénarès, jusqu'au réveil de Visnu. D'ailleurs, actuellement, en Inde, la rentrée des classes se fait en août et l'année scolaire se termine aux premières fortes chaleurs, en avril.

L'alternance de périodes pluvieuses et sèches permet de comprendre les fluctuations de certaines pathologies déjà largement mises en lumière par la médecine traditionnelle hindoue. Ainsi, la saison sèche s'achève au solstice d'été qui est, pour l'homme, le moment de sa plus grande faiblesse. En revanche, au solstice d'hiver, après la mousson, il apparaît dans la plénitude de ses moyens. À cette alternance de faiblesse et de force se surimpose la théorie des humeurs. Elles sont au nombre de trois : vent, bile et flegme. Ce sont, à la fois, des fluides organiques et les principes des maladies internes. Pendant les frimas, s'accumule le flegme, en été, le vent, et pendant la mousson, la bile. L'humeur flegme conditionne toute la neurologie et une bonne partie de la rhumatologie ; l'humeur vent, accumulée dans l'organisme pendant les chaleurs de l'été, produit toutes sortes de troubles nerveux, ankyloses, douleurs et rhumatismes. La bile, qui se signale dès le début des pluies, provoque des fièvres, des empoisonnements du sang, des délires et des ophtalmies.

Le couloir aérologique de l'isthme de Panama

La situation de l'isthme centraméricain est particulière. En effet, au Nord, les grandes plaines constituent un couloir aérologique, les Montagnes Rocheuses canalisant vers le Sud, les anticyclones mobiles polaires qui naissent sur les rivages arctiques de la baie d'Hudson et qui peuvent atteindre le pourtour du golfe du Mexique (Barbier, 2006).

Au Sud du Panama, ce sont les Andes qui prennent le relais, constituant, elles aussi, une puissante barrière d'orientation méridienne. Ainsi, au Nord comme au Sud de l'isthme centraméricain, la communication entre les deux façades maritimes est extrêmement difficile. En revanche, à la latitude de l'isthme, le relief s'abaisse et devient discontinu sur une langue de terre très étroite. La communication entre les deux domaines atlantique et pacifique devient facile.

En hiver boréal, la puissance des AMP de l'hémisphère nord s'accroît. Ils entrent en contact avec les hautes pressions tropicales (Bermudes-Açores). Des pluies liées à l'alizé maritime se produisent sur les Llanos vénézuéliens et colombiens ainsi que sur le bassin amazonien, c'est la mousson amazonienne. À la latitude de l'isthme, le flux humide le franchit et influence le climat du littoral pacifique.

En hiver austral, les AMP issus de l'Antactique sont plus puissants que ceux de l'Arctique. Leur extension, vers les tropiques, est favorisée par les Andes qui les canalisent. À l'Ouest des Andes, de fortes pluies se déclenchent sur le littoral pacifique de la Colombie au Salvador, exacerbées par le relief andin, c'est la mousson panaméenne. À l'Est de la chaîne andine, les AMP remontent également vers le Nord, par la Pampa argentine, en propulsant de l'air polaire vers les tropiques (figure 7).

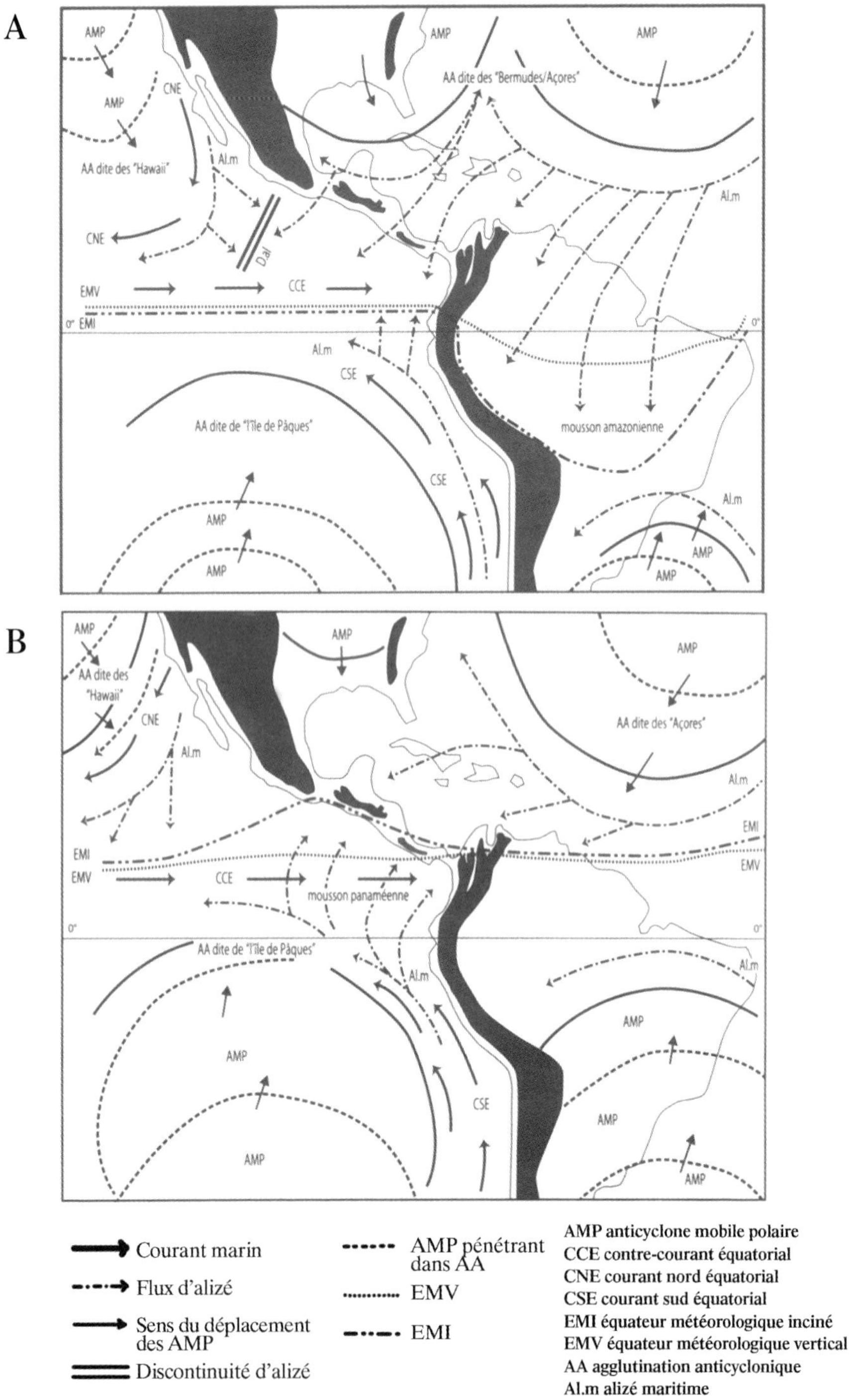

Figure 7. Conditions météorologiques moyennes en hiver boréal (décembre, janvier, février), situation A, et austral (juin, juillet, août), situation B, en Amérique centrale (Barbier, 2006).

▸▸ Mécanismes et genèse des vents régionaux

Le mistral était en colère et les éclats de sa grande voix m'ont tenu éveillé jusqu'au matin.

A. Daudet, *Les lettres de mon moulin*

Les vents qui ont été décrits dans les paragraphes précédents balaient une partie de la planète : vents d'Ouest dans les zones tempérées, alizés sous les tropiques, mousson en Asie, en Afrique et en Amérique. Les mécanismes qui les génèrent sont, eux aussi, planétaires puisque, finalement, ce sont les variations de puissance des cellules anticyclonique polaires, au cours de l'année, qui commandent, par exemple, les déplacements de la ZCIT et le renversement de la mousson asiatique.

Il peut apparaître difficile de faire la part entre les vents planétaires et ceux qualifiés de régionaux. Le renforcement de l'alizé, à l'approche de la ZCIT, déclenche l'harmattan. Si ce renforcement de l'alizé porte un nom spécifique, c'est bien qu'il présente des caractères qui lui sont propres : sécheresse et température élevée de l'air, violence des bourrasques, brume sèche provoquée par l'érosion éolienne. Toutefois, l'harmattan souffle sur toute la bordure sahélienne du Sahara. Il n'est donc pas, à proprement parler, un vent régional. De même, des vents catabatiques dévalent les pentes des inlandsis antarctique et groenlandais, vers les fjords littoraux. « L'Arctique, écrit J. Malaurie (1975), n'est que paradoxe et le retour du soleil se traduit par une offensive de froid encore plus aigu ; quelques jours et la température atteindra, lorsque le vent souffle, son point le plus bas de l'année : -55° C, -60° C ». Ces vents violents soufflent en rafales, prenant en charge la neige couvrant le sol et transportant au loin les flocons fins et drus, c'est le blizzard, la « poudrerie » canadienne, la *bourane* ou *pourza* des plaines russes. Son action, en hiver, peut s'étendre au-delà des régions polaires et circumpolaires, sur plusieurs milliers de kilomètres carrés. En mars 1993, ils affectèrent 26 États de l'Est des États-Unis, bloquant les routes, les voies ferrées et les aéroports. Ces vents peuvent difficilement être qualifiés de régionaux car il leur arrive de souffler sur des continents entiers ou sur l'océan Arctique.

En revanche, le mistral ou la bora, par exemple, soufflent sur des régions de superficies plus restreintes et, surtout, leur déclenchement nécessite des conditions climatiques et topographiques régionales. Il en est de même du marin, vent du Sud en Provence, du sirocco sur l'Afrique du Nord et du khamsin en Égypte.

Les vents froids : mistral, tramontane et bora

Les forts contrastes orographiques du Bassin méditerranéen expliquent le caractère spectaculaire que prennent, surtout en hiver, les invasions d'air froid qui se manifestent sous la forme de vents tempétueux et glaciaux comme le mistral, la tramontane ou la bora.

La configuration tourmentée du relief méditerranéen qui multiplie les positions d'abri et ouvre des couloirs méridiens, la complexité des relations entre les terres montagneuses et la mer se traduisent par l'éparpillement des îles, par des littoraux découpés de péninsules, de baies, de golfes et dominés de montagnes escarpées.

À cette mosaïque topographique correspondent des climats aux nuances infinies. Ainsi voisinent des littoraux et des montagnes abritées comme sur la côte d'Azur et des vallées balayées par des vents violents comme le couloir rhodanien ou celui du Vardar (Macédoine).

Il faut reconnaître que le Bassin méditerranéen, en général, constitue un carrefour aérologique de premier ordre où affluent, de toutes parts, les vents les plus divers. Les uns, de composante sud à sud-est, ont déjà parcouru de vastes espaces maritimes avant d'atteindre les littoraux du Nord du bassin. Les autres, venus du nord et de l'ouest, ont réussi à franchir les obstacles montagneux et à s'insinuer dans les vallées qui débouchent sur la mer. Le mistral, la tramontane et la bora sont de ceux-là.

Mistral et tramontane

Le mistral est un vent de secteur nord, parfois violent (plus de 100 km / h), qui s'écoule dans la basse vallée du Rhône vers la Méditerranée. Son souffle atteint parfois la Corse. Sur la Provence littorale, il prend une composante ouest et même sud-ouest, sur Cannes et Nice. Le mistral, dans la vallée du Rhône, s'accompagne de la tramontane, vent du Nord-Ouest sur le Roussillon, le Languedoc et le golfe du Lion. En effet, les météorologistes admettent implicitement que le mistral se reconnaît dans tous les vents du quadrant nord-ouest soufflant sur la Provence dans un triangle : Montélimar-Nîmes-Hyères et sur les espaces maritimes voisins. Les conditions de genèse du mistral et sa dynamique lui associent la tramontane (Dorize, 1992).

L'observation montre que la direction du flux n'est pas partout la même. Le vent souffle du secteur nord-nord-est à Montélimar, plein nord à Orange et Avignon, nord-ouest à Marignane et Pomègues alors que la composante ouest s'affirme vers Toulon. Ces modifications, dans le trajet du vent, s'expliquent par la configuration du relief. L'écoulement est guidé par le couloir rhodanien à Orange, par la vallée de l'Argens à Fréjus, par le littoral Ouest-Est entre les îles de Pomègues et du Levant (figure 8).

Le mistral s'impose sur tous les autres vents, sauf, peut-être, à Pomègues et Toulon où le marin du Sud et Sud-Est est durablement représenté. Il n'existe pas de mois sans mistral. Certaines statistiques montrent que juillet l'emporte sur tous les autres mois. D'autres, au contraire, indiquent que la somme des fréquences est la plus élevée en hiver et au printemps. Il faut cependant noter quelques divergences. Les fréquences maximales sont atteintes au printemps pour Marignane et Toulon et en hiver pour Orange et Nîmes alors qu'octobre et novembre présentent des fréquences plus faibles. La fréquence normale du mistral de force 7 ou plus, en mer, est de l'ordre de 20 % de décembre à avril, de 7 à 10 % de mai à septembre, de 12 % en octobre et de 15 % en novembre. Ce sont là des valeurs climatologiques moyennes établies sur de très longues périodes. On constate cependant que l'occurrence du mistral est irrégulière. Il peut arriver qu'il ne se manifeste pas pendant de longues semaines, même en hiver, mais à l'inverse, plusieurs tempêtes peuvent survenir dans un laps de temps de quelques jours, même en été. Par exemple, à Marseille, au cours des années 1971-1973, le mistral a soufflé 76 fois en hiver, 92 au printemps, 77 en automne et 105 en été (Guiter, 1980). Le vent se lève toujours en début de matinée avec un décalage vers le milieu du jour en hiver (figure 9 A). Il faiblit en fin de journée, en hiver et en milieu d'après-midi, en été (figure 9 B). Le nombre de jours de tempête de mistral, défini par une vitesse enregistrée de plus de 100 km / h, au cours des 22 dernières années, sur des périodes de douze mois consécutifs, va de 1 à 16 (Mayençon et Delorme, 2004). L'analyse de la série décennale 1957-1966 de Marignane établit que les plus longs épisodes de mistral ou « mistralades » atteignent à peine 8 jours. La croyance populaire qui soutient que le mistral souffle 3, 6 ou 9 jours n'a aucun fondement statistique. Pour exemple, la période de mistral de l'hiver 2004-2005 s'est prolongée pendant 15 jours du 21 janvier au 4 février 2005. Le mistral de saison froide est beaucoup plus violent que celui qui se manifeste en été et la fréquence des vents forts est aussi plus grande en hiver. À une échelle plus fine, les rafales les plus violentes se situent au cours de l'après-midi et au milieu de la nuit.

La vitesse du vent augmente du Nord vers le Sud, dans le couloir rhodanien et l'effet venturi donne les vitesses optimales dans les défilés : Valence, Donzère, Bollène et Orange. La vitesse maximale est presque toujours atteinte en aval d'Avignon. Il en est de même pour la tramontane dont la vitesse s'accélère sur le Roussillon, au débouché des vallées des Corbières. Dans la région niçoise, le mistral prend une direction ouest et faiblit considérablement. La vitesse maximale du vent est primordiale à connaître pour prévenir les risques dans certaines activités : protection des grutiers, navigation de plaisance, mais aussi risques d'incendie. La statistique révèle que le vent, le 18 février 1958 et le 11 février 1964 a atteint, à Marignane, 162 km / h. Les valeurs de vent violent les plus courantes, toujours à Marignane, sont comprises entre 75 et 100 km / h.

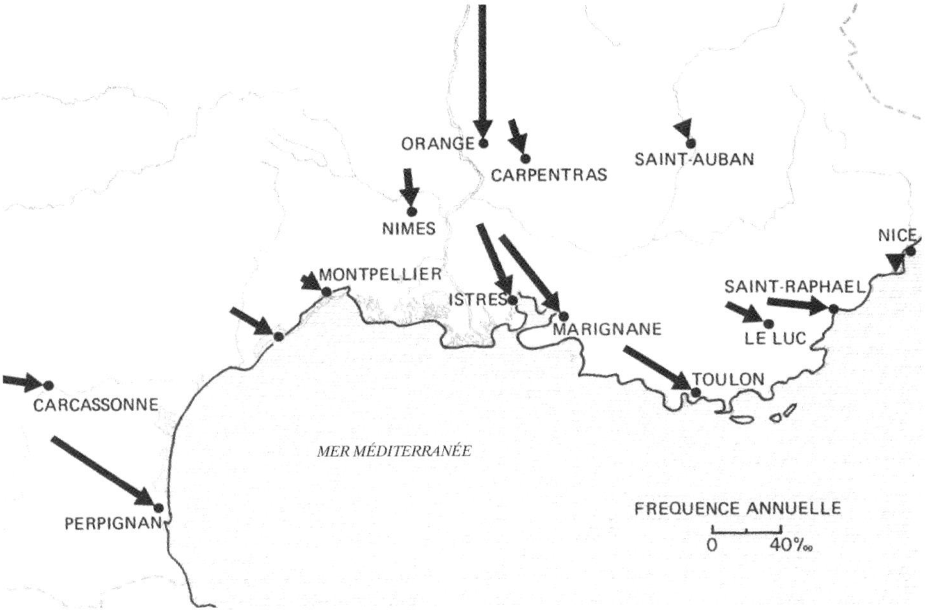

Les flèches indiquent la direction du vent, elles sont proportionnelles à la fréquence annuelle du vent (vitesse supérieure ou égale à 10 m / s).
Sur le Roussillon et la basse vallée du Rhône, cette fréquence atteint environ 140 jours par an.

Figure 8. Directions prédominantes du mistral et de la tramontane dans le Sud de la France.

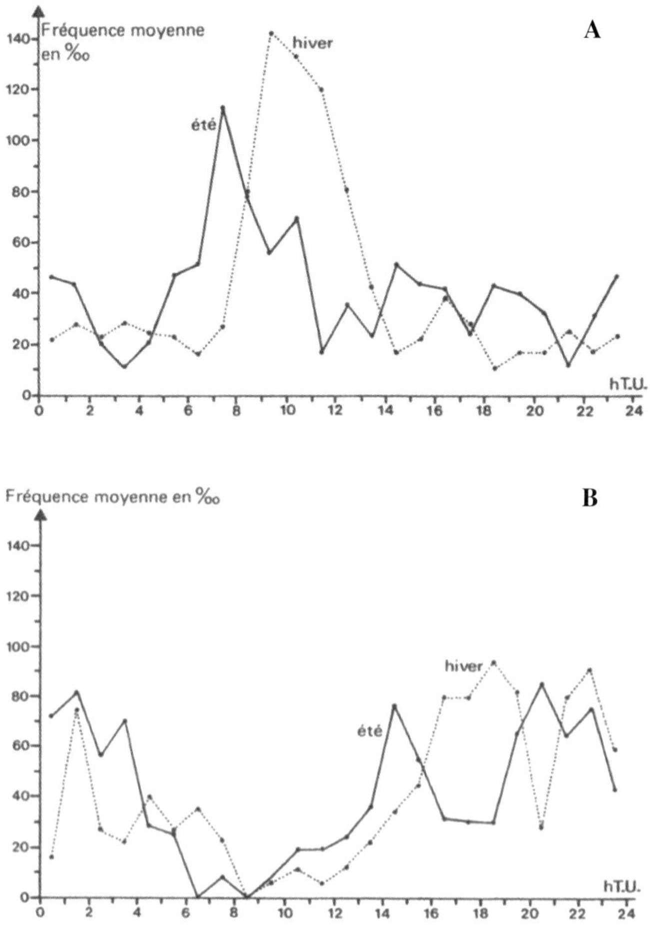

Figure 9. Heures de début (A) et de fin (B) de mistral à Marignane, période 1957-1966.

Le mistral est aussi un vent desséchant qui abandonne une partie de son humidité sur les versants au vent des reliefs qu'il franchit comme le Massif central, les Préalpes du Nord et du Sud.

D'ailleurs, le refroidissement des eaux de surface de la Méditerranée, dans l'axe de la vallée du Rhône est, d'après Dorize (1992), davantage imputable à l'effet d'évaporation qui absorbe de l'énergie qu'à celui d'upwellings exercés sur une mer à faible gradient thermique vertical.

Le déclenchement du vent correspond à des invasions d'air frais ou froid d'origine maritime ou continentale. Cette situation survient lorsqu'un flux méridien (AMP) de secteur nord ou nord-ouest s'écoule sur l'Europe de l'Ouest. Cette situation se produit lorsqu'un anticyclone, stationné sur le proche Atlantique, dirige un flux de Nord ou de Nord-Ouest. Il s'agit, soit d'une dorsale subméridienne prolongeant l'anticyclone des Açores vers le Nord-Est, soit d'une avancée d'air polaire maritime ou continental sur

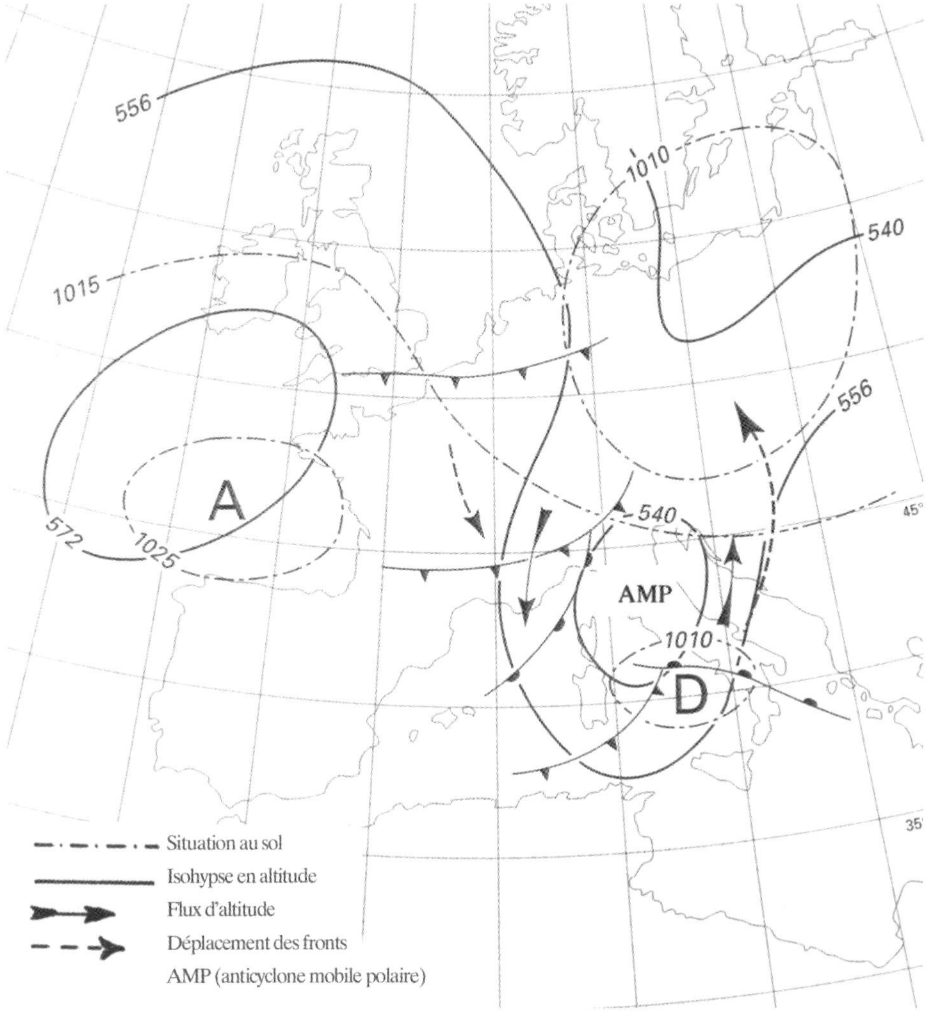

Figure 10. Invasion froide et cyclogenèse en Méditerranée occidentale (d'après Dorize, 1996).

l'Europe occidentale tandis que le Bassin méditerranéen, plus chaud, est en situation dépressionnaire (situation durable du 21 janvier au 4 février 2005).

Lorsqu'un AMP « descend » sur le bassin occidental de la Méditerranée, il repousse devant lui l'air chaud méditerranéen qui « remonte » vers le Nord, le long de la face avant de l'anticyclone, dans le couloir compris entre la Corse et la Sardaigne, d'une part et le littoral italien, d'autre part. Cet air chaud se trouve bloqué, au Nord par l'Apennin ligure, au fond du golfe de Gênes. Il s'élève alors, créant une dépression : la dépression ligurienne ou minimum de Gênes. Cette dépression est une conséquence dynamique de la circulation en Méditerranée occidentale et n'est pas d'origine thermique. Actuellement, les météorologues n'accordent pas à ce minimum un rôle essentiel dans le mécanisme du mistral. Néanmoins, l'expérience montre que lorsque cette dépression est présente, le vent se renforce à son contact (figure 10 ; Dorize, 1992).

Le mistral se manifeste souvent au cours des vagues de froid qui submergent le bassin occidental de la Méditerranée. En janvier 1987, une invasion d'air continental glacé, provenant d'un anticyclone centré sur la Scandinavie, s'engouffre dans le couloir rhodanien tandis qu'une cyclogenèse active se développe en Méditerranée, donnant de la neige. Les rafales atteignent 130 km / h à Marseille et Salon-de-Provence le 11 janvier. La turbulence de l'air empêche les fortes gelées mais l'atténuation temporaire du vent, le 18 janvier, entraîne des gelées sévères (-10 °C à Nîmes) consécutives au rayonnement du sol enneigé. La situation du 9 avril 2005 est différente. Un anticyclone de 1030 hPa est situé au large des îles Britanniques tandis qu'une dépression de 1000 hPa se creuse sur les parages de la Corse et de la Sardaigne. Un gradient barométrique actif déclenche un fort vent de Nord qui s'engouffre dans le couloir rhodanien, dans la nuit de 9 au 10 avril, provoquant une tempête avec des rafales entre 120 et 130 km / h. Une situation analogue s'observe le 20 mars 2007. Un AMP (1007 hPa) se situe sur la majeure partie de la France et induit un courant de Nord entraînant dans son sillage des giboulées de grésil et de neige sur les trois quarts de la France et des températures comprises entre 5 °C sous abri, sur les littoraux de l'Atlantique et de la Manche et 3 °C sur le centre de la France. Sur le golfe du Lion, la basse vallée du Rhône, la Côte d'Azur et la Corse stagne, au contraire, une dépression à 985 hPa. Un violent mistral s'instaure sur ces régions, accompagné de rafales à 100 km / h, sur Arles et Avignon, 141 km / h au mont Aigoual et une tramontane à 115 km / h sur Perpignan.

Le mistral, fréquent en été, s'explique de plusieurs manières. La dorsale anticyclonique qui se prolonge vers le Nord, au-dessus des îles Britanniques, dégage un flux d'air frais qui s'écoule dans la vallée du Rhône, vers le golfe du Lion où, en été, l'air surchauffé s'élève. Ce mistral d'été présente un effet de fœhn. Le flux de Nord ou Nord-Ouest s'assèche et se réchauffe en franchissant les reliefs du Massif central et des Préalpes. Enfin, toujours en été, l'accélération du vent, en soirée, suggère l'intervention de brises de montagne qui se trouveraient collectées dans la gouttière rhodanienne (Dorize, 1992). Sur le delta du Rhône et la Camargue, ce mistral dépasse souvent 90 km / h et il représente avec la tramontane 34 à 37 % du régime total des vents.

Les types de temps avec mistral et tramontane ont une influence sur le comportement des hommes, l'agriculture et le milieu naturel. Par temps de mistral, les hommes sont plus irritables. Les rafales gênent la circulation des véhicules légers et encombrants, comme les caravanes, les remorques et les semi-remorques vides. Les cultures doivent être protégées de la violence du vent par des haies de peupliers et de cyprès. L'évapotranspiration est forte et les agriculteurs, en particulier dans le Comtat Venaissin, sont contraints de pratiquer une irrigation intensive. Les formations végétales de la garrigue et du maquis sont adaptées à la forte évaporation et à la pénurie estivale des précipitations : longues racines, feuilles réduites et vernissées, pression osmotique forte, dessèchement partiel de la plante. Le mistral et la tramontane ne sont évidemment pas la cause des incendies mais ils attisent les flammes et déterminent l'extension du sinistre. Enfin, ils provoquent de violentes tempêtes en Méditerranée.

Outre le mistral et la tramontane, il existe, dans ce carrefour aérologique, d'autres vents de secteur nord ou nord-ouest, apparentés aux deux principaux. À Narbonne, le vent d'Ouest-Nord-Ouest, déboulant du seuil du Lauragais, baptisé *cers* est comparable à la tramontane du Roussillon. Il s'apaise vers l'Est, mais à Montpellier, le vent peut descendre du Massif central, de l'Espinouse et des Cévennes, il s'accélère entre Millau et Lodève, entre Saint-Affrique et Bédarieux, Saint-Pons et Minerve. Du mont Aigoual, dévalent, parfois, des rafales terribles et vers Nîmes, le mistral prend la relève.

En Catalogne espagnole et en Aragon, soufflent des vents du Nord et du Nord-Ouest, descendant du versant sud des Pyrénées, c'est la *tramuntana* et dans la vallée de l'Ebre, le *cierzo.*

Origine de la bora et des vents froids du bassin oriental de la Méditerranée

À partir du méridien de Gênes, en hiver, les flux sont dirigés du Nord-Est vers le Sud-Ouest depuis des hautes pressions stationnées sur la vallée du Danube, les Alpes orientales et parfois la plaine du Pô. Ils se dirigent vers les zones dépressionnaires du Bassin méditerranéen occidental et sont considérés comme proches de la bora.

Sur la Riviera, le vent qui franchit l'Apennin est appelé *tramontano.* Sur la côte de Toscane c'est le *grecale*.

Plus à l'Est, au fond de l'Adriatique, sur les montagnes et dans les bassins bosniaques, s'installe la bora. Celle-ci souffle, essentiellement en hiver, depuis les hautes pressions danubiennes des plaines couvertes de neige vers la Méditerranée orientale plus chaude et en position dépressionnaire.

Sur le Péloponnèse, dans le sillon Morava-Vardar, sur la mer Égée, jusqu'à l'archipel du Dodécanèse, le vent glacial souffle du Nord depuis les plaines danubiennes et roumaines : c'est le *struma* et le *vardar.*

Les vents chauds : vents étésiens, sirocco, chergui et khamsin

Les vents étésiens

En Méditerranée orientale et plus particulièrement sur la mer Égée, soufflent, en été, de mai à septembre, des vents du Nord, appelés vents étésiens de *etos*, année en grec, qui leur attribue, ainsi, un caractère saisonnier (Maheras, 1980). Ces vents sont dénommés *meltem* en turc. Ils marquent profondément le climat de la mer Égée. Ils se caractérisent par de fortes chaleurs et une sécheresse prononcée de l'atmosphère sur le continent.

En été, le gradient isobarique se situe entre de hautes pressions sur l'Europe centrale et orientale et de basses pressions relatives en Asie mineure et au Moyen-Orient. Les vents étésiens s'installent entre ces deux centres d'action. Plusieurs types de vents peuvent être distingués.

Le premier est très chaud, anticyclonique. Sa durée dépend de la vie de l'anticyclone d'Europe centrale. Les températures maximales s'élèvent à 35 °C et les minimales sont partout supérieures à 20 °C. L'humidité relative est élevée, surtout en mer, sans aucune précipitation car la chape d'air chaud empêche toute ascension de l'air humide.

Le second est de type dépressionnaire. Les vents sont toujours chauds et durables (souvent plus d'une semaine). Dans cette situation, la dépression thermique asiatique se décale sur la mer Égée tandis que les Balkans sont occupés par un marais barométrique ou par une dorsale s'étendant vers l'Est, depuis l'anticyclone des Açores. Le vent s'établit faiblement sur la mer Égée septentrionale car les étésiens sont contrariés par l'apparition d'une dépression thermique secondaire sur la Thessalie qui favorise un flux est-ouest. En revanche, ils se renforcent sur la mer Égée méridionale.

Les autres types de temps étésiens sont plus frais et s'apparenteraient au mistral d'été sur la Provence. Ils sont généralement liés à la présence, sur l'Europe centrale, d'un AMP succédant à une dépression circulant aux approches du 45° de latitude nord sur la Roumanie et la mer Noire. Cet AMP dégage un flux de Nord-Ouest qui balaie le Nord de la mer Égée en empruntant le défilé du Vardar. Ce vent est connu localement sous le terme de *vardaris*. Ces vents sont assez forts sur la mer Égée, entre 45 et 75 km / h. D'ailleurs, ce type de temps, avec présence d'un AMP frais sur l'Europe centrale, peut exister en toute saison mais, en hiver, il induit la bora.

Ainsi, les étésiens se présentent comme la résultante d'un flux de Nord auquel viennent s'ajouter les coups d'accélérateurs des pulsions dynamiques tels que le passage d'un front ou de dépressions sur la mer Noire ou des différences locales de pression entre la mer et les continents.

Le souffle brûlant du Sahara : sirocco, khamsin et chergui

Le mot sirocco est un terme italien qui désigne un vent d'origine saharienne soufflant du Sud vers le Nord, en Méditerranée. Il porte le nom de khamsin en Égypte. Le sirocco se déclenche lorsqu'une perturbation circule sur le Bassin méditerranéen. Elle absorbe le flux d'air chaud d'origine tropicale, expulsé par les hautes pressions sahariennes. Si la dépression circule sur le Nord du Maghreb, le sirocco se cantonne à ces régions. En revanche, si la circulation perturbée se situe plus au Nord, il peut traverser la Méditerranée en se chargeant d'humidité, entraînant dans son sillage des poussières sahariennes en suspension.

Cette situation s'est produite par exemple le 2 août 1980 ou le 20 février 2004. Le 2 août 1980, des pluies de boue et de poussière sont observées puis prélevées au Pic du Midi de Bigorre (Bücher *et al.*, 1983) alors que la température, à 2860 m, était exceptionnellement élevée (10 °C de minimum et 17 °C de maximum). Ces pluies de boue et de poussière ont été ensuite mentionnées plus au Nord-Est et au Nord, jusqu'à Hohenweststedt, dans le Sud de la presqu'île du Jutland. Le phénomène est parfaitement matérialisé sur les images satellitales qui montrent un jet de poussière au sol, puis en altitude, originaire du Sahara et se dirigeant vers le Maroc.

La situation météorologique expliquant ce phénomène met en action un talweg de basses pressions, s'étendant du Sud de l'Islande aux abords de l'île de Madère et une dépression thermique active, en été, sur le Sahara. Les vents chauds, chargés de poussière, s'élèvent en altitude dans la dépression thermique. Le 31 juillet 1980, à 3200 m d'altitude, les vents ont soufflé à 75 km / h. Les poussières, prises en charge par ces vents, sont aspirées vers le Nord, en direction de l'Europe occidentale. Le franchissement des chaînes atlasiques oblige encore le sable à s'élever. La dépression thermique saharienne s'accompagne, le 2 août, d'une légère dépression supplémentaire localisée au large de l'Algérie, si bien qu'un violent sirocco souffle sur le littoral avec 38 °C à Alger. Les poussières récoltées présentent une composition minéralogique variée comportant des quartz dominants (45 %), ainsi que de la calcite, du gypse, des feldspaths, des minéraux lourds et des argiles (smectite, kaolinite et illite). L'origine des poussières ne semble pas être les ergs et les regs sahariens mais plutôt les vastes étendues limoneuses des dépôts de crues des oueds endoréiques comme la Saoura et les oueds descendus du Hoggar et des Atlas.

Sur la Tunisie, une advection d'air polaire provoque, sur sa face avant, une dépression qui attire l'air saharien. Cette situation déclenche le sirocco sur l'ensemble de la Tunisie (Henia, 1980) accompagné de températures difficilement supportables : 48,4 °C à Bizerte, 45 °C à Gafsa, 52 °C à Tozeur !

Le chergui est un vent du Sud-Est, sec et très chaud, qui, en été, souffle sur le Sud-marocain, atteint très souvent le Haouz de Marrakech et même la région de Rabat. Sur le Haouz, le chergui est présent lorsque les hautes pressions subtropicales débordent sur la Méditerranée et le Nord du Maghreb, entraînant une remontée corrélative de la dépression saharienne. Le flux dominant est donc de secteur est, drainant ainsi des influences sahariennes. Cette situation peut s'aggraver par creusement d'un couloir dépressionnaire au large du Maroc (Delannoy, 1971). Le temps est très chaud, les maxima sont égaux ou supérieurs à 40 °C (43 °C le 17 août 1967), les températures nocturnes dépassent 20 °C (28 °C dans la nuit du 17 au 18 août 1967). Cette situation peut être exacerbée par un effet desséchant de fœhn. Le courant de Sud-Est, en franchissant la barrière atlasique, se réchauffe encore en redescendant sur le versant nord du Haut-Atlas, de telle sorte qu'il fait plus chaud à Marrakech que dans les régions sahariennes.

Un exemple de rose des vents : le Maroc oriental

Sur cette région, les vents d'Ouest dominent les trajectoires en hiver lorsque la circulation zonale est rejetée vers le Sud par l'adjonction d'air froid originaire des anticyclones mobiles polaires. C'est le cas en décembre, janvier et février. Cependant cette situation peut se produire dès le mois d'octobre, avec le passage sur la face sud de ces anticyclones, des premières dépressions porteuses de pluies. Elle peut aussi se prolonger jusqu'en avril.

La prépondérance des vents du Nord et du Nord-Ouest, en été, s'explique par l'établissement quotidien d'un régime de brise de mer. En effet, les régions intérieures du Maroc oriental sont surchauffées pendant les journées d'été, engendrant de basses pressions. En revanche, la mer, bien que chaude, conserve des températures plus fraîches que le continent, si bien qu'un régime de brise de mer s'installe, dont les effets se font sentir assez loin dans l'intérieur des terres. En hiver, les vents du Nord ont pour origine des flux d'air froid polaire arctique ou maritime issus des anticyclones mobiles polaires.

En été enfin, les vents de secteurs sud et est, assez rares, résultent d'influences sahariennes tropicales continentales, il s'agit du chergui et du sirocco qui soufflent souvent en rafales violentes, en soulevant des nuages de sable et de poussière (Sbai *et al.,* 1992).

Les vents dépressionnaires : exemple du marin dans le bassin occidental de la Méditerranée

Par circulation d'Ouest, le long du front polaire ou à l'avant d'un AMP, se forment des perturbations qui abordent les côtes méridionales de l'Europe. Elles engendrent des vents du Sud-Ouest à Sud en Méditerranée. Ils vont heurter, de plein fouet, les barrières montagneuses des Pyrénées orientales (mont Canigou), des Cévennes, des Alpes du Sud (chaîne Ventoux-Lure) ou s'engouffrer dans le couloir rhodanien : c'est le marin, le vent du midi ou le vent d'autan sur Toulouse lorsqu'il a franchi les Pyrénées.

Cette situation est parfaitement illustrée par la tempête du 22 septembre 1992, à Vaison-la-Romaine. Les vents très forts autour de la dépression centrée sur la Bretagne circulent du Sud-Ouest au Nord-Est et empruntent le couloir rhodanien. Ils s'élèvent au contact du massif du Ventoux, de l'Aigoual et du Devez, provoquant, sur la basse vallée du Rhône, un déluge meurtrier.

D'une manière plus générale, les vents de Sud et Sud-Est *(levant* et *eissero)* sont les plus fréquents, leur vitesse peut atteindre 80 à 90 km / h. Ils soufflent en moyenne entre 20 et 30 % de l'année.

Brise de terre et de mer, brise de vallée

Les variations de température entre la terre et la mer, les sommets et les vallées, les différences de pression entre les massifs montagneux couverts de calottes glaciaires et les vallées, fjords et littoraux, l'opposition, enfin entre un versant montagneux au vent et un autre sous le vent sont autant de situations qui favorisent l'installation de vents locaux.

Le mécanisme est simple. Pendant la journée, la terre se réchauffe plus vite que la mer et de basses pressions thermiques s'installent sur le continent. La brise souffle de la mer vers la terre. Pendant la nuit, le rayonnement nocturne entraîne un refroidissement du continent, plus rapide que celui de l'océan et la brise s'inverse. Le réchauffement des versants, au cours de la journée, entraîne une élévation de l'air et un appel d'air de la vallée vers les cimes. C'est la brise de vallée. En revanche, lorsque le soir tombe, le refroidissement est plus rapide sur les sommets que dans les vallées et le vent s'inverse. C'est la brise de montagne.

▸▸ Les vents et l'effet de serre

L'effet de serre et l'effet parasol dépendent de la couverture nuageuse. Celle-ci empêche la radiation terrestre de se propager dans l'atmosphère, c'est l'effet de serre. Elle accroît aussi l'albédo en réfléchissant les radiations solaires à la surface supérieure des couches nuageuses, c'est l'effet parasol (Kendel, 2004). Dans le premier cas, la basse atmosphère se réchauffe, dans le second, la couche nuageuse freine le réchauffement. L'action du vent, en déplaçant les couches nuageuses, influe à la fois sur l'effet de serre et sur l'effet parasol.

De même, les émissions de fumée (CO_2), provoquées par des industries polluantes, par les incendies de forêt, en particulier, dans les régions tropicales ou par les éruptions volcaniques, sont poussées par les vents dominants. Ainsi, en 1998, les vents ont dispersé les fumées des incendies des forêts indonésiennes jusqu'à Singapour et Kuala Lumpur, éloignées pourtant de plus de 1 000 km du lieu des sinistres.

Les aérosols de sulfates qui s'observent dans les carottes de glace du Groenland sont corrélés à quelques puissantes éruptions volcaniques comme celle de Tombora en 1815 et du Krakatoa en 1883. Ces aérosols ont été pris en charge par les vents planétaires sur des distances considérables.

▸▸ L'atmosphère dans la tourmente : cyclones, tornades et tempêtes

Les extravagantes embardées du Nan-Shan témoignaient de sa lamentable impuissance. Il tanguait, il piquait du nez dans le vide et semblait, à chaque plongée, rencontrer quelque mur. Le roulis le couchait sur le flanc, et pour reprendre son aplomb, c'était un soubresaut si éprouvant que Juke le sentait chanceler comme chancelle un homme qu'un coup de massue vient d'estourbir. La tempête geignait, piaulait, se démenait, gigantesque dans les ténèbres, comme si le monde entier n'eût été qu'un égout noir.

J. Conrad, *Typhon*

Les cyclones

Les cyclones tropicaux sont immortalisés par les récits de voyages, les romans et, bon an mal an, par la radio et la télévision. Ils sont désignés chaque année par des prénoms aimables. Le premier prénom de cyclone de l'année commence par la lettre A et ensuite ils se succèdent suivant l'ordre alphabétique. Ils portent par ailleurs des noms variés : *hurricane* dans le Pacifique sud et nord-est, dans le golfe du Mexique et la mer des Antilles, typhon dans l'ouest du Pacifique et la mer de Chine, cyclone dans l'océan Indien, *willy-willies* en Australie et *baguios* aux Philippines.

Les cyclones tropicaux se forment dans l'air chaud très humide et très instable qui couvre la partie ouest des océans. Un cyclone ne fonctionne donc que si la surface de l'océan est suffisamment chaude : 25 °C sur une soixantaine de mètres de profondeur en

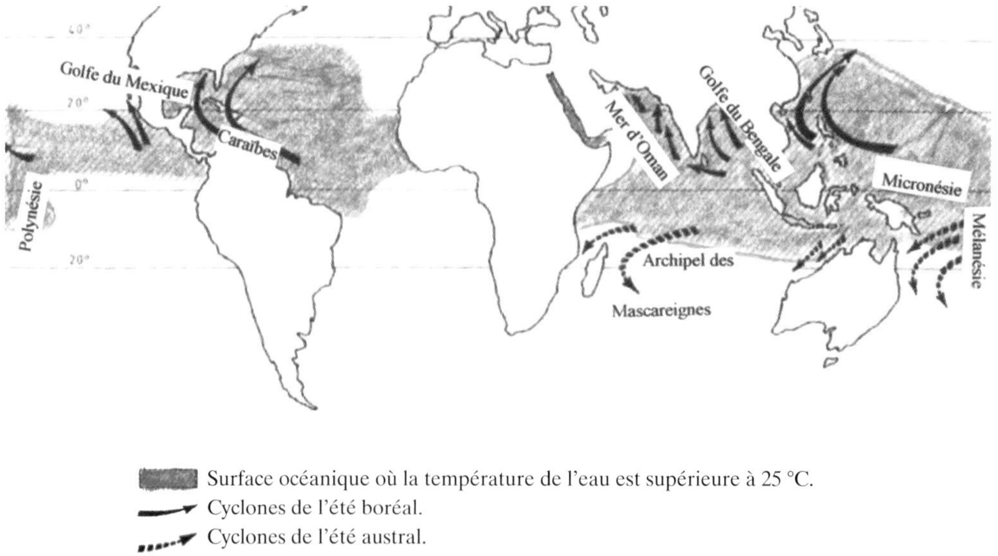

Figure 11. Principales régions affectées par les cyclones tropicaux.

été, de juillet à septembre dans l'hémisphère nord, et de janvier à mars dans l'autre hémisphère (figure 11 ; Estienne et Godard, 1970).

Un cyclone classique présente un diamètre de 400 à 500 km, sa taille est donc beaucoup plus réduite que celle d'une perturbation des moyennes latitudes. Il se présente comme un enroulement de nuages en spirale autour d'un centre où la pression est très basse et l'air relativement calme : c'est l'œil du cyclone. Plus un cyclone est violent et plus l'œil est de diamètre réduit. Un cyclone est une puissante machine thermodynamique qui consomme des milliers de mètres cubes d'air. À l'intérieur de la zone couverte par l'œil du cyclone, l'air subit de violents mouvements ascendants (figure 12). Autour de ce centre, l'air tourbillonne sous l'effet de la force de Coriolis maximale, entre 10 et 20° de latitude. Comme l'air est très chaud, il s'élève avec rapidité, surtout autour de l'œil où la pression baisse d'une manière vertigineuse souvent sous les 900 hPa. Le minimum enregistré a été de 870 hPa dans l'île de Guam (Philippines, océan Pacifique), (Godard et Tabeaud, 1993).

Cet air chaud, léger, très humide, provoque la formation d'énormes nuages qui s'élèvent en colonnes de cumulo-nimbus jusqu'à la limite de la troposphère.

L'ascendance des vents est très rapide, avec des vitesses supérieures à 200 km / h, mais des vitesses de 120 à 150 km / h sont les plus courantes. Les vents du cyclone Gilbert qui dévasta la Jamaïque en 1988, présentaient des pointes à environ 320 km / h. À Nagoya, au Japon, le typhon Véra, en 1959, poussa sur le rivage sept gros navires dont l'un de 7 000 tonnes.

La force des cyclones est mesurée grâce à l'échelle de Saffir-Simpson qui est fondée simplement sur la vitesse des vents (tableau 1).

Tableau 1. Vitesse des vents d'ouragan sur l'échelle de Saffir-Simpson.

Force du cyclone	Vitesse du vent en km/h
Niveau 1	118 à 153
Niveau 2	154 à 177
Niveau 3	178 à 209
Niveau 4	210 à 249
Niveau 5	Plus de 249

Les cyclones se déplacent d'Est en Ouest, sur la face équatoriale des hautes pressions, suivant une trajectoire rectiligne et à des vitesses relativement faibles, environ 20 km / h, ce qui explique qu'avions et bateaux peuvent éviter leurs trajectoires. Il arrive un moment où celle-ci s'incurve vers le Nord dans l'hémisphère nord et vers le Sud dans l'autre hémisphère. À ce moment-là, la vitesse s'accélère mais, en se rapprochant, soit des surfaces continentales, soit des latitudes tempérées, les conditions qui les ont fait naître et développer s'estompent et les cyclones dégénèrent et s'apaisent.

Les cyclones sont généralement accompagnés de violentes précipitations : à La Réunion, 1 873 mm en 24 h, les 15 et 16 mars 1952, 6 m en 7 jours en 1980. À cause des vents violents et de la baisse spectaculaire de la pression atmosphérique, ces manifestations climatiques élèvent anormalement le niveau de la mer et les vagues déchaînées balaient les littoraux. Ce sont les marées de tempête. Celles-ci constituent l'un des phénomènes les plus meurtriers associés aux cyclones. Ainsi, au Bengladesh, pays situé au ras de l'eau, les marées de tempête de 1916, 1970, 1991 furent responsables de plusieurs milliers de morts.

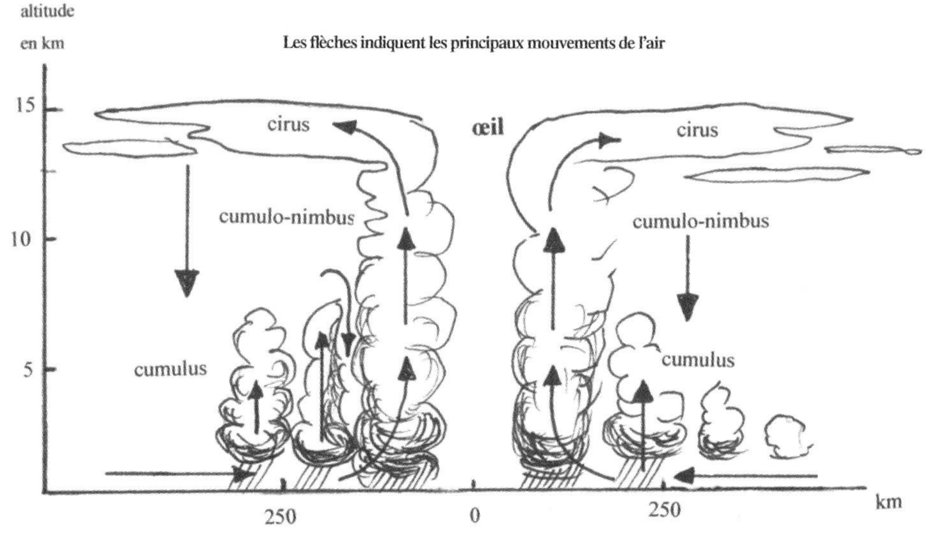

Figure 12. Coupe schématique d'un cyclone tropical.

Le cyclone Honorinina qui a frappé l'île de Madagascar le 15 mars 1986 présente toutes les caractéristiques d'un cyclone tropical : violence des vents autour de l'œil, tempête en mer, pluies diluviennes (Randrianarison, 1988). Il a essentiellement touché le port de Toamasina, sur la côte est de l'île. Les dégâts furent considérables : 49 morts, 403 blessés, 55 000 sans-abri. Le cyclone a pris naissance le 9 mars, dans une ondulation de la ZCIT située au Sud de l'archipel de Chagos. Il amorce, à partir du 10 mars, un déplacement lent vers l'Ouest à environ 20 km / h, en se creusant. Le 13 mars, il atteint son maximum d'intensité et se situe à 450 km à l'Est de l'île Sainte-Marie. Le 14 mars, les prémices du mauvais temps se font sentir sur la côte est : houle puissante, vents à 70 km / h, pluies continues. Il arrive à Toamasina le 15 mars, la pression minimale descend alors à 971 hPa et les rafales de vent atteignent 200 km / h. Après son passage sur l'île, le cyclone va obliquer vers le Sud, dans le canal de Mozambique. Ces vents détruisent de très nombreuses habitations, emportant des toitures et déracinant des arbres. Le danger vient aussi de la mer. La houle cyclonique haute de 7 m et le déferlement puissant des vagues endommagent la jetée du port sur une centaine de mètres.

Sur la côte, l'érosion littorale fut spectaculaire. La plage recula d'une trentaine de mètres par endroits. Dans les villages situés sur le rivage, la mer s'engouffra dans les ruelles, renversant les cases. Les destructions furent l'œuvre conjuguée du vent, de la mer et de la pluie. En effet, celles-ci furent abondantes : le 15 mars, 145 mm d'eau tomba en 24 heures.

Les cyclones de l'été austral, en 1982-1983, affectèrent la Polynésie française. Ils ravagèrent, en partie, les îles basses, mais leurs effets furent surtout dramatiques sur les îles montagneuses. Sur les côtes au vent, les pluies furent abondantes et favorisèrent un actif ruissellement. Les formations végétales furent lacérées de chablis car, dans les forêts tropicales, le système racinaire des arbres se développe seulement en surface à cause des altérites sous-jacentes et n'offre pas de résistance suffisante à l'action du vent. Sous le vent de ces reliefs, un effet de fœhn se produisit, en particulier lors du cyclone Reva, le 12 mars 1983. Les dégâts furent considérables, surtout au débouché des vallées où le fœhn avait pris de la vitesse. Ces cyclones de l'année 1982-1983 sont en relation avec le phénomène El Niño qui se déclencha en avril-mai 1983. Il entraîna une élévation rapide des températures superficielles de la mer dans le Pacifique central puis oriental. Pour la Polynésie française, il en résulta un front particulièrement actif sur les Marquises, durant toute la saison chaude. Les cyclones, générés par ce front, purent trouver l'énergie thermique nécessaire à leur développement grâce à l'épaisseur des eaux chaudes superficielles. C'est donc bien l'élévation, au-dessus de 27 °C, des températures moyennes superficielles pendant au moins huit mois (octobre 1982, mai 1983), dans un secteur où elles restent généralement cantonnées à des valeurs plus faibles, qui a permis le déclenchement, à répétition, des cyclones à l'Est du 150° de longitude.

Les études historiques sur la fréquence des cyclones en Polynésie française, depuis 1864 montrent que ces manifestations seraient liées à une oscillation d'El Niño particulièrement accentuée, entraînant un transfert vers l'Est de masses d'eaux chaudes superficielles stockées au cours de périodes nettement plus longues que la moyenne des intervalles entre les épisodes de forte intensité du phénomène El Niño.

Ainsi l'apparition du risque de cyclone n'est jamais fortuite, mais résulterait toujours de l'établissement d'une situation caractéristique comme l'illustre parfaitement l'été austral 1982-1983 : fortes précipitations de convergence sur les Marquises, eaux superficielles à plus de 27 °C jusqu'à 22° de latitude sud et s'étendant jusqu'à 120° de longitude ouest, thermocline en-dessous de 60 m de profondeur (Doumange, 1984).

L'étude, sur une période de 35 ans, de la fréquence des cyclones sur les océans tropicaux, montre plusieurs faits :
– l'augmentation de deux ou trois degrés des eaux océaniques de surface jusqu'à environ 60 m de profondeur ;
– la fréquence plus marquée des cyclones de force 4 ou 5 et une relative stagnation du pourcentage de cyclones de puissance inférieure ;
– un nombre de cyclones élevé entre 1990 et 1995 et un léger déclin de leur fréquence, actuellement.

Parallèlement, l'accroissement du nombre de jours de cyclones et sa décroissance actuelle laissent supposer que les cyclones durent moins longtemps mais sont plus brutaux et plus dévastateurs.

Enfin, la remontée des températures océaniques peut être liée, comme dans le cas des cyclones de Polynésie française en 1982-1983, au phénomène El Niño (Websker *et al.*, 2005).

La prévision des cyclones a été longtemps aléatoire. Les prémices de l'arrivée d'un ouragan se manifestent par l'apparition d'une longue houle d'Est qui apporte la certitude d'un cyclone au large puis par la baisse rapide de la pression barométrique. À partir de ce moment, le laps de temps disponible pour se mettre à l'abri et prendre un minimum de précautions est compté. Actuellement, la prévision s'est considérablement améliorée. Des stations insulaires ou installées sur des îlots déserts et surtout les images satellitales permettent de localiser les zones de naissance des cyclones et aussi de suivre leur trajectoire. Le passage de Hugo sur la Guadeloupe, qu'il dévasta en septembre 1989, avait été annoncé une semaine à l'avance et des mesures préventives ont pu limiter les dégâts, au moins en vies humaines. L'observation satellitale du cyclone Andrews, en août 1992, a permis l'évacuation préventive des habitants des zones côtières de Floride puis du golfe du Mexique, soit 2,8 millions d'habitants au total. Il causa la mort d'une vingtaine de personnes.

La menace planétaire des tornades

Les tornades ont pour origine de l'air surchauffé dans les basses couches atmosphériques qui, en s'élevant brusquement, pénètre dans de l'air plus froid, situé en altitude. Elles sont soit sèches et très courantes dans les déserts, soit humides sur le reste de la planète.

Les tornades sont classées suivant la puissance des vents sur une échelle : l'échelle de Fujita (tableau 2).

Les tornades sèches se déclenchent lorsque l'air surchauffé au niveau du sol, à la mi-journée sur un reg, par exemple, s'élève brusquement en tourbillonnant. La tornade sèche se déplace dans le sens du vent dominant en emportant, sur son

Tableau 2. Échelle de Fujita : classification des tornades suivant la puissance du vent.

Échelle de Fujita	Qualification	Caractéristiques de la puissance des vents (en km / h)
F5	incroyable	420 à 512
F4	dévastatrice	333 à 419*
F3	sévère	254 à 332
F2	importante	182 à 253
F1	modérée	117 à 181

*hameau de Manchester le 24 juin 2003.

passage, sables et poussières. Personnellement, j'ai observé l'une d'elles qui, en franchissant le remblai de la route, à quelques kilomètres de Zagora, dans le Sud-marocain, a soulevé, à une dizaine de mètres de hauteur, plusieurs débris de planches de coffrage, abandonnés là par des maçons qui avaient édifié un mur de soutènement.

Sur les océans, les tornades aspirent l'eau de mer en une colonne qui rejoint la couche nuageuse. Sur les continents, les effets conjugués de la baisse de pression, engendrée par l'élévation rapide de l'air chaud et la violence des vents, génèrent des forces destructrices capables d'arracher des toitures et de soulever des bateaux ou des automobiles.

Les tornades ont généralement une vie très brève car il suffit que les conditions, au sol, se modifient brusquement : passage de la mer au continent, d'un champ moissonné à la forêt ou à la surface d'un lac pour que la tornade s'essouffle. Ainsi, le 25 avril 1993, une tornade a balayé une autoroute à l'Est de Tulsa (Oklahoma) en seulement quelques secondes, tuant sept personnes et en blessant 95 autres. Certaines, dénommées souvent « super-tornades », ont une durée de vie plus longue. Le 18 mars 1925, pendant environ quatre heures, une tornade a tout détruit sur 340 km à travers le Missouri, l'Illinois et l'Indiana.

Le 8 septembre 2005, une tornade, phénomène très rare en Catalogne, a parcouru le littoral et pénétré à l'intérieur des terres en frappant la région du Vallès oriental, au Nord-Est de Barcelone et en particulier la petite ville de Mollet del Vallès. Des câbles électriques ont été détruits, des arbres arrachés ainsi que les toits de quelques maisons. L'aéroport de Barcelone a été fermé pendant une heure. Les conditions, en cette fin d'été, étaient réunies pour provoquer ce phénomène climatique, exceptionnel sur les rivages de la Méditerranée : températures élevées de la mer, atmosphère littorale très humide et circulation d'air froid en altitude entraînant un contact brutal entre des masses d'air chaud et humide et de l'air froid et relativement sec.

Les forts courants ascendants des tornades et la puissance de l'aspiration sont suffisants pour arracher aux sols ou sur une étendue lacustre : sauterelles, escargots, grenouilles ou poissons. Au cours de l'été 1364, les sauterelles « dévorent toute verdure jusqu'aux racines ou même des bois durs et laissent la terre stérile et blanche » dans la région d'Avignon (deuxième et quatrième vie d'Urbain v). Il semble que ces maudits insectes soient parvenus à Avignon à la faveur d'une tornade. En 1833, à Jouy-en-Josas, près de Versailles, une pluie de crapauds s'abat sur la ville. En 1872, à Fort-Worth, au Texas, ce sont des chauves-souris à moitié mortes qui tombent sur les habitants ; en 1986, une pluie de poissons se produit sur le lac Michigan. C'est en effet aux États-Unis, où les tornades sont très fréquentes, que les météorologues tentent de se placer sur leur trajectoire pour les étudier. Par exemple, le 24 juin 2003, une violente tornade anéantit le hameau de Manchester, dans le Dakota du Sud. Les témoins de ce phénomène redoutable racontent que tout est emporté : murs, toits, clôtures, téléviseurs, réfrigérateurs, vaisselle, disparaissent dans l'obscurité du nuage et sont entraînés, très haut, par des vents tourbillonnants à plus de 320 km / h. Après avoir détruit le hameau de Manchester, la tornade poursuit sa fracassante randonnée à travers la prairie. Les clôtures munies de leurs fils, les panneaux de signalisation des routes, des portes et des fenêtres sont happés par son souffle et selon le photographe Carsten Peter, témoin du phénomène, le bruit du vent ressemblait « au grondement sourd de la turbine d'un réacteur » (National geographic journal, 2004).

Tempêtes des régions méditerranéennes et tempérées

Dans les régions méditerranéennes et tempérées, la pluviométrie est commandée par la circulation zonale d'Ouest qui met en contact dynamique, l'air polaire froid et l'air tropical maritime. Ce contact est éminemment pluviogène, mais il provoque aussi des ascendances brutales d'air chaud, en particulier sur le Bassin méditerranéen. Des mécanismes rappelant les cyclones tropicaux peuvent alors se manifester. L'effet orographique accroît la dynamique de cet air humide et très instable. En été, sur l'Europe continentale, des orages de convection se transforment parfois en véritables tornades.

Trois exemples représentent ces tempêtes sur le Bassin méditerranéen et l'Europe tempérée : octobre 1969 en Tunisie, Vaison-la-Romaine le 22 septembre 1992 et les 26 et 27 décembre 1999 sur la France.

Tempêtes en Tunisie en 1969

Les tempêtes d'automne 1969 en Tunisie s'apparentent à des cyclones tropicaux. Les pluies diluviennes qui frappent l'Est du Maghreb, en septembre et octobre 1969 se caractérisent par leur intensité, leur durée, leur quantité et l'espace qu'elles affectent. En effet, le maximum de précipitation enregistré à Biskra est de 297 mm en septembre 1969 alors que la moyenne est d'environ 70 mm. Ces pluies ont été devancées par des précipitations plus faibles mais durables, puis elles deviennent violentes, d'abord entre le 21 et le 25 septembre puis du 13 au 18 octobre. Ces pluies orageuses présentent des intensités journalières comprises entre 30 et 100 mm. Elles intéressent tout le Maghreb oriental sub-saharien.

Au départ du phénomène, le 21 septembre, on observe une situation classique, en automne, avec une dépression se déplaçant du Nord-Ouest vers le Sud-Est, au contact, sur le Bassin occidental de la Méditerranée, de l'air frais continental et de l'air humide et tiède atlantique. La situation devient exceptionnelle lorsque cette dépression se trouve bloquée sur le Sud de la Sardaigne par de l'air polaire continental, situé sur la vallée du Danube et les Balkans et par l'air tropical continental, centré sur le Nord du Sahara. Cette dépression va se renforcer sur place, alimentée d'une part en air chaud par la Méditerranée dont la température de surface atteint 25 à 26 °C, par l'air tropical continental stagnant sur le Sud tunisien et le golfe de Gabès et d'autre part en air froid par l'anticyclone polaire continental. La différence de température entre les masses d'air est telle (environ 10 °C) que l'ascendance de l'air humide devient turbulente, assimilable au comportement d'un cyclone tropical. Cette situation, déjà exceptionnelle en elle-même, le sera d'autant plus que le même mécanisme se produit du 13 au 18 octobre. Entre ces deux épisodes pluvieux, plusieurs dépressions de front polaire, moins actives, affectent l'Est algérien.

La situation pluvio-orageuse des 21-22 septembre 1992, dite de Vaison-la-Romaine

Une dépression très profonde (916 hPa), centrée sur le Finistère, provoque sur son flanc sud, une violente circulation des vents dans le sens contraire des aiguilles d'une montre. Ces vents s'engouffrent dans le couloir rhodanien avec des vitesses de plus de 90 km / h. Cet air chaud et humide venu de Méditerranée entre en contact brutal avec l'air froid qui se déplace, entraîné par la dépression sur la France septentrionale, et provoque une cyclogenèse dynamique accentuée par l'effet orogénique du mont Ventoux et des Cévennes. Des orages violents éclatent : 63 000 impacts de foudre sont recensés à la station météorologique de Carpentras-Serre. Plus de 300 l/m^2, soit 300 litres d'eau par mètres carrés se sont abattus sur la région, le mardi 22 septembre.

Les tempêtes des 26 et 27 décembre 1999 sur la France

Dans un ouvrage qui traite du vent, les deux tempêtes exceptionnelles de Noël 1999 doivent avoir une place particulière. Ces deux ouragans, ainsi que Météo-France les a définis, ont traversé la France en ravageant les habitations, les parcs et les forêts. L'ouragan du 26 décembre est une dépression très profonde (960 hPa à 7 h aux environs de Paris). Elle a traversé tout le Nord de la France, d'Ouest en Est, approximativement le long du 49e parallèle. Elle touche le Finistère le 26 décembre à 2 h (heure locale) et se situe sur Strasbourg aux environs de 11 h. Elle s'est donc déplacée approximativement à 100 km / h. La zone de vent la plus violente se situe sur une bande de terre de 150 km de large dont l'axe s'étend depuis la pointe de Bretagne, en passant par le Sud de la Normandie, l'Île-de-France (Versailles et Paris), Champagne-Ardenne, Lorraine (région de Vittel, forêt de Haye, Nancy), puis l'Alsace et l'Allemagne.

Outre ces vents d'une rare violence, le creusement de la dépression s'est accentué sur le continent en raison d'une interaction forte avec les courants-jets d'altitude qui étaient proches des 400 km / h à 9000 m.

Fait plus exceptionnel encore, une deuxième dépression, aussi puissante que la première, se creuse à partir du lundi 27 après-midi, au large de la Bretagne et suit une ligne La Rochelle-Mâcon. Elle atteint l'Alsace méridionale en s'atténuant, dans la nuit du 27 au 28 décembre. Elle touche aussi la côte varoise et la Corse, où le vent continue à souffler en tempête, dans la matinée du 28 décembre. Dans le courant de Nord qui s'installe au passage de cette dépression, se produisent des chutes de neige sur le Nord de la Bretagne et la Normandie, puis dans la nuit du 27 au 28, de courtes averses de neige frappent le plateau lorrain, le massif vosgien, les plaines du Genevois et le Nord des Alpes.

En général, l'origine des perturbations se situe dans l'Atlantique nord, au large de Terre-Neuve mais celles-ci ont pris naissance dans les parages des Bermudes. Toutes suivent un itinéraire appelé *rail des dépressions* qui, en fin décembre 1999, s'est aligné sur le 49e nord, jusqu'en Allemagne. Si les dépressions axées sur le rail perdent de leur vigueur, en hiver, à l'Ouest des îles Britanniques, l'hiver est sec sur l'Europe. En revanche si, comme en décembre 1999, les dépressions poursuivent leur route vers l'Est sur un rail qui se prolonge jusqu'en Allemagne, l'Europe occidentale reçoit de fortes précipitations, accompagnées de vents violents.

Les tempêtes de décembre 1999 sont très différentes des cyclones tropicaux. Elles s'en distinguent par l'absence de l'œil du cyclone, remplacé par des vents qui s'organisent en tube comme les courants-jets. Les cyclones naissent des fortes températures de la surface des océans aux latitudes tropicales et de l'évaporation de la mer qui en est la conséquence alors que les tempêtes comme celles de 1999 résultent de la différence de température et de pression entre des masses d'air.

En résumé, à l'échelle du bassin de l'Atlantique nord et de l'Europe occidentale, cinq causes peuvent expliquer le déroulement de ces phénomènes météorologiques exceptionnels :

– l'extension du courant- jet, en ligne droite jusqu'au-dessus de l'Allemagne ;
– un courant-jet, pendant cette période, d'une intensité peu commune, atteignant 350 km / h et plus, soit le double de son intensité normale ;
– un contraste thermique horizontal (entre les zones situées au sud du courant et celles situées au nord) associé à un vent fort d'altitude, provoquant une dépression ;
– le déplacement vers l'Est des dépressions qui se renforcent car le jet, lui-même, dans son extrémité orientale exceptionnellement situé sur la France, se renforce aussi alors qu'habituellement, il se dirige vers le Nord des îles Britanniques, en direction de l'Islande ;
– une situation qui engendre un vaste courant cyclonique dans lequel circulent les dépressions tempétueuses des 26 et 27 décembre, renforcées par le flux rapide du jet.

⏩ Les oiseaux, les insectes et le vent

De tout le règne animal, ce sont évidemment les oiseaux qui sont les plus concernés par l'action du vent. Ils peuvent, en effet, maîtriser et utiliser les effets du vent alors que les insectes, même s'ils sont capables de parcourir, comme les criquets pèlerins, de très grandes distances, restent les jouets des vents et des courants. Parmi les quelque 9 000 espèces vivantes d'oiseaux, une quarantaine seulement a perdu sa capacité de voler. Ces oiseaux sont adaptés à d'autres modes de locomotion. Par exemple, les autruches courent et les manchots nagent. Ceux qui volent ont développé un vaste éventail d'adaptations qui leur permettent de faire face aux conditions atmosphériques qu'ils rencontrent.

Au cours de leurs déplacements en vol, les oiseaux marins ou terrestres peuvent planer. Ils vont utiliser les courants ascendants convectifs et l'ascendance orographique. Les oiseaux de mer comme l'albatros pratiquent le vol plané dynamique en profitant des turbulences du vent au ras des vagues. Cet oiseau niche, par ailleurs, sur le versant au vent des îles ou des promontoires pour pouvoir s'envoler sans peine, en dépliant simplement ses grandes ailes. Lorsque le vent tombe, les albatros se posent sur la mer et s'ils se trouvent sous l'influence d'un anticyclone, ils peuvent rester immobilisés plusieurs jours. Les albatros volent essentiellement par vent de travers ou trois quarts arrière. Ils progressent plus difficilement par vent de face ou d'arrière. Pour rebrousser chemin, ils utilisent les sautes de vent et ses changements de direction, dans le défilement incessant des perturbations, aux moyennes et hautes latitudes. C'est avec un vent de 20 à 40 km / h que les albatros se déplacent le mieux.

Certains oiseaux, comme les engoulevents, les hirondelles et les martinets, sont insectivores. Les insectes dont ils se nourrissent se concentrent dans les ascendances thermiques et orographiques, le long des lignes de grains associées au déplacement de la ZCIT ou sur le passage des brises de mer et de terre. Ces oiseaux se regroupent parfois par milliers pour se nourrir de ce plancton aérien.

Si les oiseaux utilisent le vent pour se déplacer et souvent pour se nourrir, le vent est aussi un agent perturbateur dont ils doivent s'abriter lors des tempêtes. Les oiseaux de mer se protègent des vagues en se mettant à l'abri dans les anfractuosités des falaises. Ceux qui restent au sol s'abritent derrière des accidents de terrain : pierres, mottes de terre, touffes de végétation, sillons, cavités.

Les oiseaux utilisent aussi les vents dominants pour accomplir leurs migrations. Ils jouent un rôle primordial, non dans la direction générale de la migration mais dans le choix des voies de migration locales. En automne, les masses d'air polaire alimentant les dépressions atlantiques et les vents de Nord-Ouest qu'elles engendrent, permettent aux oiseaux groenlandais de se déplacer, par vent arrière, du Groenland vers l'Écosse et le Nord-Ouest de l'Europe. Pour les oiseaux marins, au printemps, les migrations vers le Nord sont entreprises par beau temps en profitant des vents du Sud. En automne, le passage vers le Sud est souvent associé à des hautes pressions et à l'amélioration du temps à l'arrière des dépressions.

L'une des zones les plus observées pour la migration des oiseaux est le détroit de Gibraltar entre le cap Spartel et le cap Trafalgar. Par exemple, par vent d'Est fort, les rapaces migrateurs qui quittent le Maroc pour l'Europe s'observent sur la côte ouest de la Péninsule tingitane, à partir de Larache et surtout au niveau du cap Spartel où leur concentration est fonction de la force du vent. En réalité, ils sont amenés sur la côte atlantique par un effet de dérive sur le continent, contre lequel ils ne paraissent pas lutter, ensuite, ils rectifient leur trajectoire en longeant, vers l'Est, la rive sud du détroit et ils volent d'autant plus bas que le vent est fort. Les cigognes qui, en automne, regagnent le Maroc, prennent par fort vent d'Ouest, une route est entre le cap Tarifa et Ceuta, alors que par vent d'Est, elles obliquent à l'Ouest, entre le même cap mais survolent la ville de Tanger. Le comportement des balbuzards pêcheurs s'apparente à celui des cigognes.

Outre les oiseaux, certains insectes, comme le criquet pèlerin, présentent, dans des conditions favorables de leur milieu, un instinct grégaire. Sous cet aspect, le criquet pèlerin devient un prédateur catastrophique pour les cultures, en particulier dans les régions sahéliennes. Les essaims, poussés par la mousson, envahissent l'ensemble des pays du Sahel et s'avancent même jusqu'au Maroc oriental et en Algérie, au Sud de l'Atlas saharien où ils sont transportés par le chergui ou le sirocco.

▸▸ Dynamique des vents et perturbations de leurs trajectoires

L'espace atmosphérique parcouru par le vent s'agence autour de grandes masses d'air mobiles que sont les anticyclones mobiles polaires et les agglutinations anticycloniques centrées sur les régions tropicales. D'ailleurs, le rôle essentiel de ces masses d'air se retrouvera dans l'explication des climats du passé.

Les échanges entre ces masses d'air constituent l'essentiel de la circulation atmosphérique planétaire aussi bien à l'échelle mondiale – westerlies, alizés, mousson –, qu'à l'échelle régionale – mistral ou sirocco, par exemple. Seuls les vents locaux, comme les brises, ne font pas appel à ces vastes entités atmosphériques dynamiques.

Deux autres éléments jouent un rôle dans la dynamique du vent : les températures et le relief.

La température élevée de l'océan tropical et les continents surchauffés expliquent les cyclones et les tornades. Les reliefs, dont les plus hauts sommets s'élèvent dans la troposphère, constituent des barrières comme l'Himalaya et à un moindre degré, les Alpes, le Haut Atlas ou les reliefs de certaines îles comme Madagascar. Ils peuvent aussi jouer le rôle de rails méridiens que suivent les anticyclones mobiles polaires comme le long des Andes ou des Rocheuses. Ils bornent aussi des couloirs où s'engouffrent des vents violents tel le couloir rhodanien.

C'est sur l'océan que les vents rencontrent le moins d'obstacles et donnent toute la mesure de leur force puissante, régulière ou chaotique, en créant la houle, les vagues et en participant à la genèse des courants.

Lorsque le vent atteint le littoral, sa course est perturbée par des obstacles tels que les falaises, les dunes, le couvert végétal. Ces perturbations ne font que croître et se diversifier sur le continent parcouru à cause d'accidents de plus en plus nombreux et variés : collines, plateaux, montagnes, plaines et vallées, forês, haies, constructions en tous genres.

Chapitre II

Les espaces maritimes et littoraux

Qu'est-ce que l'homme peut opposer à cet univers inconstant, travaillé de loin par les astres, couru de houles et de montagnes transparentes, incertain sur ses bords, inconnu dans ses profondeurs ?

Paul Valéry, *Eupalinos*

Les eaux des océans et des mers sont animées par des mouvements d'ampleur et d'origine très diverses qui présentent d'importantes répercussions sur le climat, la biologie marine et les activités humaines.

Les mouvements des eaux marines peuvent être classés en deux catégories : les mouvements oscillatoires et non oscillatoires. Les premiers sont représentés par des ondes de périodes longues, les marées, dont le rapport au vent est secondaire dans leur mécanisme de propagation et par des oscillations de périodicités très courtes (environ 30 secondes), la houle et les vagues dont le vent est évidemment le principal moteur.

Les mouvements non oscillatoires sont représentés par les courants : courants de marée liés aux variations journalières du niveau de la mer et courants marins dont la vigueur dépend de l'activité du vent et des échanges thermiques.

La houle et les vagues, dont l'action devient prépondérante en arrivant sur le littoral, engendrent des courants de dérive et l'érosion des plages. La marée, en découvrant les vastes espaces de l'estran, fournit au vent, le sable nécessaire pour édifier les dunes littorales. Les conséquences de l'action du vent sur les espaces maritimes sont très variées. Les unes sont physiques, comme les courants, la houle et les vagues, les autres sont humaines. Au temps de la marine à voile, les marins ont su tirer parti des vents et des courants. De nos jours, la marine de plaisance ou de compétition, continue à sillonner les océans sur des navires, de plus en plus performants. Grâce à l'essor actuel des activités nautiques, le vent est devenu, avec le soleil, la matière première de l'industrie balnéaire à l'égal de la neige pour les sports d'hiver.

Ci-contre : voile d'altostratus, léger mistral, houle modérée, préludes à une dépression dans le golfe de Fos-sur-Mer.

Les sociétés commerçantes, puis industrielles, ont su choisir les havres les plus sûrs pour construire des ports. Dans le même temps, elles aménagent aussi les rivages pour lutter contre l'érosion marine, en construisant des épis et des digues.

►► La houle naît au large

Tant que la profondeur marine est supérieure à la moitié de la longueur d'onde, c'est-à-dire à l'espace entre deux crêtes de houle successives, celle-ci est indépendante du fond. Autant dire qu'au-delà de quelques mètres de profondeur, le fond de la mer n'affecte pas le déplacement de la houle. Contrairement à un schéma théorique, les mouvements rotatoires imprimés aux molécules d'eau par la houle ne les ramènent pas exactement au point de départ car le rayon de rotation diminue avec la profondeur, de telle sorte que la houle imprime, à la surface de l'océan, un faible courant dans le sens de sa propagation.

La formation et la hauteur de la houle

La hauteur de la houle est fonction de la vitesse du vent, du temps pendant lequel il souffle et du fetch, c'est-à-dire la distance sur laquelle souffle le vent d'une direction et d'une force données, terme qui peut se traduire en français par la course du vent. Par exemple, pour un vent de 50 nœuds, soufflant perpendiculairement à la côte sur 3 milles de distance, la houle est de 2,5 m. Pour un vent de 50 nœuds soufflant pendant 6 heures sur un fetch de 10 milles, les vagues sont de 4 m. Deux fois par jour, un bulletin de la météorologie marine indique l'état de la mer en fonction de la hauteur des vagues. Pour décrire cet état, la mer est divisée en zones, elles-mêmes subdivisées en secteurs (figure 13 et tableau 3).

La houle naît dans l'aire où souffle le vent. Cette zone est animée d'une agitation permanente et anarchique de la surface, on l'appelle la mer de vent qui s'oppose à la houle régulière et formée. Les vagues de la mer de vent sont dites à courtes crêtes. « Au lieu de voir passer, écrit A. Gilcher (1964) une succession d'ondes cylindriques, on observe, surtout avec des vents de 9 beauforts et davantage, des montagnes d'eau désordonnées, de hauteur variable, souvent plus ou moins coniques, au lieu d'être disposées en rides parallèles ; sur ces grosses vagues s'en forment de plus petites, allant des simples rides aux vagues de taille moyenne. Le vent projette l'écume à la crête de ces vagues, provoquant le moutonnement de la houle au large. »

Une fois la houle formée, celle-ci est, périodiquement, de hauteur très différente. En d'autres termes, sur un train de vagues, s'observent de grandes et de petites vagues et ces différences se perpétuent jusque sur le rivage. Pour expliquer cette inégalité des crêtes successives, il faut avoir à l'esprit qu'une houle donnée n'est pas le résultat d'une seule tempête en un point de l'océan mais de plusieurs, dont les effets vont se superposer. Une houle va donc inclure des ondes de longueur et de période relativement faibles, dérivant d'une tempête éloignée, qui arrivent au rivage tardivement et entrent en conjonction avec une onde plus forte provoquée par une tempête plus proche. Dans ce cas, les vagues grandissent. Dans le cas contraire, lorsque la

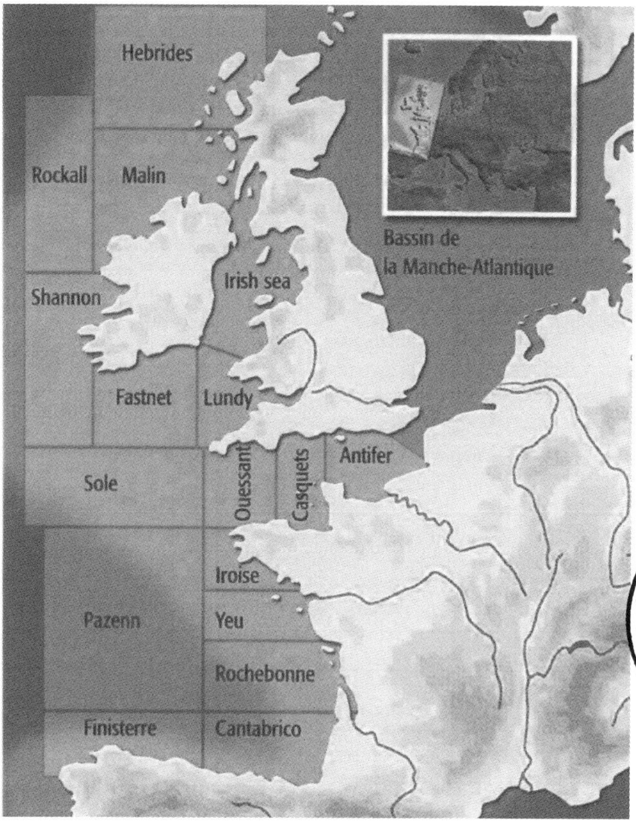

Figure 13. Découpage en zones du bassin Manche-Atlantique.

conjonction est absente, les vagues sont plus petites. Les houles à période longue se déplacent plus rapidement que celles à période courte. Ces dernières peuvent disparaître en s'estompant, si la distance à parcourir est trop grande. Les houles à période longue sont celles qui ont effectué un long parcours depuis la mer de vent qui les a vues naître. Ainsi, les côtes exposées face à un océan étendu, balayées par des vents soufflant du large, perpendiculaires aux rivages, sont le siège de houles longues. C'est le cas de la côte occidentale de l'Afrique qui est atteinte par deux systèmes de houles venus de très loin : l'un engendré par les tempêtes de la zone tempérée, sensibles jusqu'aux rivages du Sénégal et l'autre né dans les grands vents de l'océan austral et qui arrive sur le golfe de Guinée, après avoir changé d'hémisphère.

En Méditerranée, au large de la Camargue, s'observent trois directions principales de houles : de Sud-Ouest (30 % du régime total), de Sud-Sud-Est (16 %) et de Sud-Est (10,5 %). Les temps calmes, sans houle apparente, sont peu fréquents, environ 10 %. Comme pour les vents, la houle connaît, elle aussi, une variabilité saisonnière. En effet, toujours dans le bassin occidental de la Méditerranée, les périodes automnales et hivernales, de septembre à février, sont caractérisées par une augmentation de la hauteur (entre 0,60 et 0,90 m) et de la période des vagues (4 à 4,5 secondes). À partir de février et jusqu'à la fin mars, une décroissance de ces paramètres est à noter, due

Tableau 3. L'échelle de Beaufort.

Degré Beaufort	Terme descriptif	Vitesse moyenne (en nœuds)	Vitesse moyenne (en km/h)
0	Calme	1	1
1	Très légère brise	de 1 à 3	de 1 à 5
2	Légère brise	de 4 à 6	de 6 à 11
3	Petite brise	de 7 à 10	de 12 à 19
4	Jolie brise	de 11 à 16	de 20 à 28
5	Bonne brise	de 17 à 21	de 29 à 38
6	Vent frais	de 22 à 27	de 39 à 49
7	Grand frais	de 28 à 33	de 50 à 61
8	Coup de vent	de 34 à 40	de 62 à 74
9	Fort coup de vent	de 41 à 47	de 75 à 88
10	Tempête	de 48 à 55	de 89 à 102
11	Violente tempête	de 56 à 63	de 103 à 117
12	Ouragan	64 et plus	de 118 et plus

essentiellement à la fréquence des vents de terre (mistral et tramontane). Les mois d'avril et mai sont de nouveau marqués par une recrudescence de la hauteur et de la période des houles en liaison avec les tempêtes d'équinoxe de printemps. L'été apparaît comme une période d'accalmie.

Le phénomène des vagues scélérates

L'un des phénomènes longtemps restés mythiques ou légendaires est l'existence des vagues scélérates : *freak wave* ou *rogue wave,* c'est-à-dire vagues monstrueuses, anormales et destructrices. Longtemps, les récits les concernant ont été considérés comme faisant partie du folklore des vieux loups de mer. Pourtant, au fil des siècles et surtout depuis quelques décennies, les récits de vagues scélérates sont devenus plus nombreux à cause de l'intensité croissante du trafic maritime. Les témoignages, dignes du plus grand intérêt scientifique, font état de vagues de plus de 100 m de large et de 20 à 30 m de haut. Il a fallu attendre 1995 pour que l'existence des vagues scélérates soit enfin reconnue par la communauté scientifique ; plus précisément, le 1er janvier 1995, lorsqu'une de ces vagues de 26 m de haut s'abat sur une plate-forme pétrolière au large de la Norvège. Un mois plus tard, le prestigieux Queen Elisabeth II est à son tour frappé par une telle vague dans l'Atlantique Nord.

Quelle est la définition d'une vague scélérate ? On parle d'une vague de ce type lorsqu'elle excède 2,2 fois la hauteur de 33 % des vagues les plus hautes observées dans un train de vagues. Si, parmi un train de vagues, les plus hautes atteignent 12 m, une vague dépassant 24 m pourra être qualifiée de scélérate. Leur formation reste encore mystérieuse et plusieurs théories ont été avancées pour les expliquer (figure 14).

Les observateurs ont d'abord pensé qu'elles naissaient sur des hauts fonds. L'énergie de la houle, se concentrant sur une surface restreinte, entraînait l'augmentation de la hauteur des vagues, puis on a supposé qu'elles étaient causées par des contre-courants. Une vague contrariée par un courant venant en sens inverse pourrait se transformer en mur liquide. Ce phénomène s'observe à marée descendante ou entre la houle et la dérive littorale, au droit d'un cap où existent aussi des hauts fonds. Cette hypothèse semble renforcée par le fait que la plupart des vagues scélérates observées surgissent au large de la côte de l'Afrique du Sud, dans l'océan Indien, au contact du courant chaud équatorial des Aiguilles et des alizés Est-Ouest. Cependant, plusieurs vagues

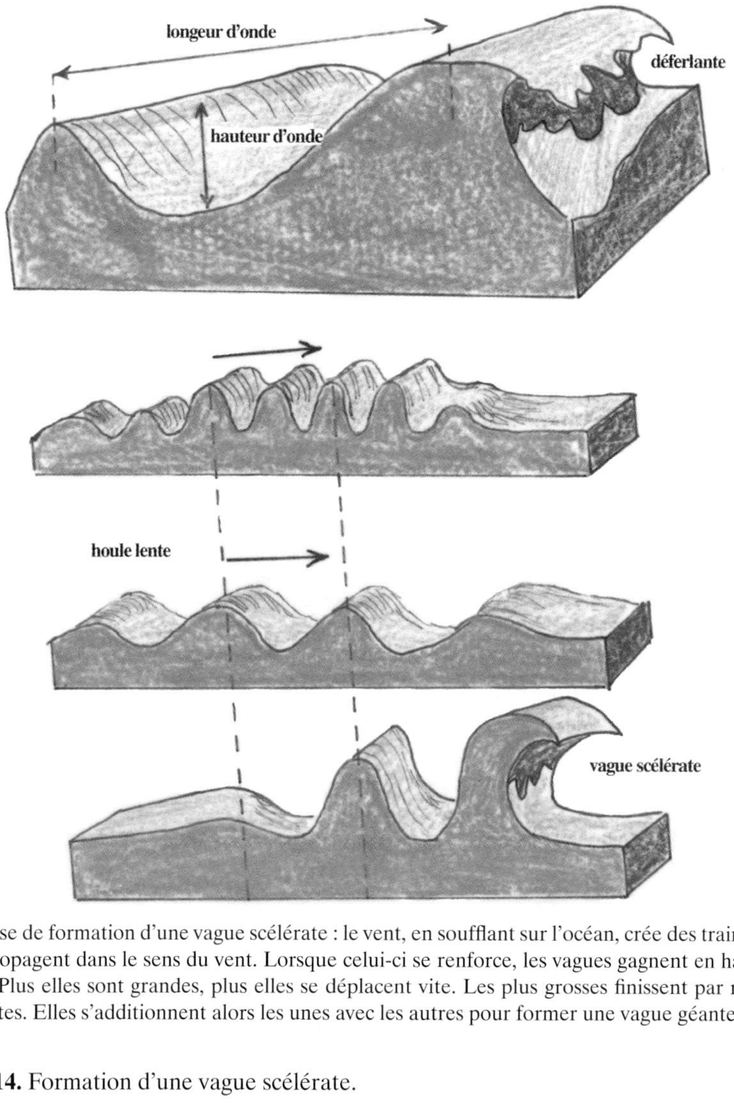

Hypothèse de formation d'une vague scélérate : le vent, en soufflant sur l'océan, crée des trains de vagues qui se propagent dans le sens du vent. Lorsque celui-ci se renforce, les vagues gagnent en hauteur et en largeur. Plus elles sont grandes, plus elles se déplacent vite. Les plus grosses finissent par rattraper les plus petites. Elles s'additionnent alors les unes avec les autres pour former une vague géante.

Figure 14. Formation d'une vague scélérate.

Figure 15. Planisphère schématique des courants marins. (En foncé, les courants chauds ; en clair, les courants froids).

scélérates furent aussi observées dans des régions où aucun des critères évoqués n'existe.

Il faut donc trouver d'autres explications. L'une des plus communément évoquées est la superposition de plusieurs trains de houles. En effet, les houles les plus amples se déplacent plus rapidement que les plus petites si bien qu'elles peuvent se superposer les unes aux autres (figure 14). En amplifiant son mouvement, la houle grossit en captant l'énergie des vagues qui l'entourent. Un creux très profond se forme alors devant la vague scélérate et le navire y plonge avant d'être submergé par la mer (Thalassa, 2006).

Les courants marins, mouvements d'origines variées

Les courants sont des déplacements d'eau, en surface ou en profondeur. Le terme est réservé à des vitesses de l'eau de plus de 12 milles marins par jour. Les courants inférieurs à ce seuil sont des dérives (figure 15).

Les causes de la formation des courants

Trois causes essentielles expliquent l'existence des courants :
– la force de Coriolis ne crée pas de mouvements à la surface des océans, mais elle dévie les courants mus par les vents, de 45° par rapport à leur direction dominante, vers la droite dans l'hémisphère nord et vers la gauche dans l'autre hémisphère (loi de Ekman) ;
– les vents dominants qui génèrent les courants ;
– la densité de l'eau qui dépend de sa salinité et de sa température.

Un refroidissement suffisant de l'eau superficielle, en hiver, au contact de l'atmosphère, provoque l'augmentation de sa densité. Elle va donc plonger dans les profondeurs, mais par compensation, elle est remplacée, en surface, par de l'eau plus tiède qui se refroidit à son tour. C'est ce phénomène qui se produit au large de l'Europe occidentale ou sur la rive nord du bassin occidental de la Méditerranée. Ce phénomène d'engloutissement des eaux froides de surface s'appelle le *cascading* et aboutit à un renouvellement en oxygène des eaux profondes.

L'évaporation intense qui règne sur les eaux tropicales favorise l'augmentation de la salinité. Ces eaux plus denses s'enfoncent et par compensation, des eaux sous-jacentes, plus fraîches, moins salées, remontent à la surface.

Le vent n'est pas exclu de ces mouvements verticaux. Sur l'Atlantique nord, les forts vents d'Ouest d'hiver, soufflant de l'océan vers le littoral, favorisent des mélanges d'eau sur plusieurs centaines de mètres d'épaisseur.

L'upwelling

Une action beaucoup plus classique du vent est l'upwelling qui se manifeste sur les littoraux occidentaux des continents, par exemple, sur la côte africaine où souffle l'alizé continental, entre Agadir et Dakar. Le vent, soufflant du continent, repousse, au large, l'eau de surface, celle-ci est remplacée par de l'eau plus froide qui remonte. Ce phénomène intéresse, au maximum, des tranches d'eau de 200 à 300 m de puissance et n'entraîne pas de brassage général de la masse océanique (Guilcher, 1964). Dans le golfe du Lion, par temps de mistral ou de tramontane, le vent repousse au large, l'eau de surface et celle-ci est remplacée par de l'eau plus froide. Cependant, compte tenu de la force de Coriolis, ce n'est pas un vent perpendiculaire à la côte qui détermine les plus forts upwellings mais un vent de terre qui forme, avec la côte, un angle de 21°30'. D'ailleurs, même un vent parallèle à la côte provoque une montée d'eau froide importante, à condition que le littoral soit sur sa gauche dans l'hémisphère nord et sur sa droite dans hémisphère sud. C'est le cas pour le courant des Canaries et celui de Benguela (figure 15).

Convergence et divergence

L'enfoncement des eaux qui se produit à cause de leur augmentation de densité peut se réaliser lorsque les eaux proviennent de régions très éloignées les unes des autres sur l'océan. Elles possèdent des caractéristiques de température et de salinité différentes. À l'image des masses d'air atmosphériques, ces masses d'eau océaniques vont se rencontrer et la plus dense des deux, par convergence, va plonger sous l'autre. Dans l'Atlantique nord, une convergence se produit le long de la côte orientale du Groenland, entre le détroit du Danemark et le cap Farvel.

Il existe une divergence lorsqu'un courant marin vient heurter un rivage, comme au large de Recife entre le courant sud-équatorial et celui du Brésil, ou si les eaux d'un courant perdent de la vitesse et s'étalent dans la masse océanique où elles se diluent. Des divergences existent sur le Gulf-Stream, au large de Terre-Neuve et au Sud de l'Islande, par exemple.

Les principaux courants marins

Les principaux courants marins de l'océan planétaire dépendent des vents constants qui soufflent, soit aux hautes latitudes comme les westerlies, soit dans la zone intertropicale, les alizés et les moussons.

Courants et contre-courants

La force de Coriolis étant très faible sous l'équateur, les alizés entraînent l'eau dans le sens du vent, c'est-à-dire vers l'ouest où elle a tendance à « s'accumuler ». De plus, pendant son déplacement vers l'ouest, l'eau se réchauffe et se dilate. Pour ces deux raisons, le niveau de l'océan est plus haut d'environ 50 cm à l'Ouest des océans tropicaux. Une partie de ces eaux chaudes alimente les courants comme le Gulf-Stream ou le Kuro-Shivo tandis qu'une autre partie repart vers l'est en suivant la pente de l'océan. Ce sont les contre-courants ou sous-courants équatoriaux, circulant le long de l'équateur : courant de Cromwell dans le Pacifique, découvert en 1951, de Lemonossov dans l'Atlantique (1961) et de Tareev dans l'océan Indien (1960).

Dans l'océan austral

Les westerlies induisent, autour de l'Antarctique, le courant le plus rapide de la planète. Celui-ci s'accélère au passage du cap Horn. Il charrie 130 millions de m^3 / s, sa longueur est de 24 000 km, sa largeur de 200 à 1 000 km et sa vitesse de 0,75 km / h.

Dans l'Atlantique

Le courant nord-équatorial formé par l'alizé baigne Saint-Domingue et Cuba. Le courant de Floride longe la côte où il est très rapide. En 1513, un navigateur, Ponce de Léon, constate même que, toutes voiles dehors, son trois mats recule par rapport à la côte. Il attribue ce phénomène à la puissance d'un fort courant marin qui circule en s'opposant à la marche nord-est-sud-ouest de son navire. Ensuite ce courant de Floride donne naissance au Gulf-Stream qui mesure 7 000 km et débite 70 millions de m^3 / s. Il se prolonge par la dérive nord-atlantique régénérée par les vents d'ouest, sur l'Atlantique nord. La dérive nord-atlantique se prolonge par le courant de Norvège relativement chaud et salé. Un courant froid de décharge se manifeste le long de la côte orientale du Groenland. Il charrie, vers le Sud, des eaux froides et des icebergs tandis que le courant du Labrador mêle, au large de Terre-Neuve et de la côte est des États-Unis, ses eaux froides à celles plus chaudes du Gulf-Stream. Sur la façade occidentale de l'Afrique, le courant froid des Canaries charrie 16 millions de m^3 / s sur 1 500 km à une vitesse de 1,5 km / h.

Dans l'Atlantique sud, le courant sud-équatorial diverge en deux branches à la latitude du Brésil en donnant naissance au courant du Brésil et au courant des Caraïbes qui alimente le Gulf-Stream.

Au Sud de l'Atlantique, les courants froids des Malouines et de Benguela (16 millions de m^3 / s se déplaçant à 1 km /h sur 2 000 km) ferment le circuit anticyclonique de l'hémisphère sud.

Dans l'océan Indien

Le courant sud-équatorial est divergent à la latitude de Madagascar, une branche passe au Nord de l'île, l'autre, le courant sud-malgache, se dirige vers le Sud et se prolonge le long de la côte africaine par le courant des Aiguilles. Dans l'hémisphère nord, la circulation est plus complexe. En raison de sa fermeture orientale par la Malaisie, l'Indonésie et l'Australie, l'océan Indien subit, deux fois par an, un renversement des vents à cause du régime des moussons. Comme ces étendues océaniques se situent sous les tropiques, la circulation des eaux répond rapidement aux inversions du vent. Celles-ci permettaient aux voiliers de faire l'aller et retour dans l'année, sur la route des épices, entre le détroit d'Aden et les côtes indiennes.

Dans le Pacifique

La situation ressemble à celle de l'Atlantique. Les alizés provoquent la circulation nord-équatoriale et un contre-courant équatorial. Le premier des deux induit le Kuro-Shivo, équivalent du Gulf-Stream pour le Pacifique. Sa longueur est de 9 000 km et il débite 50 millions de m^3 / s. Il se transforme en courant de l'Alaska qui réchauffe, à la manière de la dérive nord-atlantique, les côtes de l'Alaska, du Canada et du Nord des États-Unis. Le courant froid de Californie ferme la boucle anticyclonique du Pacifique nord et peut être comparé au courant des Canaries dans l'Atlantique. Au nord de cette circulation anticyclonique s'en développe une autre, cyclonique, qui donne naissance aux courants froids des Aléoutiennes et de l'Oya-Shivo, comparables au courant du Labrador.

Dans l'hémisphère sud, le courant chaud sud-équatorial traverse, d'Est en Ouest, le Pacifique et diverge à la latitude des Célèbes pour alimenter le contre-courant équatorial d'une part et le courant d'Australie d'autre part. À l'Est, le courant froid de Humbold, pendant de celui de Benguela dans le Pacifique, refroidit les côtes du Chili, du Pérou et de l'Équateur.

El Niño et la bouilloire tropicale

L'une des conséquences les plus originales de la circulation océanique des zones intertropicales est le mécanisme d'El Niño (figure 16).

Pendant l'hiver austral, époque de l'intensification de l'alizé austral, le courant équatorial est rapide et les eaux, poussées vers l'ouest depuis les côtes péruviennes, permettent la remontée d'eaux froides le long de ces littoraux car la thermocline, c'est-à-dire la limite entre l'eau chaude de surface et l'eau plus froide des profondeurs, est très proche de la surface, environ 20 à 30 m de profondeur.

Pendant l'été austral, au contraire, de décembre à avril, l'alizé s'affaiblit et le courant équatorial est moins rapide. L'eau chaude et moins salée du contre-courant équatorial stationne alors le long des littoraux de l'Équateur et du Pérou. Comme ce phénomène se produit aux alentours de Noël, il a été appelé le *Corrente d'El Niño* ou courant de l'Enfant Jésus (figure 16).

Ce phénomène annuel peut, tous les 5 ou 10 ans, prendre des proportions catastrophiques. Habituellement, l'alizé qui souffle d'est en ouest a pour conséquence, comme nous venons de le dire précédemment, de charrier vers l'Indonésie, les eaux chaudes du Pacifique qui viennent donc « s'accumuler » à l'ouest de l'océan. Le réchauffement de la surface marine entraîne une baisse de pression atmosphérique. Accumulation d'eau et baisse de pression favorisent la remontée du niveau de la mer d'environ 50 cm. Tandis que les remontées d'eau froide, à l'est, renforcent la pression atmosphérique et engendrent le désert côtier d'Atacama. Il arrive cependant que les basses pressions de l'Ouest augmentent et qu'à l'Est, celles-ci baissent, si bien que l'alizé s'affaiblit et les eaux chaudes accumulées à l'Ouest, s'écoulent vers l'Est pour atteindre les côtes péruviennes. La thermocline s'enfonce d'environ 100 m à cause de cet apport d'eau plus chaude et un équilibre s'établit entre l'Est et l'Ouest du Pacifique où la mer devient partout également chaude. Ces variations de pression dont le résultat est le renforcement d'El Niño s'appellent : oscillation australe (ou *Southern oscillation*) et le phénomène porte désormais le nom d'événement ENSO ou *El Niño Southern Oscillation*.

Les conséquences d'ENSO sont considérables. L'augmentation de pression, à l'Ouest de l'océan, provoque des sécheresses graves en Australie et en Indonésie. Des incendies se déclenchent et les cultures pâtissent de l'absence de précipitations suffisantes. À l'Est, au contraire, l'évaporation devient plus forte puisque l'océan se réchauffe et de violentes pluies s'abattent alors sur le Pérou et le Nord du Chili, dans des régions habituellement désertiques, entraînant de forts ruissellements sur les contreforts andins. Pendant El Niño de 1982-1983, des pluies diluviennes sont tombées, pendant l'hiver, sur les îles Marquises (240 mm contre 30 mm en moyenne).

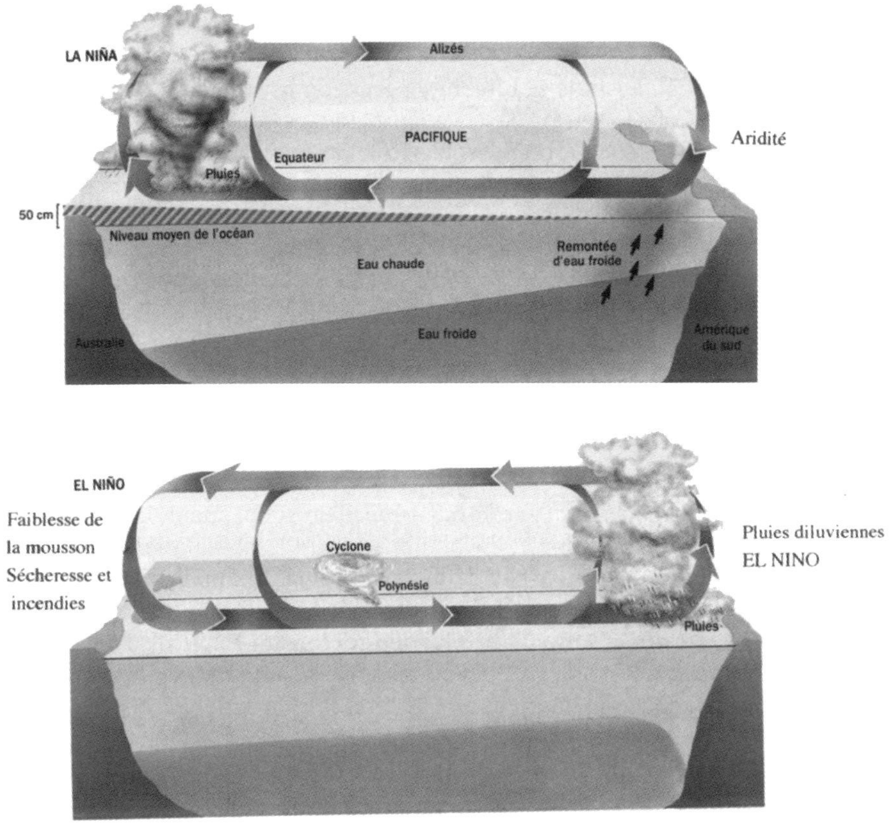

Quand les alizés font basculer le Pacifique, ce dernier devient le siège d'une oscillation de très grande ampleur dont les deux états extrêmes sont représentés ci-dessus : en soufflant sur le Pacifique tropical, les alizés provoquent une accumulation d'eau chaude superficielle dans l'ouest du bassin. Celle-ci est responsable de la nébulosité au Nord de l'Australie mais aussi d'une dénivellation d'environ 50 cm d'Est en Ouest, de la surface de l'océan. Cette configuration, caractérisée par des alizés forts et un océan pentu est appelée la Niña. Cette situation favorise la remontée d'eau froide sur les côtes péruviennes et chiliennes et l'accroissement de l'aridité. Tout bascule avec l'affaiblissement, d'ailleurs imprévisible, des alizés. L'eau chaude, accumulée sur le bord ouest de l'océan n'est plus en équilibre avec la force des vents qui a diminué, ce qui provoque un reflux massif d'eau chaude vers l'Est. Entre temps, le régime des alizés s'inverse, accélérant le reflux de l'anomalie thermique vers l'Est. Celle-ci gagne la Polynésie où elle favorise l'apparition de cyclones. En trois mois, la tache d'eau chaude atteint les côtes de l'Amérique du Sud, provoquant alors d'importantes et inhabituelles précipitations. C'est la situation dite El Niño (croquis du bas) caractérisée par un océan plat d'Est en Ouest. Au fil des mois suivants, les alizés se mettent à forcir et les conditions océaniques de la Niña réapparaissent progressivement.

Figure 16. Le mécanisme d'El Niño : quand les alizés font basculer le Pacifique.

La disparition des mélanges d'eaux froides et chaudes, en particulier sur les côtes péruviennes, atteint la biodiversité marine de ces régions. Les bancs d'anchois disparaissent, certaines espèces meurent, les oiseaux de mer fuient des zones où la nourriture se fait rare. La pêche pâtit de cette situation. Le réchauffement du Pacifique favorise l'éclosion des cyclones tropicaux. Pendant la période d'El Niño de 1982-1983, six cyclones ont ravagé la Polynésie. En janvier 2010, des pluies très violentes ont affecté les massifs montagneux du Machu-Pichu.

Peu à peu, l'oscillation australe se rétablit, la pression baisse à l'Ouest du Pacifique et remonte à l'Est. L'alizé reprend de la vigueur, mais, curieusement, elle a tendance à se renforcer au-delà de la moyenne, si bien que des pluies violentes se produisent sur l'Australie et l'Indonésie sous un alizé très actif. C'est le phénomène inverse d'El Niño, la Niña (La petite fille) qui se manifeste. À partir des années 1985, des mesures très nombreuses sont effectuées pour tenter de cerner ce phénomène climatique. Il s'agit du programme TOGA *(Tropical Océan and Global Atmosphere)*. Ces recherches ont surtout montré qu'El Niño touchait tous les océans tropicaux. Par exemple, le réchauffement maximum au cœur de l'océan Indien se produit au moment où El Niño est à son maximum dans le Pacifique oriental. Les deux événements climatiques sont alors en phase.

Des recherches statistiques, sur environ un siècle, entre 1870 et 1986, relatives aux données climatiques, montrent que les sécheresses et les inondations au Sahel, en Éthiopie, dans la péninsule indienne et même en Chine dépendent de la dynamique d'El Niño. En Chine, par exemple, la cohérence entre les variations des précipitations sur le Nord de la Chine et le bassin du fleuve Rouge ont un lien avec les événements d'El Niño. Au cours des périodes de forte activité d'El Niño, celles-ci réduisent l'influence des vents d'Est porteurs de pluie en renforçant les vents d'Ouest continentaux. En revanche, lorsque l'influence d'El Niño s'affaiblit, les vents pluvieux pénètrent plus facilement à l'intérieur de la Chine continentale.

À la surface de l'océan Atlantique équatorial, un réchauffement cyclique a été découvert mais il se manifeste 12 à 18 mois après la fin d'El Niño dans le Pacifique (figure 16). Ce déphasage semblerait lié à une réponse passive de la surface de cet océan, consécutive à un changement important de la pression atmosphérique et de la direction des alizés sur l'Atlantique tropical.

Les causes de l'intensification du phénomène El Niño ne sont pas encore entièrement élucidées. Les climatologues évoquent successivement l'influence des éruptions volcaniques, une infime modification de la rotation de la Terre, les taches solaires, les gaz à effet de serre.

Les marins défient l'océan : les courses au large

La marine à voile a toujours utilisé la force des vents et des courants pour traverser les océans. De nos jours, les "Formules 1" de la mer tentent de battre de nouveaux records et pour corser la compétition, elles entreprennent même d'accomplir le tour du monde à l'envers, contre vents et marées, en quelque sorte.

Depuis qu'il a entrepris d'aller sur l'eau pour ses conquêtes ou son commerce, l'homme a compris tout le parti qu'il pouvait tirer du vent en gréant d'une voile ses embarcations, mêmes les plus rudimentaires. Pendant plusieurs millénaires, le vent, la mer et la voile furent indissociables. Le métier de marin, en ce temps-là, était rude et misérable et chaque voyage au long cours pouvait se transformer en une aventure souvent tragique.

De nos jours, la voile est devenue un sport de plaisance, mais, il n'y a pas si longtemps, naviguer à la voile était une activité confidentielle, réservée à une élite. Une traversée océanique, plus sûre que sur les navires de nos ancêtres, relevait encore de l'exploit. Les courses étaient exceptionnelles, les tours du monde à la voile, rares. De célèbres pionniers ont jalonné de leurs exploits les temps héroïques des courses au large : Slocum, Vito Dumas, Chichester, Moitessier.

En cinquante ans, les progrès ont été fulgurants et la voile est devenue un sport aussi technique que la "Formule 1". Chaque jour, des hommes et des femmes s'élancent bravement à travers l'Atlantique. Cependant, le vent, la houle, les courants et les marées interviennent toujours d'une manière implacable et les marins d'aujourd'hui, comme ceux des caravelles d'autrefois, doivent savoir se plier aux caprices de l'océan et accepter encore de toucher le fond de la misère humaine.

Voiles et voiliers sont, de nos jours, dessinés par ordinateur. Ces derniers calculent aussi les courbes de stabilité, les coefficients de portance, le profil des carènes et des gréements. Si bien qu'il existe plusieurs types de bateaux qui peuvent affronter tous les temps. Les croiseurs sont des navires de croisière. Ils n'ont pas l'ambition de la vitesse, mais ils sont spacieux et confortables et permettent une vie à bord agréable, en satisfaisant aux normes de sécurité. Ils sont de deux types. Les croiseurs moyens sont des cotres mais surtout des sloops de 6 à 8 m, plus souvent quillards que dériveurs avec le confort essentiel représenté par un coin cuisine, un cabinet de toilette et cinq à sept couchettes. Ces navires peuvent entreprendre des croisières de plusieurs jours, sans escale et avec un bon niveau de confort : par exemple Côte d'Azur-Corse ou Normandie-Grande-Bretagne. Les croiseurs hauturiers sont des voiliers de grande croisière. Leurs dimensions, de 10 à 40 m, autorisent un aménagement intérieur dont le confort n'est limité que par les moyens financiers de leurs propriétaires. Par exemple, dans la classe J, c'est-à-dire celle des spacieux yachts de régate à bord desquels s'affrontaient, au début du XXe siècle, les plus grands noms de l'aristocratie et du monde des affaires américains et britanniques dans l'America Cup, le salon du Shamrock (voilier de 36,58 m et de 146 t avec 699 m^2 de voilure) est recouvert de boiseries d'érable et d'acajou, celui de l'Endeavour (39 m, 162 t et 557 m^2 de voilure) est décoré de meubles en merisier et, encastrée dans la bibliothèque, une cheminée en marbre noir (Pace, 1997). Actuellement, le voilier le plus performant et le plus luxueux est le Maltèse Falcon, long de 88 m, il peut être manœuvré par une seule personne. Les voiles de 2 400 m^2 de superficie sont enroulées à l'intérieur des mâts en carbone, hauts de 60 m. Grâce à des moteurs électriques, elles se déroulent seules et glissent sur les vergues en forme de rails. À la passerelle, les écrans de contrôle permettent l'établissement des voiles selon le vent, sa force et le calcul de son angle par rapport à la route du navire.

Les multicoques furent inventés dès le Néolithique, probablement par les peuples du Pacifique qui migraient, d'île en île, sur ces embarcations rapides. En effet, deux ou trois coques parallèles, longues, étroites et légères confèrent aux multicoques un avantage de vitesse certain sur les bateaux lestés. Malgré leurs performances, les multicoques restent des marginaux de la marine de plaisance. Il en existe trois types :

– les catamarans (le terme vient du tamoul, katta veut dire « lieu » et maran « bois ») présentent deux coques de taille égale ;

– les trimarans possèdent trois coques, les deux flotteurs latéraux étant plus petits que la coque centrale ;
– les praos (du malais « prau ») sont équipés de deux coques, dont l'avant et l'arrière sont symétriques de façon à ce que le navire puisse naviguer dans les deux sens (Duron, 1995).

Les multicoques s'imposent dans la première route du Rhum en 1978, comme les pur-sang des mers.

Le vent est le seigneur de la voile. Le jeu consiste à l'utiliser au mieux. Il va de soi qu'un voilier file bon train par vent arrière. Il est plus difficile d'admettre que ce même voilier est capable d'avancer par vent de face. Il progresse alors en louvoyant et en tirant des bords si bien que sa route peut doubler en temps et en distance. Dans les autres situations, le voilier avance car la voilure est réglée de telle sorte que le vent aspire le bateau, ce sont les allures « de près ». Si le voilier est perpendiculaire au vent, celui-ci le tire et le pousse à la fois, il est « vent de travers », enfin lorsque le vent souffle sur l'arrière du bateau, ce sont « les allures portantes ».

Je n'évoquerai dans ce paragraphe qu'une seule voile qui rend les voiliers actuels si majestueux : c'est le *spinnaker* ou *spi* qui est utilisé aux allures portantes. Le vent, en gonflant cette bulle multicolore, tire le navire.

Les plus grandes courses à la voile sont pratiquées sur des bateaux de plus en plus performants, utilisant les techniques les plus sophistiquées pour capter toute l'énergie du vent. Ces navires sont barrés par des chevaliers de la haute mer. Il s'agit de courses prestigieuses comme la route du Rhum : Saint-Malo/Pointe-à-Pitre, remportée en 2002 par Michel Desjoyaux.

La Route du Rhum : Saint-Malo – Pointe-à-Pitre

Voici comment les vents sont gérés par les concurrents lors de l'épreuve de 1994. Le départ est donné le 6 novembre à 13 h 02. Une dépression s'avance au large de la Bretagne et promet une lutte sévère dans les premiers jours de course.
– Contourner la dépression par le Nord en prenant des vents de Sud, violents, dépressionnaires, accompagnés de creux de 7 à 8 m pendant un laps de temps court puis des vents de Nord-Ouest, anticycloniques, qui permettent au bateau de naviguer « au près » en s'éloignant de la tempête au plus vite ;

– Piquer très au Sud, vers les îles Canaries, pour rattraper ensuite les alizés mais avec le danger de se retrouver dans un vent de sud-ouest dépressionnaire et violent avec une mer grosse.

L'option nord paraît avoir été la plus payante à partir du mercredi 9 novembre. Une fois cette dépression négociée, le but des concurrents est de rechercher une zone de transition entre le système dépressionnaire de l'Atlantique nord et le courant est des alizés en évitant de s'encalminer dans l'anticyclone des Açores. Les concurrents ayant choisi une route méridionale prennent le flux des alizés au large des Canaries. À partir du mardi 15 novembre, après dix jours de mer, les navigateurs sont tous dans le courant des alizés. C'est Laurent Bourgnon qui remporte la course en 14 jours, 6 heures 28 minutes et 29 secondes.

En 2006, la Route du Rhum est remportée par Lionel Lemonchois en 7 jours, 17 heures et 19 minutes. Ce succès est le fruit des performances du trimaran qui sont étonnantes, de l'avis même du marin, qui a par ailleurs utilisé à plein les alizés portants, pendant toute la traversée.

Les autres courses transocéaniques procèdent des mêmes principes et le vent est toujours l'élément dominant qu'il faut maîtriser au mieux pour éviter de déchirer les voiles, briser les mâts ou sombrer.

Elles peuvent être classées en trois catégories :
– les grandes régates classiques, au large comme le Fastnet de Cowes sur l'île de Wight, à Plymouth avec virage au rocher de Fastnet au Sud de l'Irlande, le tour de France à la voile ou Sydney-Hobart en Tasmanie, Newport-Les Bermudes, la régate la plus prestigieuse sur la côte est des États-Unis ;
– les grandes classiques océaniques comme la route du Rhum ou la transat anglaise de Plymouth à Boston remportée en 2004 par Michel Desjoyaux qui bat, en même temps, le record de l'épreuve en 8 jours, 8 heures, 29 minutes et 55 secondes. La mini-transat entre Concarneau et Pointe-à-Pitre a pour originalité de ne faire participer que des voiliers très rapides, de moins de 6,5 m de long. L'Osaka Cup rallie Melbourne en Australie à Osaka au Japon à travers le Pacifique ouest. La transpacifique conduit les concurrents de San Francisco à Honolulu. L'Atlantique sud est traversé par la course Le Cap-Rio de Janeiro qui contourne par le Nord, l'Anticyclone de Sainte Hélène. Il faut citer enfin la course Aukland, les îles Fidji dans l'océan Pacifique sud ;
– les courses autour du monde qui sont au nombre de sept,- : Volvo Challenge, Aroun Alone, BT Challenge, Vendée Globe, Trophée Jules Verne, The Race et enfin le Global Challenge qui consiste à accomplir le tour du monde contre vents et marées. C'est Jean Luc Van den Heede qui, en 2006, réalise un exploit en 122 jours soit 29 jours de moins que Philippe Monnet en 2000. La lutte est sévère entre le marin, le bateau et le vent, lorsque le navire tire des bords avec 50 nœuds de vent dans le nez pendant quatre mois. Le bateau cogne, vibre, la route s'allonge démesurément lorsqu'il est obligatoire de naviguer en crabe en subissant un vent violent accru encore par celui, de 10 à 13 nœuds supplémentaires, créé par la vitesse du bateau, alors que dans l'autre sens, le navigateur s'y soustrait. En 2007, la navigatrice Aude Fontenoy brise son mât dans la bataille et regagne l'île de la Réunion à l'aide d'un gréement de fortune. Il arrive d'ailleurs que les grands trois-mâts de la marine à voile, épuisés par des semaines de lutte à tenter de franchir le cap Horn d'Est en Ouest, renoncent et repartent pour un tour du monde dans l'autre sens (Le Monde, supplément 18417, dimanche 11, lundi 12 avril 2004).

De l'espace maritime à l'espace littoral

L'énergie des courants, surtout de la houle, se propage rapidement vers les littoraux des continents et des îles. Le comportement de l'océan se modifie au moment où les vagues viennent se briser sur les plages ou les falaises. Des courants marins littoraux, animés par les vents, les vagues et les marées, naissent au contact de la terre. Les tempêtes, nées au large, viennent frapper les rivages avec violence.

Les hommes qui traversent les océans ont tous fait leurs premières armes de marins en cabotant le long des côtes. De nos jours, les densités de population sont de plus en plus fortes sur les littoraux, engendrant de nécessaires protections contre l'action des vagues, du vent et surtout des tempêtes. Sur les côtes des pays développés, des activités balnéaires variées influent sur les paysages urbains littoraux.

▸▸ Les espaces littoraux

Peu à peu, les ronces et les fleurs disparaissaient pour laisser la place à de hautes herbes vertes ou blondes, souples comme des joncs. La plage est immense. Le vent soulève des embruns sur la crête des vagues et les disperse vers la côte.

Philippe Delerm, *Sundborn ou les jours de lumière*

Le littoral est un domaine qui doit son originalité à l'action de la mer ou des eaux lacustres sur une frange continentale qui est le rivage. Celui-ci, le long d'un lac ou d'une mer sans marée, est un liseré étroit. En revanche, au bord des mers à marée, cas le plus fréquent, le rivage comprend l'espace balayé par les eaux marines appelé estran ou zone intertidale. Son extension dépend de l'amplitude du marnage, c'est-à-dire de la différence de cote entre la haute et la basse mer – qui atteint, dans le monde, son maximum dans la baie de Fundy (Nouvelle Écosse) avec 19,60 m – et de la pente du littoral. Lorsque celle-ci est faible et le marnage important, l'estran peut s'étendre sur une vingtaine de kilomètres. Par exemple, dans la baie du Mont-Saint-Michel, avec un marnage de 16 m, la marée dégage 25 000 ha.

Les forces en présence : vagues et courants littoraux

L'initiateur de ces forces en présence sur les littoraux est le vent qui souffle du large, avec des composantes variables par rapport à la côte. Sur les étendues lacustres, le vent peut aussi déclencher des tempêtes qui modifient les rivages à condition que sa course soit suffisante comme sur certains grands lacs (lac Léman ou grands lacs américains).

Les modifications de la houle à quelques encablures du rivage

La houle qui naît au large subit, avant le déferlement, trois types de modifications : la réfraction, la réflexion et la diffraction.

La réfraction est un changement de direction des vagues dû à l'influence du fond survenant quand la profondeur est inférieure à une demi-longueur d'onde de la houle et que les isobathes, c'est-à-dire les lignes d'égale profondeur, ne sont pas parallèles aux crêtes des vagues. La cartographie des crêtes de vagues, depuis le large jusqu'au trait de côte, s'appelle un plan de vagues. Celui-ci tend à montrer que les crêtes de vagues ont tendance à épouser le tracé des isobathes sauf si leur obliquité est trop grande par rapport à celle des isobathes. Le fond irrégulier se répercute aussi sur le plan de vagues. Par exemple, une vallée sous-marine, perpendiculaire aux vagues, les fait diverger, alors qu'un relief sous-marin, dans la même position, entraîne la concentration des crêtes. Les hauts fonds, situés au large, déterminent des interférences et des convergences des crêtes de vagues et peuvent favoriser leur déferlement au large.

La réflexion désigne les mouvements de la mer lorsqu'elle heurte un obstacle. La réflexion d'une houle à incidence normale, c'est-à-dire perpendiculaire à un obstacle, provoque un clapotis qui est un système d'ondes stationnaires, creux et crêtes se situant toujours aux mêmes endroits, en se substituant mutuellement les uns aux autres.

La diffraction se produit lorsque les vagues se brisent sur l'extrémité d'un obstacle : par exemple un cap, une flèche littorale ou une jetée. Les crêtes des vagues vont continuer leur course en contournant l'obstacle et en se déformant avant de pénétrer dans le plan d'eau abrité en s'amortissant rapidement. « La forme en bec crochu que présente souvent la pointe des flèches littorales à extrémité libre, comme la pointe de la Coubre, au Nord de l'embouchure de la Gironde, s'explique par la disposition incurvée que prennent les crêtes de houle qui la contournent » (Paskoff, 1993).

Le déferlement

Lorsque les vagues arrivent sur le littoral, elles vont subir plusieurs transformations : le frottement de l'eau sur le fond entraîne la diminution de la longueur d'onde, l'affaiblissement de la vitesse de progression, l'accroissement de la cambrure ; les crêtes deviennent de plus en plus étroites et les creux, entre deux vagues, de plus en plus larges et plats. À partir de cette situation, la vague va déferler. En effet, l'avant de celle-ci, ralenti par frottement sur le fond, est poussé par la partie arrière qui a conservé une vitesse plus grande.

Le déferlement ou surf survient, sur une plage à pente uniforme, lorsque le rapport de la profondeur d'eau à la hauteur de la vague est de 1,1 à 1,5. Le déferlement est provoqué par un excès de cambrure entraînant l'écroulement de la vague dont la crête s'élève de manière trop abrupte.

La vague ou lame déferlante est un brisant. Comme toutes les vagues d'une même houle ne sont pas de hauteur égale, elles ne déferlent pas en même temps ni à la même distance de la plage. Cependant, sur le rivage, il existe souvent une zone étroite où les déferlements en rouleaux violents se produisent régulièrement. Cette zone s'appelle la barre. Celle-ci est particulièrement nette sur les rivages frappés par de grandes houles comme la côte pacifique de Californie ou celle d'Afrique occidentale depuis le cap Spartel jusqu'à Dakar (photo page suivante).

Il existe trois sortes de déferlements (Guilcher, 1964 et 1964 ; figure 17) :
– le déferlement en volutes ou plongeant. Dans ce cas, la crête constitue un rouleau ;
– le déferlement déversant. L'eau coule en mouvements turbulents sur la face avant de la vague sans volutes arrondies. Ce cas est fréquent sur les estrans très étendus, présentant des trains de vagues de hauteurs variées comme sur la côte languedocienne ou camarguaise par fort vent de Sud ;
– enfin, dans le déferlement à gonflement, l'écume apparaît d'abord à mi-hauteur et non comme dans le cas précédent, à son sommet. Ce dernier type est courant sur les plages de galets à forte pente vers le large comme dans la baie de Nice. Au moment où la lame se brise, l'eau écumante est projetée en avant, avec une forte turbulence, c'est le jet de rive. Ce mouvement s'essouffle sur le haut de plage, sous l'action de la pesanteur et aussi par infiltration de l'eau dans le sable.

Ensuite, l'eau se retire en s'écoulant en sens inverse, sur la pente de la plage, sous forme d'une fine lame d'eau et de rigoles creusées dans le sable, c'est le retrait. Jet

Déferlement en volute ou plongeant, la crête de la vague forme un rouleau. Jet de rive puissant au premier plan.

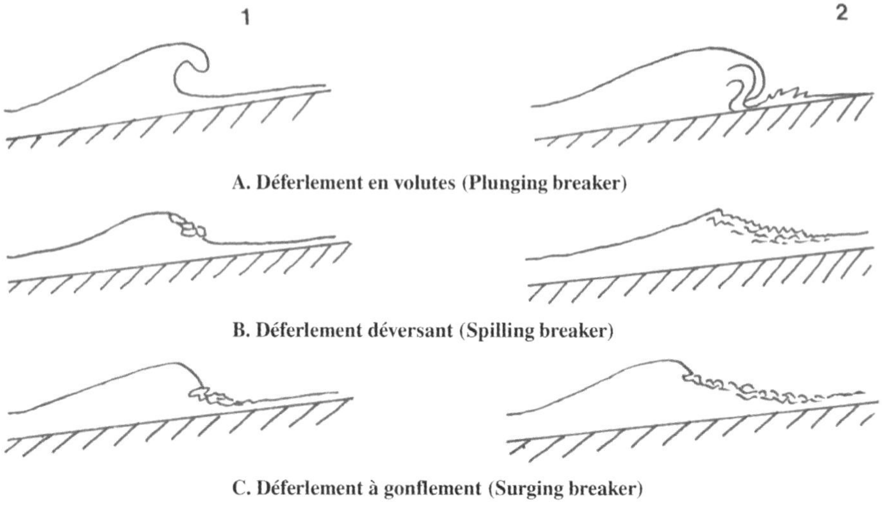

1 - première étape du déferlement
2 - deuxième étape

Figure 17. Principaux types de déferlements d'une vague.

de rive et retrait constituent le *swash*. Ces mouvements interfèrent, d'une vague à l'autre, car elles ne sont pas toutes de la même puissance. Généralement, les plus gros brisants présentent le jet de rive le plus violent, mais il est parfois freiné par le retrait de la vague précédente.

Celles-ci peuvent être amorties, en arrivant sur le rivage, par trois causes principales :
– si le fond se relève très lentement vers la terre, les vagues diminuent de hauteur progressivement, par perte d'énergie et elles déferlent sur une zone très large. A. Guilcher signale (1964) que sur une plage très plate et pour des houles de haute mer de période moyenne, la perte d'énergie peut atteindre 30 %. C'est le cas, par exemple, à l'Ouest des îles Kerkennah, au large de Sfax (Sud-tunisien) ;
– à cause de la présence de grandes algues affleurantes à marée basse, qui amortissent les vagues, comme les laminaires des côtes rocheuses d'Europe occidentale qui peuvent atteindre 3 m de longueur ;
– par infiltration de l'eau sur un fond sableux perméable.

Lorsque le vent souffle de la mer avec une certaine vitesse, il pousse les vagues et la masse liquide vers la côte en produisant une remontée de quelques centimètres du niveau marin en rapport avec la force du vent : c'est la surcote.

En revanche, si le vent souffle du continent, comme le mistral sur la Camargue, la mer est en quelque sorte repoussée au large, et le niveau sur le littoral baisse de quelques centimètres : c'est la descote.

Le déferlement peut devenir catastrophique lors des tempêtes. Le vent provoque des ondes de tempête et une surélévation du niveau de la mer. Si cette surcote s'associe à de grandes marées, les littoraux peuvent être submergés, surtout dans les mers peu profondes bordées de rivages sans relief. La mer du Nord est dans cette situation. Dans sa partie méridionale, les fonds ne dépassent pas 40 m. Le maximum de surélévation se produit sur une ligne joignant Harwich, à l'embouchure de la Stour, à Fleming en Zélande. La surcote, sur les littoraux de la mer du Nord, devient catastrophique par vent violent généré par les masses d'air arctiques stationnées sur l'Islande. Sur le littoral méditerranéen, par temps de marin, la surcote est d'environ 0,50 m sur la côte languedocienne, camarguaise et dans les baies les plus exposées de la Côte d'Azur, noyant les routes côtières et endommageant les paillotes érigées sur les plages.

Les cyclones tropicaux donnent aussi naissance à des ondes de tempête qui peuvent submerger totalement des îles basses comme les atolls. Plusieurs trains de vagues énormes se forment si le cyclone progresse à la même vitesse que la houle dont les vagues augmentent de volume à mesure qu'elles s'avancent. Elles sont évidemment très redoutées, non seulement en Asie mais aussi dans les Caraïbes et en Louisiane. Par exemple, l'onde de tempête du cyclone Hugo qui a frappé le littoral de Caroline du Sud, les 21 et 22 septembre 1989 a remodelé les falaises mortes de ce rivage. À l'intérieur des terres, de nombreux chenaux de marée se sont creusés. Dans le delta de la Santee, la côte a reculé de 18 à 21 m et à Caper Island de 28 m (Riser, 2004).

Sur le littoral du Chili semi-aride se produit, de temps à autre, pendant l'hiver austral, l'action des *bravesas* (Paskoff, 1970). Ce sont des ondes de tempête qui tirent leur origine de lointaines perturbations atmosphériques survenues dans le Pacifique sud. Elles progressent le long de la côte, du Sud vers le Nord, et se traduisent par une surcote pendant 24 ou 48 heures. Elles s'accompagnent de grosses lames qui attaquent le rivage, au-dessus de la zone d'érosion normale des vagues. Par exemple, les

25 et 26 juillet 1968, à Valparaiso, des vagues jaillissantes de 20 m de haut battaient le rivage.

Les courants littoraux : les marées et le vent pour origine

Les courants de marée dont l'origine n'est pas éolienne s'associent aux autres mouvements de la mer pour éroder les rivages. Ils dépendent, en effet, de deux facteurs essentiels : la configuration de la côte et les différences d'heures de marée entre deux points rapprochés du rivage.

Lorsque la marée se propage dans un goulet étroit, fermant une baie, elle prend de la vitesse et le courant peut être violent.

Dans le détroit de Messine, la marée présente une différence de 6 heures entre la mer Tyrrhénienne et la mer Ionienne, sur une distance de 3 km. Bien que le marnage ne soit que de 20 à 40 cm, un courant s'installe qui peut atteindre 5 nœuds. Les tourbillons de Charybe et de Scylla qui en résultent n'ont cependant pas le caractère exceptionnel et maléfique que les anciens leur attribuaient.

La dérive littorale

Dans le cas où les vagues atteignent une côte en oblique par rapport au rivage, le jet de rive et le mouvement de l'eau qu'il engendre, par réflexion, transportent cette eau sous forme d'un courant, le long du rivage. Ainsi, la dérive littorale (figure 18) est la composante littorale du déplacement des vagues. La vitesse de ce courant dépend de la puissance du déferlement, de la pente de la plage, de sa rugosité et de l'obliquité des vagues. Avec de grands brisants et un angle d'attaque du rivage de 10 %, la dérive littorale peut atteindre une vitesse de plusieurs nœuds. L'expérience que chacun de nous a observée est celle du baigneur qui se jette à l'eau en face de ses affaires de bain et se retrouve, une demi-heure plus tard, à quelques mètres de celle-ci. Il a été l'innocent témoin de la dérive littorale !

Sur les plages où sévissent des houles puissantes et de grandes marées, la dérive littorale devient un courant rapide et dangereux pour les baigneurs imprudents, c'est le cas de certaines plages, comme au Sud de Larache, de plage Blanche entre les embouchures des oueds Assaka et Dra (Maroc), des grandes plages mauritaniennes au Nord de Nouakchott. La dérive littorale joue un rôle essentiel, en géomorphologie littorale car elle redistribue, provenant de l'érosion du littoral ou des embouchures des fleuves, des matériaux qu'elle utilise pour édifier des flèches sableuses et des cordons littoraux parallèles aux plages.

Par exemple, sur le littoral du Roussillon, entre les ports d'Argelès et de Saint-Cyprien, une période d'accrétion, c'est-à-dire de sédimentation littorale, est liée à la crue du Tech d'octobre 1940. Cependant, les formations alluviales édifiées par ce fleuve côtier vont, ensuite, être peu à peu détruites par l'érosion marine et en particulier par la dérive littorale, entre 1942 et 1953. Toutefois, la relative stabilité de ce littoral est liée à la régénération périodique du stock d'alluvions par les crues du Tech (Durand, 1998).

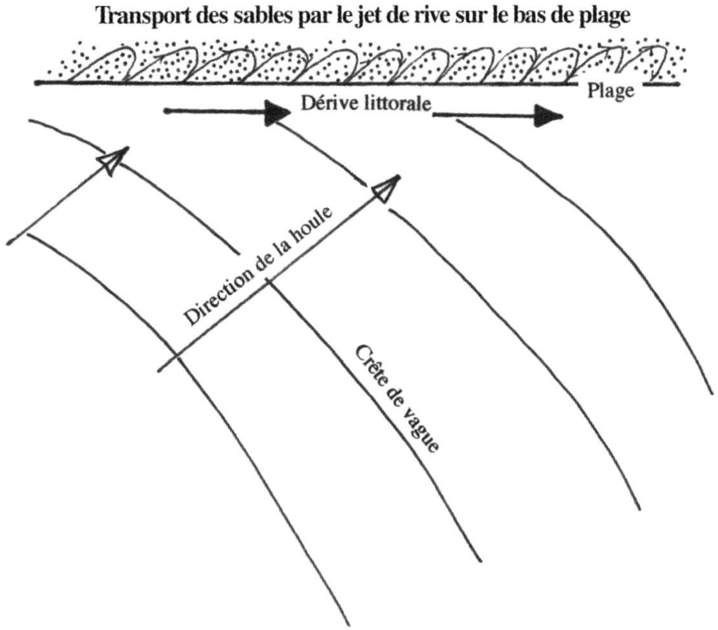

Figure 18. Dérive littorale le long d'une plage.

Les courants perpendiculaires à la côte

Ils sont au nombre de trois : les courants de fond, ceux de surface et les dérives littorales de sens opposé.

Les courants de fond compensateurs dépendent des vents dominants. Si le vent souffle de la mer, il favorise une surcote. Cet afflux d'eau est équilibré par un courant de fond dirigé vers le large. Les matériaux arrachés à la plage par le jet de rive et le retrait, sont repris en charge par ce courant de fond qui les redistribue sur la plage sous-marine.

En revanche, lorsque le vent souffle de la terre vers la mer, la couche d'eau superficielle est poussée vers le large, c'est un courant de surface et un courant compensatoire, de fond, s'établit du large vers la côte. Contrairement au précédent, il transporte des matériaux prélevés sur la plage sous-marine et les utilise pour engraisser les plages.

Un troisième type de courant perpendiculaire à la côte se produit lorsque deux dérives littorales de sens opposé se rencontrent. Elles engendrent un flot qui s'écoule en panache vers le large (figure 19).

Les seiches : oscillations périodiques du niveau de la mer

Ces oscillations, appelées seiches, présentent une périodicité qui varie entre quelques minutes et une heure environ. Elles s'observent essentiellement dans les baies et les ports, et diffèrent d'une baie à l'autre et d'un port à l'autre. Par exemple, les

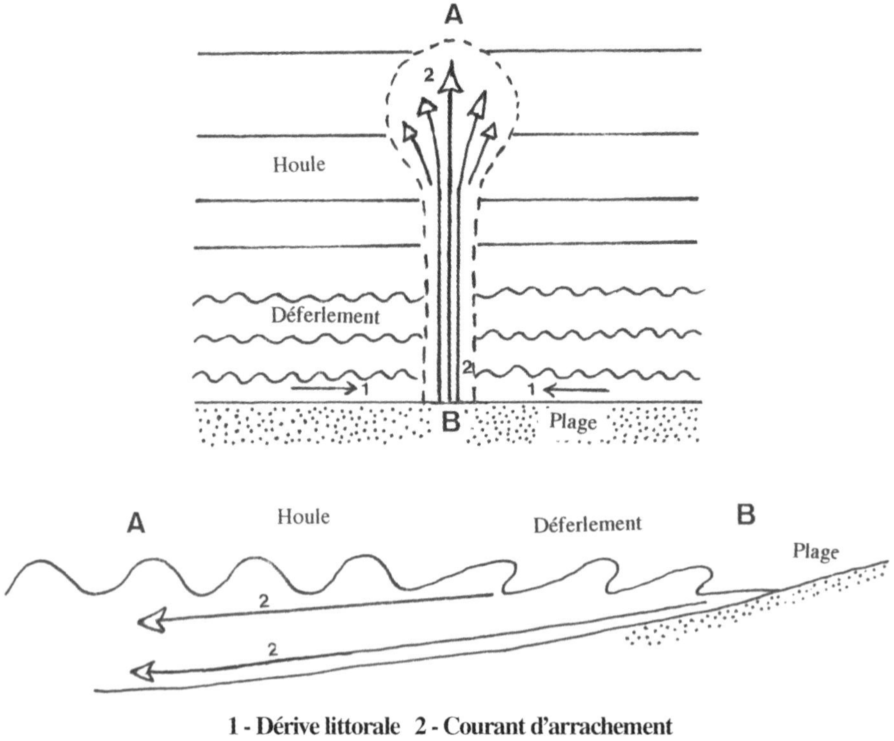

Figure 19. Courant d'arrachement, en avant d'une plage (d'après Paskoff, 1993)

seiches se rencontrent dans de nombreuses baies méditerranéennes où, d'ailleurs, leur amplitude dépasse souvent celle de la marée. À Marseille, la période la plus courante est de 40 à 50 minutes.

Guilcher (1964) considère aussi comme dérivant des seiches, les courants oscillatoires qui se produisent, surtout par mauvais temps, dans certains ports comme ceux de la côte ouest de l'Espagne, du Portugal, à Casablanca ou Cape Town.

Le mécanisme des seiches est le résultat d'une onde stationnaire qui est amplifiée, dans le bassin où elle se produit, un peu comme de l'eau contenue dans une casserole et dont la surface se met à osciller au gré de la démarche de celui qui transporte le récipient. Dans cette situation, nous avons tous remarqué que plus le récipient est plat, peu profond et large et plus l'oscillation prendra de l'importance jusqu'à faire déborder l'eau de son contenant. Ainsi la période des seiches est dépendante de la configuration du bassin où elles sont ressenties et en particulier de la longueur et de la largeur de celui-ci.

Les causes qui engendrent ces oscillations ne sont pas toutes liées directement à l'action du vent. Elles sont au nombre de quatre :
– les vents locaux violents qui agissent sur la surface marine,
– la répartition des trains de vagues. En effet, sur un même rivage se succèdent des groupes de grosses vagues et de vagues plus petites. Les grosses vagues produisent

un afflux d'eau important tandis que les petites, avec une masse d'eau plus faible, permettent à l'afflux précédent de se retirer si bien que le niveau de la mer dans la baie, la rade ou le port varie en fonction de la succession des trains de vagues de taille différente ;
– la variation de la pression atmosphérique, au cours du temps, en particulier lors du passage successif de trains de perturbations sur l'Europe occidentale, par exemple ;
– des phénomènes physiques de résonnance pourraient aussi amplifier des oscillations engendrées par les causes précédentes.

Les vagues, agent d'érosion

L'action de la mer sur le rivage est tributaire du vent puisque celui-ci forme la houle et les vagues et détermine l'efficacité des courants côtiers.

Les vagues se comportent comme un agent d'érosion mécanique actif car elles projettent, sur le rivage, des masses d'eau considérables, à un rythme qui dépend de leur périodicité.

Sur un estran en pente douce, le jet de rive est un mouvement ascendant, turbulent, qui charrie sables, graviers et galets suivant sa compétence qui est fonction de l'importance des vagues. Le jet de rive est gêné par le retrait de la vague précédente. Le retour de l'eau s'effectue par un ruissellement en nappe ou en chenaux creusés dans le sable. Jet de rive et retrait provoquent un mouvement de va-et-vient incessant, à l'origine de trois processus morphologiques : une ablation verticale à l'endroit où la crête des vagues s'abat au moment du déferlement, un transport en suspension ou par roulage, selon la force des vagues et le calibre des matériaux et, en fin de jet de rive, un triage des débris et leur sédimentation.

L'érosion des falaises

Les vagues ont surtout une action efficace sur les falaises. La masse liquide qui se fracasse sur la paroi produit des chocs qui ébranlent les blocs rocheux et les déplacent une fois détachés de la falaise. Un bloc de ciment de 2 600 tonnes a été déplacé par les vagues, à la jetée de Wick, en Écosse en 1977.

L'eau, en pénétrant dans les anfractuosités de la roche, comprime l'air et la pression exercée peut être considérable, jusqu'à 30 t /m^2 d'une manière évidemment très ponctuelle dans le temps et l'espace. Cette pression peut entraîner la chute de pans rocheux, fragilisés par les coups de boutoir des vagues. On assiste aussi, lorsque l'eau s'engouffre dans les creux et les diaclases, à des phénomènes de cavitation. Lors du retrait, s'observent, en revanche, des phénomènes de succion. La falaise ébranlée par l'action de la mer s'effondre ; et les vagues s'attaquent aussitôt aux matériaux éboulés. Une fois réduits sous forme de gravier et de galets, le jet de rive les prend en charge et les mitraille contre la falaise. L'intensité de ce mitraillage est fonction de la puissance des vagues, de la quantité et de la taille des matériaux mis à la disposition de la mer. Ce type d'érosion ne peut être dynamique que si la falaise est précédée d'une plage à graviers et galets ou d'un cordon (figure 20).

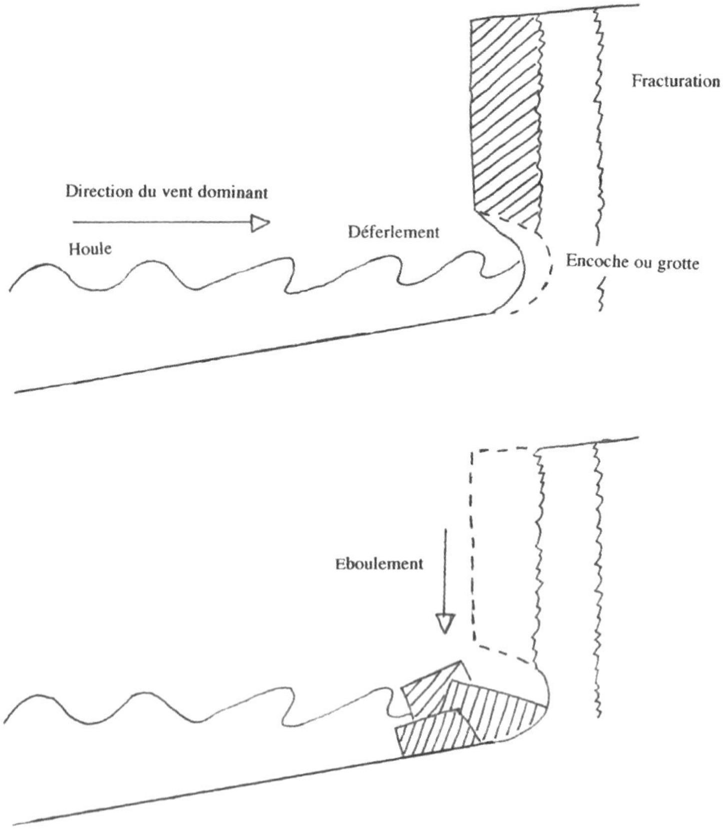

Figure 20. L'action de la mer sur les falaises.

Lors des ondes de tempête, les vagues cognent contre la paroi et jaillissent verticalement, jusqu'à 60 m et plus de hauteur. Le sommet de la gerbe d'embruns est alors rabattu par le vent du large et des masses d'eau importantes sont projetées à plus de cinquante mètres à l'intérieur des terres. Elles ruissellent ensuite sur la falaise. Ce phénomène était visible, par exemple, par fort vent du large, à Dar Soltane, au Sud de Rabat.

Évolution et morphologie des plages

Le vent agit aussi, par l'intermédiaire des vagues et de la dérive littorale, sur la morphologie des plages. Les plages sont des accumulations littorales de sédiments meubles dont les constituants sont des sables fins à grossiers (0,2 à 2 mm), des granules et des graviers (2 mm à 2 cm), des galets (2 cm à 20 cm) et parfois des blocs (plus de 20 cm, Paskoff, 1993). Ces matériaux sont mis en mouvement sous l'action des vagues dont la compétence varie avec leur volume et la vitesse de la dérive littorale.

Il existe des plages constituées uniquement de sables. Elles sont alors bordées de dunes. Les plages de galets sont appelées des grèves. Certaines plages sont faites de sable, de gravier et de galets. Dans ce cas, les éléments les plus grossiers se situent au sommet de la plage et les plus fins à la base. Cette répartition et ce triage s'expliquent par l'inégale énergie des vagues. Le jet de rive charrie des graviers et des galets, lors des tempêtes, tandis que le sable se dépose par temps calme.

L'apport d'eau à la côte, par le déferlement des vagues, engendre, à condition que la dérive littorale ne soit pas trop active, le courant de fond dirigé vers le large. Lors des tempêtes, celui-ci est assez rapide pour favoriser le démaigrissement des parties hautes et moyennes des plages alors que la même partie de la plage est remblayée par temps calme ou par vent de terre.

Les plages se forment chaque fois que la quantité de matériaux disponibles sur un rivage est supérieure à celle que peuvent charrier vagues et dérives littorales. L'accumulation l'emporte alors sur l'ablation. Les plages en arc de cercle se constituent au fond des baies et des golfes, non seulement à cause des cours d'eau qui peuvent y déboucher et apporter ainsi des sédiments, mais surtout parce que la réfraction de la houle s'y traduit généralement par un affaiblissement de l'énergie des vagues (Paskoff, 1993).

Les vagues, suivant leur puissance et leur direction par rapport à la plage, donnent naissance à des modelés variés dont R. Paskoff (1993) nous donne une description précise (figure 21).

Le haut de plage est un bourrelet d'accumulation de matériaux par les ondes de tempête. Sur le versant de ce haut de plage, des gradins successifs indiquent des apports décroissants de sédiments.

Une ligne de flexion, à partir de laquelle la pente diminue brusquement comme d'ailleurs, le calibre des matériaux, sépare le haut de plage du bas de plage qui est submergé à chaque marée. Sa partie aval montre parfois une alternance de gouttières ou bâches, séparées par des bancs de sable.

La topographie de l'avant-plage, toujours submergée, peut être accidentée d'accumulations sableuses désignées sous le terme de barres, crêtes ou rides prélittorales. Elles se forment quand la pente est faible et les sédiments abondants.

Les croissants de plage apparaissent au contact du haut de plage et du bas de plage. Il s'agit d'accumulations de sédiments, à l'aspect de petits remparts semi-circulaires

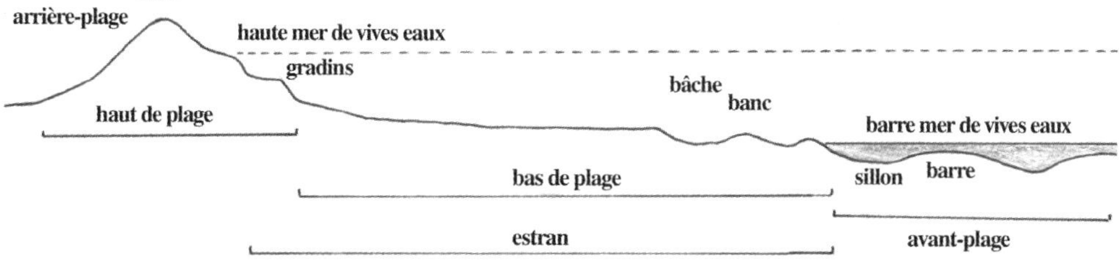

Figure 21. Profil transversal type d'une plage.

ou triangulaires, ouverts sur la mer et se terminant par des pointes effilées et jointives entourant un léger creux. Cernes et creux se succèdent, selon un espacement régulier, sur des distances plus ou moins longues. Ils sont le résultat de l'action inégale du jet de rive suivant les trains de vagues.

Les lobes de plage présentent aussi un caractère rythmique qui ne doit pas se confondre avec les croissants de plage. Les deux types peuvent d'ailleurs coexister. Les lobes correspondent à des sinuosités régulières, de grande longueur d'onde que dessinent le trait de côte sur, parfois, plusieurs kilomètres. Leur genèse dépend de trains de vagues successifs liés à des houles de puissance variable, nées au large sous l'impulsion de situations dépressionnaires.

Entre Nouakchott et le cap Timiris (Mauritanie), croissants de plage et lobes de plage se succèdent et coexistent sur environ 150 km.

Les rides de plage sont des microformes sableuses de l'ordre du centimètre. Sur l'avant-plage, elles sont de deux types : des rides d'oscillation et des rides de courant. Les premières présentent un profil symétrique et sont le résultat des mouvements de va-et-vient de l'eau soumise à l'influence de la houle. Les secondes, dissymétriques, présentent un côté moins incliné dans le sens du courant de la dérive littorale ou de fond. Sur le bas de plage s'observent des rides rhomboïdales qui dessinent des losanges orientés conformément à la pente. Elles apparaissent sous l'action de la nappe d'eau de retrait et elles peuvent se conserver un temps si elles ne sont pas atteintes et plus ou moins effacées par les jets de rive successifs (Paskoff, 1993).

Certains exemples montrent que plusieurs causes provoquent l'érosion des plages. C'est le cas du littoral de Faraman, à l'embouchure du grand Rhône (Blanc, 1996). L'érosion généralisée du littoral sableux de Faraman, entre la pointe de Beauduc et l'embouchure du grand Rhône (Camargue, France), est persistante depuis plusieurs décennies. Les agents qui en sont responsables sont les rouleaux déferlants par vents du Sud et Sud-Est, la dérive littorale, les courants sagittaux responsables, lors des tempêtes d'une érosion rapide et brutale et enfin les surcotes qui, à la suite de tempêtes de Sud et Sud-Est, peuvent atteindre en moyenne 50 à 80 cm, tandis que les maxima, se situant vers 1 m à 1,20 m, submergent les plages et provoquent une érosion rapide.

Les principaux types de plages

Sur les rivages longés par une dérive littorale qui charrie des matériaux en abondance s'édifient des flèches littorales comme la Langue de Barbarie. Celle-ci débute à la latitude de Saint-Louis et s'étend jusqu'à l'embouchure du fleuve Sénégal. Elle est constituée d'un cordon de sable blanc Nord-Sud, très bas et étroit. Il empêche le fleuve de se jeter directement dans l'océan et il le dévie vers le Sud sur environ 20 km. Ce cordon fragile, formé surtout de sable marin transporté par le courant des Canaries, tout le long de la côte occidentale du Sahara, est parfois submergé et sectionné lors des tempêtes, mais il se reforme aussitôt et a tendance à s'allonger vers le Sud.

Ces flèches peuvent fermer une lagune. Elles sont dénommées « lidos ». Elles sont percées de passes ou graus qui, lors des tempêtes, permettent l'entrée de grandes

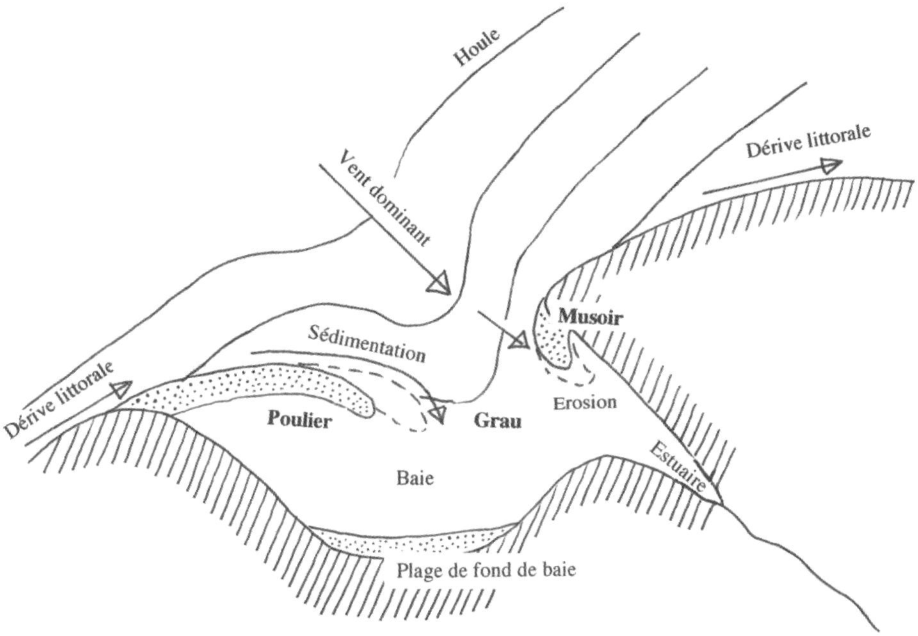

Figure 22. Formation et évolution schématiques d'un grau, d'un poulier et d'un musoir.

quantités d'eau de mer et peuvent s'élargir, tandis que lors des crues des fleuves, se jetant dans la lagune, ils laissent sortir les eaux douces pluviales.

Lorsque la dérive littorale, chargée en sédiments, présente une résultante nette et donc une dynamique puissante, les graus ont tendance à migrer dans le même sens qu'elle, à une vitesse de quelques dizaines de mètres par an. Ainsi, la passe de Fire Island, dans l'État de New-York, s'est déplacée d'une dizaine de kilomètres entre 1825 et 1940 (Paskoff, 1993). En même temps, la flèche s'allonge et donne naissance à un poulier tandis que la partie opposée recule sous l'effet de l'érosion : c'est le musoir (figure 22).

Une flèche unissant une île à la côte voisine s'appelle un tombolo. L'île constitue un obstacle qui amortit la houle. Celle-ci diffracte, tandis que la dérive littorale s'affaiblit en arrière de l'obstacle et dépose sa charge pour former une flèche littorale reliant l'île au continent. Si l'île est de surface suffisante, deux flèches littorales peuvent s'édifier. Elles enserrent des étangs (figure 23). Les vents venus de la mer prennent en charge les sables de l'estran et de la plage pour édifier des dunes littorales.

Les dunes littorales

Les conditions du milieu littoral favorisent l'existence d'accumulations éoliennes : vents forts, estrans dégagés à marée basse, matériaux fins des bas de plage renouvelés par les vagues et la dérive littorale, absence de végétation ou végétation clairsemée. La situation est optimale lorsque la résultante des vents est perpendiculaire

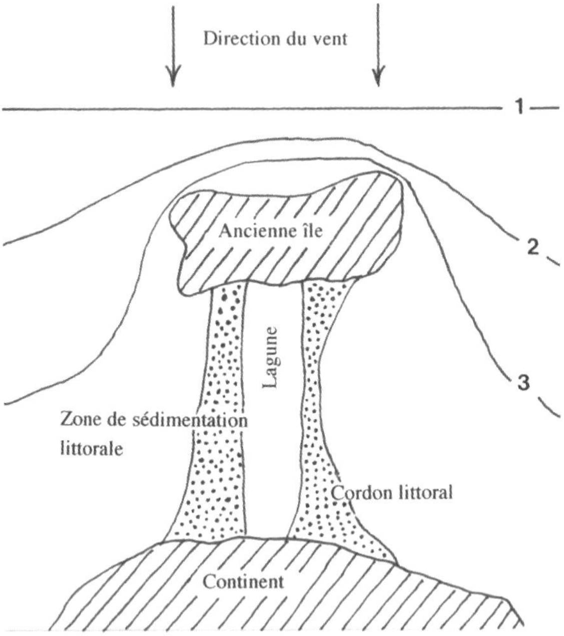

Figure 23. Schéma d'un tombolo double comme celui de Giens (Côte d'Azur).

au rivage et lorsque estrans et étendues continentales voisines sont dépourvus de reliefs.

En Camargue, par exemple, les sables sédimentés sur la plage sont transportés à l'intérieur des terres par le vent marin et se déposent ensuite sous forme de dunes en bordure des sansouires. Le mistral, soufflant en sens contraire, en rejette une partie à la mer. D'ailleurs par vent marin, le sable s'accumule sur le versant au vent des dunes tandis que par mistral, le versant au vent est érodé et l'accumulation se produit sur le versant sous le vent (figure 24).

Mise en place des dunes

La capacité de transport du vent est proportionnelle au cube de la vitesse de frottement du vent au sol. Le sable, dont la cohésion dépend de la teneur en eau, se déplace surtout par saltation (photos p. 88).

Les mesures réalisées en laboratoire, sur des produits quartzeux dont la taille est comprise entre 0,2 et 0,3 mm, montrent qu'un vent de force 4 met en mouvement 10 kg de sable par mètre linaire de plage par jour ; à force 6, on passe à 100 kg et à force 8, à 500 kg. Sur la côte landaise, 20 à 30 m^3 de sable sont déplacés par le vent chaque année, par mètre linéaire de plage.

En arrière de l'estran, la rugosité de la topographie et l'existence d'un couvert végétal, même clairsemé, freinent la vitesse du vent qui dépose sa charge et expliquent

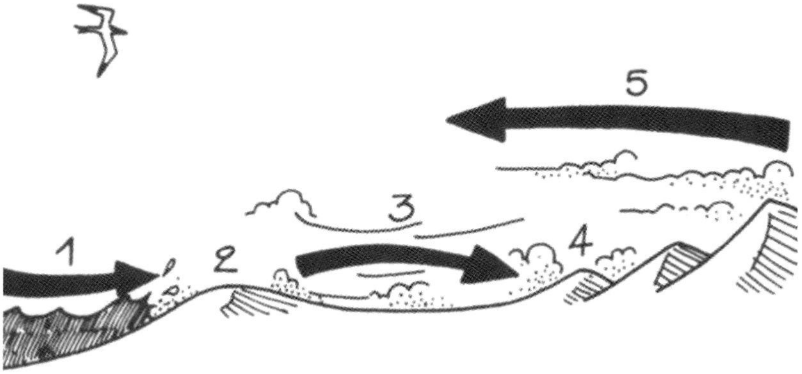

Le sable déposé en bord de plage par les vagues et le courant (1) va sécher sur place (2) avant d'être transporté plus à l'intérieur des terres par les vents marins (3). Il se redépose à quelques centaines de mètres de la rive, s'accumulent sous forme de dune (4). Le mistral, vent du nord-ouest, souvent violent, en rejettera une partie à la mer (5).

Figure 24. De la mer à la dune : les effets opposés de deux vents sur les dunes de Camargue (delta du Rhône).

l'accumulation de sable. Ce dernier est généralement fin à moyen et sa médiane est inférieure à celle du matériel de la plage où il a été prélevé car la compétence du vent est plus faible que celle du jet de rive et du retrait. Leur classement est aussi meilleur que celui de la plage car seuls les sables fins et les débris de coquille de la taille des sables sont charriés par le vent. Les grains de quartz sont peu ou pas éolisés car leur transport a été trop court pour leur permettre d'acquérir les marques de l'éolisation. Les particules biodétritiques de la plage se retrouvent dans le matériel dunaire mais avec des tailles qui diminuent au fur et à mesure qu'on s'éloigne de la côte. Cette remarque est confirmée, par exemple, par l'étude granulométrique des dunes littorales aux environs de Nouakchott (Salama, 1987), du cordon dunaire parallèle au littoral dans le Taoulekt, à l'Ouest du cap Juby et dans les siouf de Megriou au Sud de Tarfaya dans le sud-marocain (Riser, 1996). Dans ce dernier cas, les dunes présentent un litage fin, à structures entrecroisées qui s'expliquent par des changements de direction et de puissance des vents, au cours de l'année. En effet, le vent dominant est l'alizé maritime, mais en été, les vents de Nord-Est constituent 41 % des fréquences tandis que les vents d'Ouest, souvent forts en automne et hiver en représentent 12 % (Delannoy, *in* Riser, 1996).

Rares sont les littoraux où la végétation ne joue pas un rôle de stabilisation des sables. Elle contribue d'abord à la fixation du sable au sommet de la plage en favorisant l'édification de la dune qui la domine : la dune bordière. Ce sont des plantes psammophiles supportant la mobilité du sable dunaire. Certaines d'entre elles possèdent des rhizomes, d'autres des stolons, parfois leurs racines verticales peuvent atteindre la nappe phréatique, dans d'autres cas, les racines superficielles captent l'humidité atmosphérique et la rosée.

Amoncellement de sable pris en charge par le vent marin sur la plage du Cavaou à Fos-sur-Mer.

Sous le vent du bornage de la plage du Cavaou, nebkhas mordant sur la chaussée après une tempête de vent marin.

Cordon de dunes littorales, au Nord du cap Tafarit, Banc d'Arguin (Mauritanie).

En Europe occidentale, *Agropyrum junceum* est l'espèce la plus tolérante au sel, elle colonise le haut de l'estran et précède l'installation d'*Ammophila arenaria,* l'oyat qui est la plus répandue. Ses touffes croissent en même temps que l'accumulation dunaire. À ses côtés s'observent encore *Elymus arenarius* ou *Eryngium maritimum* qui résistent à l'enfouissement en maintenant leurs bourgeons terminaux au-dessus du sable.

Hors d'Europe, il existe d'autres espèces psammophiles qui fixent le sable en arrière des plages : *Ammophila breviligulata, Uniola paniculata* et *Spartina patens* sur la côte orientale des États-Unis, *Ambrosia chamissonis*, sur la côte occidentale, *Abronia maritima* en basse Californie, sp. *nifex hirsutus* en Australie, *Ipomea biloba* et *Canavalia* sp., sur les rivages des latitudes tropicales (Paskoff, 1993).

En Afrique occidentale, les recherches menées sur le cordon de dunes littorales de l'Aftout-es-Saheli, au Sud de Nouakchott (Mauritanie), montrent qu'elles sont fixées par une formation sahélienne adaptée aux milieux marins et salés comprenant *Tamarix senegalensis, Nitraria retura, Zygophyllum waterlotii, Sasola bayosira* et *Suaeda mollis.*(Courel *et al.,* 1996).

Si, en dehors des régions tropicales pluvieuses, les littoraux bordés de dunes sont nombreux sous presque toutes les latitudes, les conditions climatiques arides ou semi-arides sont, cependant, les plus favorables à l'édification des formations éoliennes (photo ci-dessus). Les vents sèchent le sable de l'estran à marée basse ; ceux venus du continent, comme les alizés en Afrique occidentale, apportent des sables continentaux sur la côte. Une végétation clairsemée ou absente favorise le déplacement des dunes vers l'intérieur des terres où elles se mêlent souvent aux formations éoliennes continentales.

Aux alentours de Nouakchott, les dunes vives côtières fournissent, par vents d'ouest, des sables fins coquilliers qui se mêlent d'ailleurs aux éolianites fossiles de la plage du Nouakchotien jusqu'au secteur péri-urbain de l'aéroport de la capitale. À cet endroit, le pourcentage de sables continentaux devient prépondérant. Ils ont été transportés par l'alizé continental depuis les cordons Nord-Est-Sud-Ouest de l'Azefal, l'Akchar, l'Agneïtir – où le sommet des dunes est remanié actuellement – et de l'Amoukrouz dont les dunes, de couleur rougeâtre, proviennent de l'érosion des formations du substrat géologique (Continental Terminal). Cette interpénétration des formations éoliennes littorales et continentales s'observe aussi en Namibie et sur le littoral mexicain du golfe de Californie.

« Sur les côtes des régions tempérées pluvieuses, l'obstacle de l'humidité est compensé par l'existence d'importants stocks de sable dans le prisme sédimentaire littoral et par l'occurrence de vents suffisamment fréquents et forts pour permettre une déflation active » (Paskoff, 1996). Ces raisons expliquent l'existence de vastes champs de dunes littorales sur la côte ouest de l'Europe de l'Ouest et du Nord et sur celle du Nord des États-Unis.

Les différentes générations de dunes littorales

Sur de nombreux littoraux s'observent des dunes actuelles, de couleur claire, au sable meuble remanié par le vent. Elles recouvrent souvent des formations dunaires plus anciennes dont le sable est rubéfié ou grésifié et qui sont d'âge holocène (10 000 ans BP) ; ces dernières pouvant aussi fossiliser des formations sableuses pléistocènes (entre 100 000 et 20 000 ans BP).

Les dunes fossiles ont perdu leur aspect initial à cause des agents d'érosion qui les ont affectées au cours de leur histoire. Elles sont désignées sous le terme d'éolianite. Souvent, des sols s'intercalent dans ces formations sableuses, indiquant ainsi un arrêt de l'action du vent ou un retour à des conditions plus humides ou plus continentales. Cependant, ce sont surtout des causes eustatiques qui expliquent les générations de dunes littorales. En effet, leur présence implique un rivage proche fournissant les sables. Si la régression marine est trop étendue, ce sont des conditions continentales qui sévissent et dans le cas contraire, des dépôts marins littoraux transgressifs recouvrent les éolianites, à condition que celles-ci aient été préalablement grésifiées, avant la remontée du niveau marin, sinon l'action de la mer les détruit définitivement.

Dans la région de Tarfaya, au Sud du Maroc, le Moghrébien, formation littorale et néritique de la fin du Pliocène (Tertiaire), affleure entre 5 et 30 m au-dessus du niveau actuel de la mer. Il comporte plusieurs séquences margino-littorales où s'intercalent des phases éoliennes de haut de plage et des phases marines littorales. Les dunes de haut de plage fermaient, probablement des lagunes d'arrière plage (Blanc, *in* Riser, 1996). Au Sud de Rabat, les formations littorales du Flandrien (Holocène) et de l'Ouljien (Pléistocène récent, tableau 4) sont emboîtées dans plusieurs générations d'éolianites façonnées, actuellement, en falaises par la mer ou en falaises

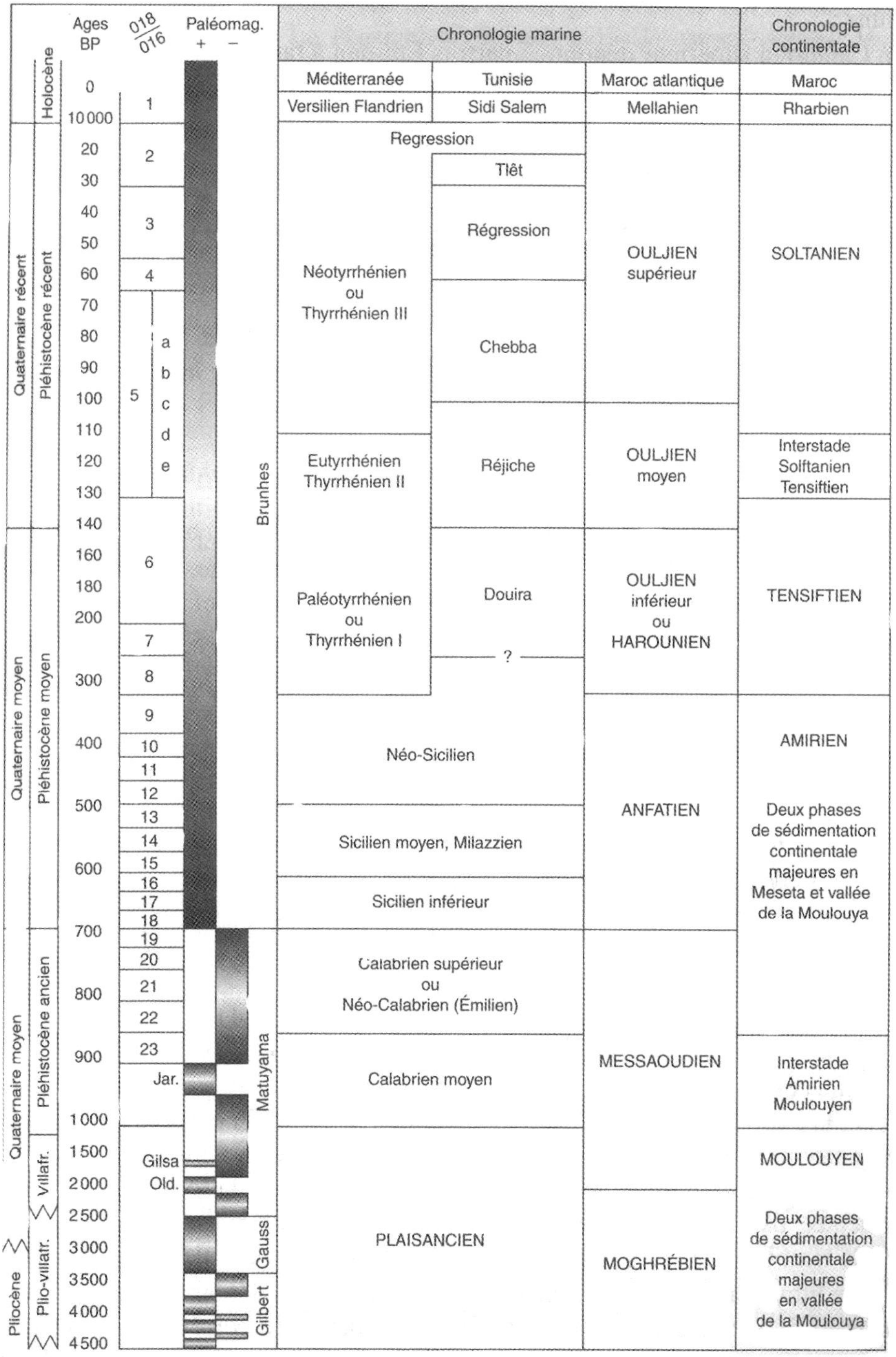

Tableau 4. Chronologie marine et continentale (Maroc) dans le Bassin méditerranéen.

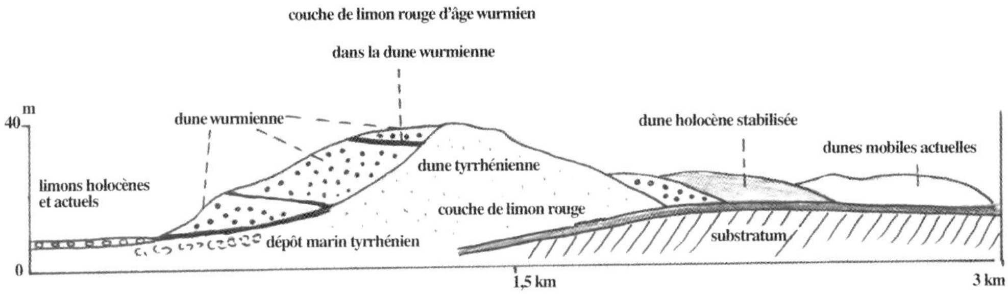

Figure 25. Coupe à travers les dunes littorales pléistocènes, holocènes et actuelles sur la côte occidentale du cap Bon en Tunisie (d'après Paskoff et Sanlaville, 1993).

mortes, témoins de rivages fossiles. Ces éolianites sont séparées par des sols rouges continentaux ou par des formes d'érosion : crêtes acérées, conques et vasques, indiquant leur exposition aux agents de l'érosion littorale (Beaudet, 1971 ; Lefèvre et Raynal, 2002). À Kénitra, au Nord de Rabat, des carrières, nouvellement ouvertes, destinées à la construction des extensions urbaines de la ville, ont révélé plusieurs phases éoliennes. Du littoral vers l'intérieur des terres se distinguent successivement des dunes actuelles, plaquées contre des éolianites du Pléistocène moyen. Ces dernières sont interstratifiées avec des sols argileux rouges et cet ensemble vient s'appuyer sur des dunes grésifiées, creusées de lapiez, c'est-à-dire façonnées en crêtes aigües dont les interstices sont bourrés d'argile rouge. Ces dunes anciennes sont attribuées au Villafranchien (début du Quaternaire), mais d'après Lefèvre et Raynal (2002), elles seraient Pliocène. Paskoff et Sanlaville (1983) décrivent, au cap Bon (Tunisie), un agencement de dunes fossiles séparées par des limons rouges (figure 25). Au Chili semi-aride, Paskoff (1970) définit des dunes vives actuelles, des dunes stabilisées holocènes et enfin d'épaisses accumulations sableuses qui donnent des collines de sable. Des sols intradunaires au sein de ces vieilles édifications sableuses prouvent l'existence, au cours du Pléistocène, de plusieurs phases d'activité du vent dont les produits se sont accumulés les uns sur les autres avec, entre chaque phase éolienne, des périodes de rémission, favorables à la pédogenèse (formation des sols).

Les différents types de dunes littorales

Elles peuvent être de petite taille et de nature plus ou moins éphémère. Elles constituent souvent un cordon continu, au sommet de la plage. Il existe aussi des dunes libres et des amas dunaires de plusieurs hectares qui pourraient être définis comme des ergs ou des aklés. La nomenclature des dunes littorales, frangeant de près la plage ou la mer, est floue. Et, à une époque où la forte anthropisation des rivages marins entraîne des dégradations auxquelles des travaux de restauration s'efforcent de remédier, il est essentiel de bien connaître la nature et le fonctionnement des différents types de dunes, érigées en bordure de la mer (Paskoff, 2005).

Les dunes de petite taille ou avant-dunes

Les avant-dunes sont particulièrement bien développées en arrière des plages étendues, à faible pente et donc à large estran, où les vents sont fréquents et violents. Les rivages marins de l'Europe occidentale tempérée remplissent souvent ces conditions. Ces accumulations de sable peuvent se former pendant la belle saison, en arrière d'obstacles divers comme les plantes annuelles ou les épaves et détritus qui jonchent la plage. Elles peuvent être éphémères et balayées par les ondes de tempête ou les vents violents après la mort des plantes, à l'automne. Leur évolution annuelle pourrait les faire comparer à des nebkhas. Souvent ces petites dunes prennent suffisamment de volume pour éloigner les racines des plantes annuelles qui les colonisent, de la nappe phréatique salée, si bien que des espèces vivaces s'installent comme le chiendent des sables ou l'oyat. Ces végétaux fixent alors la dune et font ainsi obstacle à la progression du sable. L'amas sableux augmente progressivement de volume et la végétation accroît son emprise. Les dunes les plus éloignées du rivage, séparées de celui-ci par des lagunes ou, comme en Camargue par la sansouire, deviennent, au fil du temps, des dunes fossiles recouvertes entièrement de végétation.

Les dunes bordières

Les dunes précédentes peuvent devenir coalescentes et donner naissance à un cordon dunaire de taille irrégulière, piqueté de végétation et bordant la plage, du côté de la terre. Cette dune, au profil transversal, approximativement symétrique, est haute de quelques mètres et large d'une dizaine. Elle est souvent tronçonnée par des couloirs de déflation. Sur les littoraux des régions humides, ces dunes sont fixées par la végétation mais, lors de fortes tempêtes, le vent tourbillonnant creuse des cavités en forme de chaudron : les caoudeyres, dans les secteurs dépourvus de végétation.

Il existe aussi des dunes libres, constituées par des sables pris en charge par le vent sur l'estran et charriés, au-delà de la dune bordière, à l'intérieur des terres. Elles sont très fréquentes sur les littoraux des régions arides comme à la latitude de la baie de Saint-Jean et du Banc d'Arguin, en Mauritanie. Ces dunes sont généralement des barkhanes, c'est-à-dire des dunes en croissant dont les pointes sont tournées dans le sens du vent dominant et des dunes en dômes, édifiées par des vents de directions variables. D'ailleurs, l'analyse des sables de ces dunes montre que la quantité de débris coquilliers qui constituent une partie du sable, diminue vers l'intérieur des terres où le sable de nature continentale devient dominant.

Enfin, si la quantité de sable est suffisante, de grandes accumulations éoliennes voient le jour, comme le système dunaire situé au Sud du cap Juby (Sud-marocain) ou celui de la côte landaise.

Au Sud du cap Juby, parallèlement au littoral, s'étend un véritable erg : le Megriou, de direction nord-sud, sur environ 60 km de long et 4 à 6 de large. Son alimentation provient de l'estran, large à marée basse, à l'Est de Tarfaya où existe une continuité topographique entre la plage et l'arrière-pays continental, alors que, plus à l'Ouest, celle-ci est brusquement interrompue par une falaise de 10 à 25 m de hauteur. À chaque marée basse, une grande quantité de sable, rapidement séchée, sous le climat aride de cette région, alimente la plage puis l'extrémité nord de l'erg. Comme dans le cas de la baie de Saint-Jean, les éléments coquilliers disparaissent au bout d'une dizaine de kilomètres. Cet erg est constitué de sables marins de plus en plus éolisés vers le Sud. Il est modelé en barkhanes, dunes en dômes et siouf. Ces sables sont mobiles et menacent la route Tarfaya-El Aïoun (Callot et Oulehri, 1996).

En France, le long de la côte sableuse aquitaine s'organise, sur une largeur d'environ 20 km, un système dunaire dont l'élément le plus spectaculaire est la dune du Pilat qui mesure entre 105 et 110 m de haut. À partir du rivage, s'observe d'abord une dune bordière continue qui domine l'océan de 10 à 15 m. Cette dune érodée par les vagues, a tendance à migrer vers l'Est, comme le montre l'abrupt qui marque son contact avec la lède (ou lette), dépression longitudinale souvent humide et couverte de pelouse (Paskoff, 1993). Viennent ensuite de vastes champs de dunes, dites dunes modernes, qui ont commencé à se développer au début de l'ère chrétienne. Au XIXe siècle, elles furent fixées par des plantations de pins. Elles représentent un ensemble de cordons parallèles, séparés par des creux interdunaires à fond plat. C'est sur la bordure ouest de cet ensemble que se dresse la dune du Pilat. Sa taille exceptionnelle peut s'expliquer par l'importance de l'alimentation potentielle que représentent les plages au Sud-Ouest et à l'Ouest et les bancs sableux de la passe d'Arcachon (Banc d'Arguin et du Toulinguet). Enfin, tout à fait à l'Est, des dunes anciennes datées de 8 000 à 6 000 ans BP ont gêné l'écoulement continental et contribué à la formation des étangs du littoral landais.

Conclusion

À toutes les échelles de temps et d'espace, le vent agit sur les espaces maritimes. Il déplace des courants lents et puissants, immuables dans leur direction et leur débit, à l'échelle de la vie d'un homme. C'est le cas du Gulf-Stream ou du courant de Humbold. Il déchaîne aussi les tempêtes qui, au-delà de leur zone d'action, engendrent des houles qui viennent déferler sur les rivages. Sur ceux-ci, justement, l'action du vent déclenche les courants littoraux. Les vagues modèlent les falaises et les plages.

Au contact de la mer et du continent, les hommes sont obligés de se prémunir contre les méfaits du vent. Ils doivent canaliser les dérives littorales, freiner l'érosion des plages, surveiller l'évolution parfois spectaculaire des falaises, fixer les dunes bordières, protéger les installations portuaires, industrielles et parfois agricoles, comme les polders hollandais.

L'homme et le vent sur les littoraux

Dès la Préhistoire, les hommes colonisèrent les rivages marins et lacustres. Les avantages de ces régions de contact entre des milieux naturels différents sont multiples. Malgré la présence du vent, les littoraux offrent des climats plus cléments que les régions continentales voisines. La masse maritime adoucit les températures et les contrastes thermiques journaliers ou saisonniers, apporte de l'humidité, sous forme de pluie mais aussi de rosée et de brouillards.

Les littoraux maritimes sont un réservoir naturel de poissons et de coquillages. Ceux des lacs sont favorables à la pêche mais aussi à l'agriculture et à l'élevage. La frange littorale est une voie de passage pour les migrations humaines. Les hommes de Cromagnon, venus d'Afrique du Nord, ont longé, au cours des millénaires du Néolithique, le littoral atlantique avant d'atteindre les régions sahéliennes au Sud du Sahara. Les métallurgistes de la zone soudanienne ont progressé vers le fond du golfe de Guinée en longeant les rivages et en évitant soigneusement la grande forêt équatoriale.

Dès que les échanges entre les sociétés humaines se développèrent, les littoraux abritèrent des ports peuplés de commerçants et d'artisans puis d'industriels. Actuellement, certains littoraux abritent les densités de population les plus élevées de la planète tandis que la littoralisation du peuplement et de l'urbanisation sont des phénomènes d'ampleur internationale. La majorité des villes de plus de 10 millions d'habitants sont des ports.

Les littoraux deviennent aussi, depuis un siècle environ, des lieux de villégiature, d'abord hivernaux pour les nantis des provinces industrielles de l'Europe du Nord puis estivaux avec la démocratisation des congés. Dans les zones tropicales, de nouvelles destinations émergent, pour ceux en quête d'un soleil éternel et de lagons aux eaux turquoise. L'engouement pour des sports nautiques de plus en plus sophistiqués s'est surtout accru depuis les années soixante. Il est directement tributaire de l'action du vent.

Toutes ces activités, nées de la mer, nécessitent des protections contre les tempêtes. Il est donc indispensable de construire des jetées, des épis, de protéger les plages et les dunes de l'action des vagues et du vent.

L'érosion marine

Les plages sont les espaces littoraux les plus fragiles, face à l'action de la mer. Le profil d'une plage est perpétuellement mobile car il doit s'adapter aux conditions hydrodynamiques des vagues qui déferlent. Lors des tempêtes, l'ablation est active et le profil de la plage s'abaisse, on dit que la plage « démaigrit ». En revanche, il se relève lorsque des sables et des galets s'accumulent pendant les périodes de beau temps, la plage « engraisse ». Actuellement, les plages subissent une crise érosive un peu partout dans le monde.

La récession des côtes

À la lumière des recherches archéologiques et des datations radiométriques des sédiments, il apparaît que de gros volumes de matériaux meubles ont été d'abord accumulés sur les côtes, dans les premiers millénaires qui ont suivi la stabilisation du niveau marin vers 6 000 à 5 000 BP. En effet, au cours de la remontée du niveau marin, consécutive à la fin de la dernière glaciation qui avait capitalisé sous forme de glace une partie de l'hydrosphère, les vagues ont pris en charge des matériaux terrigènes qui s'étaient déposés sur le continent avant qu'il soit progressivement immergé.

Actuellement les plages sont en état de récession. En France, l'un des exemples les plus spectaculaires du recul des plages est fourni par la position actuelle des blockhaus du mur de l'Atlantique qui étaient construits en arrière de l'estran et souvent sur la dune bordière et qui, de nos jours, 60 ans après, ont basculé dans la mer. Aux Saintes-Maries de la Mer, ceux qui surplombaient la plage sont maintenant dans l'eau. Le rivage a reculé d'environ 130 à 150 m depuis la fin de la Seconde Guerre mondiale. En Aquitaine, le recul de la côte affecte tout le littoral, entre l'embouchure de la Gironde et celle de l'Adour. R. Paskoff (1993) l'évalue à 10 km depuis le VIe siècle de notre ère. Il s'est accéléré à partir du XVIIIe siècle et devient catastrophique au XXe. À Amélie-les-Bains (Gironde, France), le rivage a reculé de 200 m environ entre 1888 et 1985.

Ailleurs, dans le monde, la situation est du même ordre. Le littoral meuble, dans le Nord du Jutland, s'est replié de 5 m par an entre 1968 et 1978. Dans le golfe de Tarente, des vitesses de récession de 4 m par an ont été enregistrées depuis 1958. Sur les 225 km de plages du Latium, 56 % sont érodés alors que 4 % seulement progressent.

Les causes

Les causes de ce recul spectaculaire et parfois catastrophique du trait de côte, le long des plages, sont nombreuses. Le vent ne joue qu'un rôle indirect en provoquant des tempêtes qui accélèrent l'ablation et le transport des matériaux. Ces causes peuvent être classées en deux catégories : causes naturelles et causes humaines.

Les causes naturelles sont au nombre de trois : le tarissement de la quantité de sable disponible sur les estrans, à cause des reboisements continentaux, des aménagements hydroélectriques, de l'arrêt de la transgression marine à l'échelle géologique, du soulèvement isostasique des lignes de rivage de 1 m à 1,50 m depuis 2 000 ans dans de nombreux secteurs côtiers, consécutif à la fonte des glaciers et enfin du renforcement des houles de tempête, constaté depuis les années 1880.

Les causes anthropiques sont à rechercher dans les transformations de l'environnement depuis, essentiellement, un demi-siècle. Les travaux entrepris sur les fleuves réduisent les apports alluviaux. Les barrages, en particulier, sont des pièges à sédiments très efficaces. Les besoins croissants en sable et gravier pour la fabrication du béton ont poussé l'exploitation des plages et des dunes auxquels il faut ajouter les alluvions fluviatiles sédimentées dans les barrages et qui ne parviennent plus à la mer.

Les rejets industriels et urbains détruisent, par exemple en Méditerranée, les herbiers à Posidonies *(Posidonia oceanica)* qui, localisés entre 1 m et 30 m de profondeur, sont des pièges à sédiments grâce au lacis serré de leurs feuilles rubannées, des rhizomes et des racines. Ces plantes croissent verticalement, au fur et à mesure de la sédimentation. Il se forme ainsi des « mattes » (sorte de mottes de racines) qui peuvent constituer de véritables récifs-barrières jouant le rôle de brise-lames naturels.

Les travaux portuaires perturbent aussi la sédimentation littorale. La construction d'une jetée, faisant obstacle à la dérive littorale, entraîne la formation d'atterrissements du côté de la dérive alors qu'à l'abri de l'édifice, un déficit en matériaux favorise le démaigrissement de la plage. De nombreux aménagements empiètent sur le domaine littoral. Des villas, des immeubles, des promenades de front de mer sont édifiés en bordure même du rivage, sur l'emplacement de la dune bordière ou sur le haut de la plage. Celle-ci, amputée d'une partie de ses éléments, présente un fonctionnement déséquilibré. L'estran devenu, par exemple, trop court, ne joue plus son rôle de dispersion du jet de rive et de dissipation de l'énergie des vagues.

Ouvrages de protection

Très vite, des aménagements sont nécessaires pour protéger les plages et les constructions, imprudemment édifiées trop près du trait de côte. Les murs de protection ont un effet de réflexion qui renforce la turbulence de l'eau et le démaigrissement ou même la disparition des plages.

Les brise-lames, parallèles au rivage, ont pour conséquence de créer un secteur calme entre eux et le trait de côte, si bien que le sable se sédimente dans ce secteur calme sous la forme d'un saillant qui peut, au bout d'un certain temps, joindre le brise-lames à la cote.

Par exemple, au Togo et au Bénin, des erreurs d'aménagement ont contribué à accélérer le recul du trait de côte. Le barrage d'Akossomo, sur la Volta et l'aménagement des ports de Lomé et de Cotonou ont favorisé le dégagement du *beach-rock,* et menacé les cordons littoraux, avec le danger de voir la lagune d'Aného transformée en bras de mer. Des routes côtières ont été coupées, des villages de pêcheurs et une usine de traitement du phosphate, à Kpémé, gravement menacés par les effets de la houle. Des protections, sous forme d'épis et de digues en tétrapodes, ont été installées pour freiner le dynamisme érosif de la mer.

Les épis sont des ouvrages en bois, en pierre ou en béton disposés, en général, perpendiculairement au rivage. Ils freinent la dérive littorale qui dépose sa charge en amont de l'édifice. En contrepartie, ils suppriment tout apport de matériaux à l'aval, où le bilan sédimentaire devient négatif. Ils favorisent alors l'érosion littorale. Si bien que le littoral prend un aspect segmenté en compartiments arqués.

Les épis, pour être efficaces, doivent être entretenus, or sur certaines portions du littoral, par exemple en petite Camargue, les épis abandonnés sont déracinés et le transfert littoral se produit entre leur racine et la plage actuelle. Dans le goulet ainsi créé, s'installe une dérive littorale rapide qui arrache une grande quantité de matériaux, surtout lorsque la houle est puissante. Dans cette configuration, l'épi contribue à l'érosion de la plage.

L'alimentation artificielle a pour but de corriger un déséquilibre sédimentaire en rajoutant du sable dont les caractéristiques doivent être aussi proches que possible du sable originel. Pour les grèves, les aménageurs font appel aux matériaux concassés des carrières. La mer se charge ensuite de leur donner le poli et l'émoussé des galets. Ces matériaux ne sont pas déposés sur l'estran mais à faible profondeur afin que la dérive littorale et les houles les répartissent, de manière naturelle, sur le rivage. Les travaux d'aménagements des plages apparaissent souvent, à la lumière des études géologiques et géomorphologiques, comme des pis-aller dont l'efficacité n'est que passagère.

Toujours d'après Paskoff (1993), une nouvelle approche du problème de l'érosion des plages doit s'imposer. Elle doit se fonder sur la constatation que le démaigrissement et le recul de nombreuses plages sont des évènements inéluctables, à cause de la pénurie actuelle de sédiments. Celle-ci est due, comme nous venons de le dire, à la domestication des fleuves, à la lutte contre l'érosion par ruissellement sur les cours d'eau et les versants, en particulier en montagne et à la stabilisation du niveau des mers. La récession actuelle des plages représente un phénomène naturel qui est aggravé par des interventions humaines. Les déboires seront moins grands en essayant de s'adapter à cette évolution plutôt qu'à s'efforcer de la contrarier.

Aménagement des dunes bordières

Les dunes littorales font, elles aussi, l'objet de différents aménagements destinés à les fixer. Les dunes bordières, en particulier, sont des édifices d'une extrême fragilité. Leur destruction peut être naturelle. Il arrive qu'elles soient érodées car la végétation qui les protège est détruite par la sécheresse, une maladie parasitaire, une violente tempête. Le vent est alors capable d'ouvrir, dans le cordon dunaire, des caoudeyres. Le sable ainsi libéré s'éloigne du rivage en dunes mobiles qui, poussées par le vent du large vers l'intérieur des terres, ensevelissent sur leur passage, les cultures, les infrastructures ou les bâtiments.

La destruction de la dune bordière est souvent d'origine anthropique. La végétation peut être ravagée par un incendie ou par le surpâturage comme sur certaines portions de littoral atlantique marocain, mais elle a surtout souffert de l'essor touristique des espaces côtiers. La dune bordière peut être entièrement arasée pour construire des lotissements « les pieds dans l'eau » ou pour extraire le sable. Cette double situation catastrophique s'observe à Madia, dans la banlieue balnéaire de Kénitra, au Maroc. La dune bordière a été complètement détruite pour édifier des immeubles de front de mer, mais la source du sable, le vaste estran dégagé à marée basse, n'est pas tarie. Si bien que le vent constant et souvent violent (plus de 60 km / h) sur cette côte charrie le sable dans les ruelles, entre les immeubles, sur la terrasse des édifices balnéaires, sur les chaussées d'accès à la plage où il s'accumule sous forme de dunes paraboliques et de barkhanes. Par exemple, pour un vent variant entre 12 et 16 m / s pendant 15 minutes, la quantité de sable piégé sur une dune est de 84,43 g, sur d'autres dunes, cette quantité est plus faible (54,89 g et 58,38 g pour des vents équivalents). Il faut ensuite, régulièrement dégager tout ce sable au bulldozer (Bouachrine, 2000).

À la périphérie de la ville d'Essaouira (Maroc atlantique), se situe un paysage dunaire littoral dont la dynamique est variable, au cours du temps, sous l'action de l'alizé du Nord-Nord-Est. Pour fixer ces dunes, des travaux ont été réalisés dès 1912 en particulier, grâce à la plantation d'espèces allochtones comme *Acacia cyanophylla, Acacia cyclops* et *Eucalypytus gomphocephala*. Ces travaux de reboisement se sont poursuivis jusqu'à nos jours. Dans le même temps, les autorités locales tentaient d'assurer la maintenance des surfaces anciennement boisées. Malheureusement, plusieurs facteurs, essentiellement anthropiques entraînent la remobilisation du sable par le vent.

Le premier est, comme à Madia, la croissance urbaine qui envahit l'espace dunaire et qui favorise l'utilisation inconsidérée des sables extraits des dunes, par excavation de celles-ci, pour la fabrication du mortier. Le vent reprend en charge le sable, surtout si la végétation est détruite pour faciliter l'extraction. La pression urbaine se manifeste aussi sur l'espace dunaire forestier car il est exploité pour le bois de chauffage, le bois d'œuvre et de construction. Enfin la pression pastorale est de plus en plus forte car l'arrière-pays continental d'Essaouira est en voie de désertification. Le résultat de cette pression multiforme est l'envahissement des rues et des jardins par le sable, le creusement de sillons et de couloirs entre les dunes, le déchaussement des arbres. Cet exemple met en lumière le rôle ponctuel mais catastrophique de l'homme. Pendant un siècle, il a tenté de fixer les dunes alors que de nos jours, il est en train d'annihiler ce lent effort d'aménagement (Simone, 2000).

Il existe plusieurs méthodes pour fixer et pour gérer les dunes bordières. Actuellement, aussi bien en France que dans le reste de l'Europe occidentale, il s'agit plus de pratiquer une gestion durable des dunes qu'une simple protection contre l'action du vent.

Gestion des dunes littorales

La gestion des dunes littorales comporte plusieurs fonctions dont certaines sont directement liées à l'action du vent : la défense de l'arrière-pays contre l'ensablement, le stockage de sable pour alimenter la plage pendant les phases d'érosion par les vagues. D'autres sont indépendantes du rôle du vent : la conservation du patrimoine biologique et paysager, le développement touristique.

Pour protéger les dunes non boisées, plusieurs techniques simples sont mises en œuvre : la couverture du sable par des branchages fins de genêt ou de bruyère, ou plus grossiers tels que des branches de pin maritime et de chêne vert.

Les brise-vent ou ganivelles sont des barrières verticales de hauteur variable qui réduisent la vitesse du vent et favorisent le dépôt du sable. Ces rideaux brise-vent sont synthétiques, mais dans certaines zones, des ganivelles en châtaignier ou en fibres de coco sont encore utilisées. Sur les dunes régulièrement entretenues et ne subissant pas une fréquentation excessive, la dynamique naturelle suffit, en général, pour assurer une couverture végétale satisfaisante en recouvrement et en diversité. Dans les zones de réhabilitation, le nombre de végétaux est réduit, en raison de la quantité relativement faible d'espèces indigènes dont on maîtrise la multiplication, mais surtout en raison de la généralisation de l'oyat qui est l'espèce dominante. D'autres végétaux peuvent être plantés ou semés sur les dunes : l'armoise *(Artemisia campestris)*, l'immortelle *(Helichrysum stœchas)*. Cependant, le meilleur succès est réservé au chiendent des sables, *(Agropyron junceum)* qui est une alternative à l'oyat, en particulier dans les zones exposées à l'action frontale du vent.

Le remodelage des dunes bordières est une technique progressivement abandonnée. Elle consiste à donner à la dune, par terrassement au bulldozer, un profil idéal face à l'action du vent. Ce profil une fois atteint, l'ensemble est recouvert de branchages. Les deux principaux inconvénients de cette méthode sont la destruction totale de la végétation par les terrassements et la menace de l'érosion marine qui peut remettre en cause le profil de la dune. Ces différentes techniques peuvent être associées.

Les travaux d'aménagement doivent faire l'objet d'un suivi rigoureux. Dans le cas contraire, tous les efforts entrepris sont, à plus ou moins long terme, voués à l'échec. Le cas s'est produit, hélas, en petite Camargue, à l'Ouest de l'embouchure du petit Rhône.

Protection des cordons dunaires

Le milieu naturel est constitué de deux éléments essentiels : les étangs et les cordons dunaires. Ces derniers sont en partie colonisés par la végétation. Celle-ci, en arrière plage, présente un recouvrement faible dominé par l'euphorbe des sables *(Euphorbia paralias),* le sporobole des sables *(Sporobolus pungens),* la salicorne à gros épis *(Arthrocnemum glaucum).* Sur les cordons dunaires s'étendent des bosquets de genévriers de Phénicie et plus en arrière encore, des pinèdes à pins parasols, vestiges de la forêt royale du XVIe siècle.

En 1987-1988, un projet de protection de ces cordons dunaires voit le jour et il a été décidé d'installer des ganivelles formant un quadrillage. Cet ouvrage doit permettre d'intercepter le sable prélevé sur les étendues lacustres asséchées une partie de l'année et poussé par le vent de Nord-Est (mistral). Le sable vient s'accumuler dans le quadrillage des ganivelles qui protège de l'ensablement les pinèdes situées au Sud-Ouest. Les dunes s'exhaussent et un stock de sable important peut être redistribué sur la plage. Malheureusement, aucun suivi scientifique et technique n'a été réalisé. Les ganivelles saturées de sable n'ont pas été surélevées. Elles s'effondrent sous le poids du sable qui reprend sa course, ensable la pinède qui meurt, étouffée par l'accumulation éolienne (Montaldo, 1999).

Sur les côtes du Finistère, de 1949 à 2002, les aménagements contre l'action érosive des vagues, en particulier lors des tempêtes, se font au coup par coup. Ils sont seulement destinés à réparer les dommages causés par les tempêtes, sans prendre en compte une dynamique littorale sur le long terme et à une échelle spatiale globale des rivages. Deux secteurs de littoraux finistériens sont plus menacés que le reste des rivages. Il s'agit de la côte du Léon et du littoral du Sud-Finistère.

L'analyse spatio-temporelle de la localisation des dommages entre 1949 et 2002 a été comparée aux résultats de l'analyse de la variabilité des vents de tempête. Trois phases essentielles d'activité des tempêtes ont été retenues : 1949-1972, 1981-1990, 1991-1996. Au cours de ces trois périodes, les zones littorales les plus exposées aux vents de tempête ont été localisées (Hénaff, 2004). Sur les façades septentrionales et méridionales, l'analyse fait apparaître une variabilité en nombre, mais également en direction moyenne annuelle, des vents de tempête. Ceux-ci tendant, comme sur la façade occidentale, à augmenter au cours de la période 1991-1996 après avoir diminué dans la période précédente (1981-1990). On observe surtout que la variation, en direction, s'effectue vers des vents de tempête de direction méridienne, notamment sur la pointe du Finistère, au cours de la dernière période (1991-1996), après être passée par une orientation latitudinale, entre 1973-1980, sur les rivages sud. Les vents de tempête de direction sud-ouest-nord-est deviennent plus fréquents à partir de 1981, ce qui explique le pourcentage élevé de dommages sur le Sud-Finistère.

Il apparaît clairement que sur les littoraux de Bretagne, la réponse, généralement faite aux problèmes d'érosion, consiste à intervenir systématiquement et ponctuellement sur le trait de côte en fonction des situations locales et temporaires de crise. Ces interventions s'espaçant dans le temps, lorsque les crises s'atténuent. Cette pratique du coup par coup est une politique aussi bien communale que régionale (Hénaff, 2004).

Les aménagements portuaires

Depuis les balbutiements de la marine à voile, les marins ont cherché à s'abriter dans des anses, baies ou estuaires pour se protéger des tempêtes qui sévissaient au large. Ces abris furent souvent le point de jonction économique entre le commerce maritime et continental. Certains de ces sites naturels, de par leur topographie et leur situation avec l'hinterland, sont devenus des villes portuaires de première grandeur. Sur un estuaire, il faut citer Rotterdam, Londres ou New York et d'importance plus régionale : Bordeaux, Nantes ou Liverpool. Certains abris naturels sont très vite devenus exigus pour des villes en plein essor comme à Marseille où la calanque du Lacydon offrait le mouillage aux navires marchands phéniciens. Le choix judicieux d'Alexandre le Grand fit d'Alexandrie une ville prospère dès l'Antiquité. Le port protégé par l'île de Pharos était fermé par de longues digues. Certaines rades sont des mouillages très sûrs, comme, par exemple la baie de Guanabara (Rio de Janeiro), celle d'Acapulco, ou, moins prestigieuses, Toulon et Brest.

L'organisation actuelle de l'arrière-pays et des façades portuaires est née de la révolution industrielle et des transports. L'utilisation portuaire des côtes a subi des mutations importantes. Aux ports destinés d'abord à abriter les navires qui cabotaient, succèdent des installations de plus en plus perfectionnées et dont l'apogée est atteint, de nos jours, avec un transport maritime employant des navires de plus en plus grands qu'il faut décharger de plus en plus vite. Cependant, dès la construction des ports modernes, les ingénieurs s'intéressent aux facilités de construction des aménagements et à la sécurité. Par exemple, les rades et les bassins doivent avoir une forme et une orientation par rapport aux vents dominants ; l'enracinement des digues doit tenir compte du régime des vents et de la fréquence des tempêtes.

Le rôle du vent sur les polders

Les polders sont des terres agricoles conquises sur la mer par les hommes. En effet, sur les littoraux où le contact entre le continent et la mer reste incertain et aléatoire, les civilisations littorales ont tenté, parfois depuis des millénaires, de conquérir de nouvelles terres au détriment du milieu marin. Les plus anciennes tentatives connues sont celles des Sumériens, à l'embouchure du Tigre et de l'Euphrate.

Les terres du polder sont protégées par des digues. Elles sont drainées par un système de canaux, équipé de vannes et d'écluses. La vidange du polder se pratique à marée basse en ouvrant les écluses qui se ferment ensuite à marée montante. Le pompage des eaux superficielles a été longtemps assuré, en Hollande, par des moulins à vent qui animaient des roues à aubes ou des vis d'Archimède. Ils sont remplacés, actuellement, par des pompes à moteur thermique ou électrique.

C'est aux Pays-Bas que la conquête de nouvelles terres, au détriment des fonds sableux et vaseux de la mer du Nord, fut la plus longue et la plus âpre. Plusieurs éléments concourent à expliquer les menaces qui pèsent inexorablement sur les polders : la hauteur des marées, la faiblesse des remparts de dunes à certains endroits, l'affaissement du sol par subsidence, l'exhaussement du niveau de la mer lors des tempêtes, la force des vagues poussées par les vents déchaînés à l'assaut des digues. Certains de ces éléments se retrouvent conjugués pour expliquer la catastrophe qui ravagea les Pays-Bas mais aussi l'Angleterre, la Belgique et le Nord de la France, le 1er février 1953.

La marée n'était pas exceptionnelle. Le coefficient de 83 était inférieur à celui d'une marée de vive-eau (en moyenne 94) alors qu'une marée d'équinoxe atteint un coefficient de 115. Cependant, au passage de la tempête sur la mer du Nord, la baisse de la pression atmosphérique entraîna un relèvement du niveau marin d'environ 50 cm au large et encore de 25 cm sur les côtes de Zélande. Le vent, enfin, soufflait en tempête sur toute l'Europe occidentale : 160 km / h à Aberdeen, 130 à Rouen. Cette tempête, venue des confins de l'Islande, ravagea d'abord l'Écosse puis se creusa sur la mer du Nord avec des vents soufflant rageusement vers le Sud et soulevant des vagues de plus de 13 m. Des brèches s'ouvrirent dans les digues et la mer envahit les polders. 60 000 ha furent noyés en Grande-Bretagne. En Hollande, par des brèches béantes de plus de 500 m de long et de 40 m de profondeur, comme celle de Duiviland, l'eau s'est engouffrée loin à l'intérieur des terres, 160 000 ha se sont retrouvés sous les eaux, 8 000 maisons détruites, 25 000 têtes de bétail et 1 800 personnes périrent noyées. La lutte de l'homme contre la mer se poursuit à chaque instant. Une seule négligence et le flot recouvre, inexorablement, les terres nouvellement conquises. La devise de la Zélande est un lion sortant des eaux, accompagné de ces mots « *Luctor et emergo* » (je lutte et je surnage, Wagret, 1959).

Dans le golfe du Mexique, l'ouragan Katrina, après avoir détruit plusieurs plateformes pétrolières et endommagé 80 % des infrastructures de cette industrie, – essentiellement au large de la Louisiane –, a frappé la Nouvelle-Orléans le 29 août 2005. Il était de force 5 sur l'échelle de Saffir et Simpson (cf p.30) et la pression atmosphérique est passée de 960 à 905 mbars. Le site de la ville est celui d'un véritable polder entre le Mississipi situé 4 m au-dessus de certains quartiers et le lac Ponchartrain dont les eaux, poussées par les vents et réhaussées par la situation dépressionnaire liée au cyclone, ont détruit la digue mal entretenue qui le séparait de la ville : 80 % de la ville étaient sous les eaux et 400 km^2 ont été noyés. On déplora plusieurs centaines de morts. Plusieurs experts avaient, depuis quelques années, tiré la sonnette d'alarme et les autorités savaient que les digues étaient dégradées, qu'elles ne résisteraient pas à un cyclone supérieur à force 3 et que les habitants les plus pauvres ne pourraient pas être évacués (Science, 2005). Les conséquences du cyclone sont aussi économiques, politiques et culturelles. L'industrie des hydrocarbures a été profondément touchée. Les États-Unis se sont révélés incapables de gérer cette catastrophe et ont appelé l'aide internationale. Le président Bush, jugé trop lent à réagir, a été vivement critiqué ainsi que son administration. Sa popularité s'est retrouvée en chute libre. Enfin, les studios d'enregistrement, les clubs de musique, les cercles musicaux de la ville ont été détruits ou gravement endommagés par les eaux. Plusieurs musiciens ont été portés disparus.

La mer, source d'énergie : la domestication des vagues et des courants

La recherche d'énergies renouvelables pousse les ingénieurs à imaginer des techniques destinées à domestiquer l'énergie des vagues et des courants, en particulier sur les littoraux. Dans ce domaine, la Grande-Bretagne excelle. C'est en effet un pays « béni des vents, des vagues et des marées » (Tony Blair).

Plusieurs prototypes sont, soit à l'étude, soit en fonctionnement expérimental. Outre les hydroéoliennes qui utilisent les courants de marée et qui n'entrent pas dans le sujet, trois techniques sont fondées sur la domestication des vagues et ont donc un lien direct avec l'action du vent.

Le pelamis

Aucune technologie ne s'est encore imposée et la majorité des projets sont encore au stade de prototypes. Seule, la société anglaise Ocean Power Delivery a atteint le stade commercial avec le pelamis. Trois exemplaires, de 750 kW chacun, seront livrés courant 2006. Le pelamis – du nom latin de certains serpents de mer – mesure 150 m de long. Il est composé de quatre tronçons articulés. Les vagues font osciller chacun des tronçons et des vérins hydrauliques actionnés par ces oscillations provoquent de l'énergie.

Le Wave Dragon

À l'état de prototype, c'est un appareil qui capte l'énergie des vagues déferlantes (figure 26).

Le limpet

Il s'agit d'un système qui consiste à domestiquer les vagues arrivant sur le rivage. Les vagues sont piégées dans une chambre fermée. Lorsqu'elles y pénètrent, elles compriment l'air contenu dans la chambre. Cet air comprimé actionne une turbine. Ensuite, l'air se détend quand la vague se retire et ce second mouvement, inverse du premier, actionne à nouveau la turbine (figure 26). Ce système, peu esthétique sur une côte sauvage à falaise, peut être construit à l'intérieur de celle-ci et être ainsi invisible pour le promeneur.

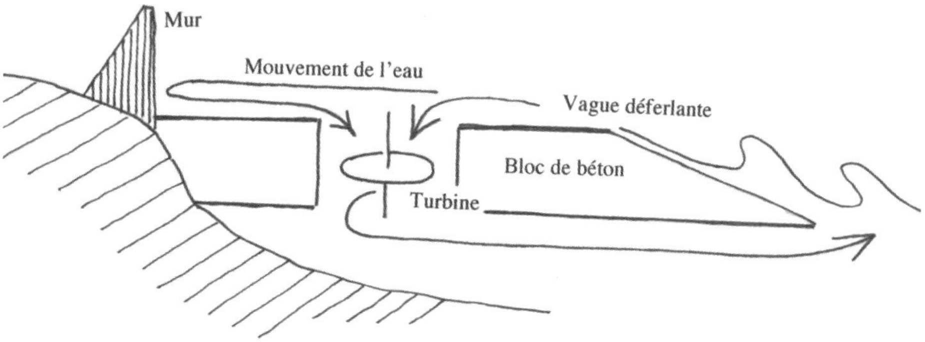

Figure 26. Exemple du Wave Dragon, techniques d'utilisation de la mer et des vagues comme source d'énergie.

La récupération de l'énergie des courants marins océaniques, comme le Gulf Stream, est envisageable, mais reste utopique. Il faudrait placer des hélices dans le sens du courant océanique. Leur construction, sur le fond de la mer modifierait la flore et la faune. Elles freineraient la vitesse du courant, entraînant des conséquences écologiques et climatiques imprévisibles et enfin, compte tenu de la lenteur du déplacement de l'eau, 1 m / s, alors qu'un courant de marée se déplace trois fois plus vite, leur rentabilité serait incertaine.

La navigation de plaisance et les sports de glisse

Pour pratiquer les sports et les loisirs nautiques, deux paramètres climatiques jouent un rôle décisif : la température de l'eau et la force du vent. Point n'est besoin de s'étendre sur l'importance du premier, bien qu'il soit plus agréable de « dessaler » dans une eau à 24 °C que dans une mer à 14 °C ! Il est vrai, cependant, que si elle est à 14 °C, c'est peut-être aussi que le vent souffle !

Sauf par très gros temps, la navigation de plaisance ne pose pas de problèmes majeurs pour des embarcations d'un certain tonnage. Il n'en va pas de même pour les voiliers dériveurs et pour toute la gamme des sports de glisse. Ils requièrent un vent faible de force 3. Les débutants doivent éviter de s'exposer à des vents supérieurs à 5 m / s. Dans ces conditions, la mer est belle, animée d'un léger clapotis. Les sportifs d'un bon niveau peuvent affronter des vents plus forts, de force 5 et s'accommoder de creux entre 50 cm et 1,50 m. Les surfeurs et les véliplanchistes les plus avertis recherchent, sur leurs *fun boards,* des sensations vigoureuses que procurent des mers fortes ou agitées.

Les sites balnéaires et les ports de plaisance

Certaines régions se prêtent incontestablement mieux que d'autres aux loisirs nautiques.

Ainsi, le littoral méditerranéen français, par exemple, se trouve pénalisé par une distribution capricieuse des vents oscillant entre le calme absolu et des vents forts comme le mistral ou le marin (Besancenot, 1990). La comparaison de Toulon et de La Rochelle s'avère, à cet égard, très éloquente : les vents nuls y occupent respectivement 20 et 16 % du mois de juillet et les vitesses supérieures à 7 m / s, 47 et 15 %. La côte varoise compte à peine 4 jours sur 10 de vents favorables alors que celle des Charentes en offre 7. Les débutants peuvent espérer 30 et 65 % de jours sans risques sur les côtes rochelaises. Ainsi, les qualités d'abri de la mer des Pertuis, protégée des houles du large par les îles basses de Ré et d'Oléron, ont valu au domaine marin rochelais une solide réputation internationale qui a fait du port charentais « la capitale française de la voile » (Besancenot, 1990).

Dans une station balnéaire, le vent est l'auxiliaire indispensable des sports de glisse, mais il peut devenir aussi un élément climatique désagréable. Il soulève le sable, engendre de fortes vagues, refroidit la mer. Certains sites balnéaires sont célèbres grâce à la tradition sportive qui fait leur gloire, à leurs aménagements, aux conditions climatiques et maritimes qui y règnent, à la renommée des champions qui les ont choisis pour pratiquer leur sport favori.

On peut citer les structures touristiques de certaines îles tropicales comme les îles du Cap-Vert, les Seychelles, les îles Sandwich, Hawaï où les stations de Maui et Oahu avec Waimea Bay sont les plus connues pour la pratique de la planche à voile et du surf, sans oublier Waikiki Beach à Honolulu où, à l'ombre du volcan Diamond Head, viennent s'affronter les riches surfeurs américains. Désormais, pour les mordus de l'extrême, rendez-vous est pris sur le front des glaciers islandais !

Plus proches de l'Europe, les îles Canaries, balayées par le flux régulier de l'alizé, privilégient la planche à voile. Pour ce dernier sport, certaines plages sont célèbres comme Malibu en Californie ou Tarifa sur le détroit de Gibraltar.

En France, de nombreuses plages sont aménagées pour les sports de glisse. Il faut citer, en Méditerranée, l'Almanare, sur la côte ouest de la presqu'île de Giens ou Carro et Fos-sur-Mer, au débouché venteux du couloir rhodanien. Gruissan et Leucate-la-Franqui positionnés dans le sillage de la tramontane ont vu battre, en 2004, deux nouveaux records du monde de *kite surf*. D'ailleurs, le Mondial du vent s'est déroulé aussi à Leucate du 18 au 25 avril 2005. Sur la côte atlantique, Biarritz, face aux grandes houles de l'Atlantique nord, la baie d'Arcachon, Royan à l'embouchure de la Gironde, en mentionnant spécialement la station balnéaire de Saint-Georges de Didonne où se pratiquent toutes les activités de glisse : planche à voile, *speed sail, fly surf,* raid côtier en catamaran, et sur la plage, char à voile et cerf-volant. Toujours dans cette station, ces activités sont épaulées par des stages, des cours particuliers et des classes de mer. La renommée de La Rochelle n'est plus à faire. Le golfe du Morbihan est un paradis de la plaisance comprenant de nombreux ports aménagés et des mouillages naturellement abrités. Dès les beaux jours, les voiliers, les grands yachts, les bateaux traditionnels comme le sinagot, les planches à voile sillonnent le golfe. L'anse de la Torche, près de Saint-Guénolé, est le nouveau centre de glisse, en expansion, dans le Finistère.

La navigation de plaisance présente le plus grand enjeu actuel. Il contribue à l'essor de nombreux ports et à la création *ex nihilo* de nouvelles infrastructures. Bien qu'en France, par exemple, la première association nautique (La société des régates du Havre) ait été fondée en 1838 et que le centre nautique des Glénans, devenu une des plus célèbres écoles de voile au monde ait été créé en 1947, il faut attendre les années 1960 pour voir se démocratiser la pratique de la voile. La notoriété de grands navigateurs, comme Éric Tabarly, développe la médiatisation des courses au large. Les écoles de voile se multiplient ainsi que les ports de plaisance. L'utilisation de petits navires, aux prix accessibles, est devenue possible grâce à la production, en série, de coques en plastique (Bavoux, 1998).

Aujourd'hui, les deux tiers de la flotte sont constitués de navires ne dépassant pas 6 m de long. Il est possible d'estimer la capacité des ports de plaisance français entre 130 000 et 140 000 places.

La plaisance engendre de très nombreuses activités : construction navale, entretien des navires, fourniture d'équipements, distribution de matériel. Ainsi, elle induit une main-d'œuvre nombreuse et souvent qualifiée (10 000 emplois directs et 30 000 emplois indirects). Trois régions se partagent l'essentiel des emplacements. La région Provence-Alpes-Côte d'Azur et le département du Var qui est le mieux pourvu en ports : Santa-Luca à Saint-Raphaël (1 600 places), Cogolin (1 550), Hyères (1 350), Bandol (1 350), Toulon (1 300). En Languedoc-Roussillon, environ 3 000 anneaux sont recensés, essentiellement sur le complexe gardois du Grau-du-Roi/La Grande-Motte qui dépasse les aménagements des Pyrénées-Orientales. Actuellement, le quartier de Sète offre une progression spectaculaire.

En Bretagne, il existe 85 ports de plaisance. Construits sur les communes littorales, ils sont de petite taille. Le Finistère est le secteur le mieux doté avec deux ports majeurs : le Moulin Blanc à Brest (1 360 places) et Port-la-Forêt (1 000 emplacements). La pratique de la voile a d'abord été attirée dans les eaux littorales bretonnes réputées pour leur rudesse. Avec l'émergence d'une pratique davantage ludique de la voile, les littoraux aux conditions climatiques plus clémentes se sont imposés : Vendée, Charente, pourtour méditerranéen. Les ports et villages côtiers ont tout intérêt à construire des ports de plaisance. Ils génèrent des emplois locaux, permettent le développement des communes, de l'hôtellerie, du secteur immobilier car 48 % environ des immatriculations sont représentées par des cadres supérieurs qui peuvent aussi posséder, sur le rivage ou à l'intérieur des terres, une résidence secondaire.

Le port de plaisance n'a pas que des avantages. Il nécessite de lourds investissements, exacerbe la spéculation foncière sur les résidences secondaires, artificialise de vastes portions de littoral et provoquent des pollutions diverses liées à l'entretien des coques et au rejet de déchets divers en mer. Leur multiplication risque de compromettre leur rentabilité, même si les néo-marins et leurs bateaux ventouses paient leurs emplacements. Il serait préférable, peut-être, d'étendre les ports à sec où les bateaux sont stockés, ce qui éviterait la construction de nouveaux ports. Ils abritent, contre le vent, les voiliers des plaisanciers de tout niveau. Ils sont le point de départ des régates, des promenades côtières ou des voyages au long cours. Ils peuvent être classés en trois catégories. Les plus petits totalisent moins de 600 anneaux, les moyens entre 600 et 1 000 et les plus grands, plus de 1 000. Deux exemples illustrent une histoire différente dans le temps et l'espace. Le premier est la station balnéaire d'Hyères et le second, le port de plaisance de Fos-sur-Mer au cœur du complexe industriel du Grand Delta.

La station balnéaire d'Hyères

L'originalité de la station balnéaire d'Hyères (figure 27) découle de la disposition topographique du site qui crée plusieurs climats locaux. Hyères est une des stations les plus anciennes du littoral méditerranéen et l'une de celles qui a conservé un tourisme résiduel de saison froide non négligeable. Le territoire hyérois peut se diviser, du Nord au Sud, en trois secteurs climatiques, qui diffèrent à la fois par l'emprise plus ou moins marquée des caractères maritimes et par le degré d'abri par rapport au vent dominant qui est le mistral soufflant 118 jours par an (Besancenot, 1990).

Le secteur paramarin est constitué par la vieille ville qui est efficacement abritée, au Sud-Ouest par la Colle-Noire et surtout par le Mont des Oiseaux. Bien que ce secteur urbain soit seulement à 4 km à vol d'oiseau de la mer, on y relève déjà quelques traits d'une timide continentalité. En début d'après-midi, la température, surtout en été, dépasse de 2 à 3 °C celle du bord de mer, alors que les nuits sont plus fraîches.

Les ravins de Saint-Pierre des Morts et de Costebelle, à la fois plus proches de la mer et mieux abrités du mistral, présentent un climat moins contrasté. À l'apogée du tourisme hivernal, les grands hôtels, les riches villas et les maisons de cure ont été édifiés dans ce secteur.

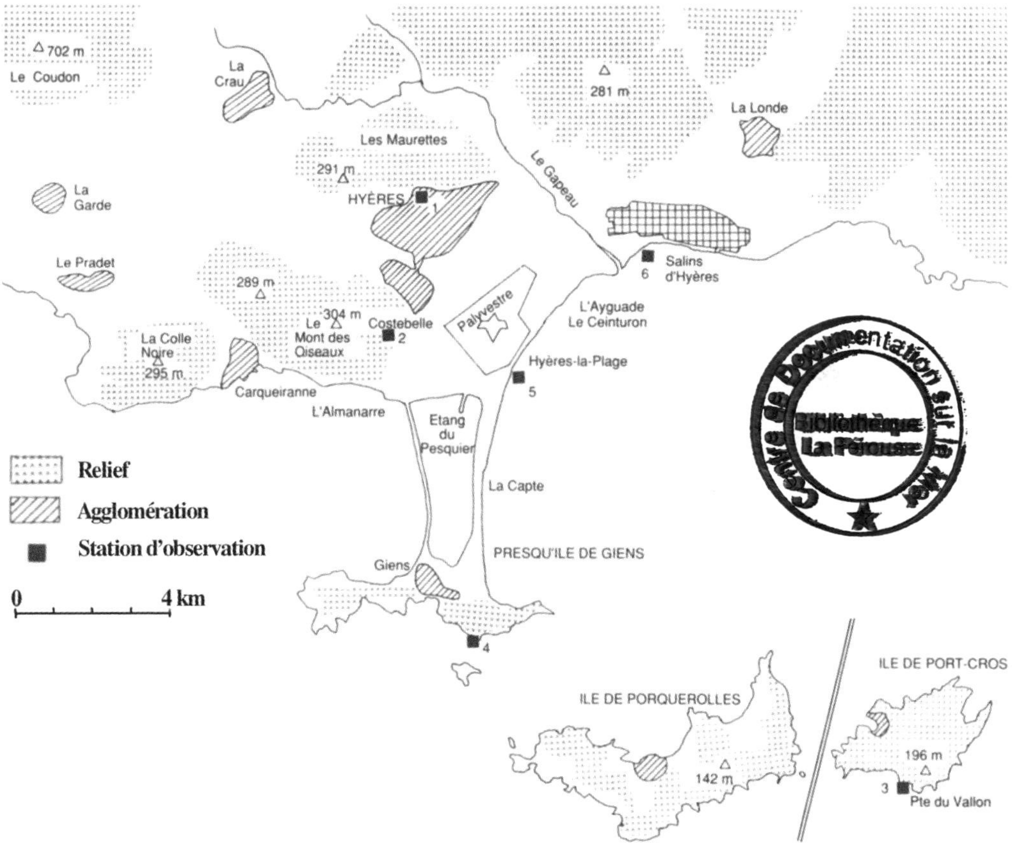

Figure 27. Le site de la ville d'Hyères.

Le littoral comprend lui-même deux groupes de plages : à l'Ouest, l'Almanare et San Salvador, en partie abrités par la Colle Noire mais souvent exposés à de forts coups de mistral, à l'Est, les Salins, l'Ayguade, le Ceinturon et Hyères-Plage et enfin la Capte. Ces deux groupes de plages constituent les deux cordons littoraux du tombolo de Giens et enserrent l'étang du Pesquier. D'une manière générale, la situation, en front de mer, confère à ces différents quartiers une réelle personnalité climatique : faiblesse des écarts thermiques, humidité relative, rarement inférieure à 70 %, régularité, surtout en été, de la brise de mer. Dans ce contexte, le moindre repli de terrain, l'abri d'une pinède, permettent l'installation de villas le long du littoral et cela depuis les premières années d'après-guerre. Les plus anciennes constructions se situent, d'une part, à l'extrémité de la presqu'île, secteur le plus chaud, le plus ensoleillé et le plus agréablement ventilé, en été, dans la vaste pinède de la Capte et d'autre part, entre Hyères et Carqueiranne, sur le versant sud du Mont des Oiseaux, parfaitement à l'abri du mistral et où ont été édifiés, dans l'entre-deux-guerres, des sanatoriums.

Le port de plaisance de Fos-sur-Mer

Je prendrai comme deuxième exemple, le port de plaisance de Fos-sur-Mer. Il est de taille moyenne avec 800 places. Il est niché au fond du golfe du même nom, cerné à l'Ouest par la partie dynamique du delta du Rhône et à l'Est par les collines de Castillon. Il se situe à l'emplacement du port romain de Saint-Gervais, entre la grande plage à l'Est et celle, dite du Cavaou, à l'Ouest. Le complexe industriel de Fos le domine, au Sud et à l'Ouest. Les sports de glisse se sont installés sur la plage du Cavaou dès les années 1980 et l'école de voile a vu grandir Xavier Rouart, médaille de bronze aux jeux olympiques d'Athènes, dans la catégorie Star, voilier très toilé, manœuvré à deux. Ce secteur littoral est violemment exposé au marin et au mistral. Par mistral, la baisse relative du niveau de la mer est d'environ 80 cm. Des murs ont été édifiés dans la partie nord du port pour le protéger des bourrasques. En revanche, par temps de marin, avec une forte houle, les quais peuvent être submergés par 20 cm d'eau. Les enrochements qui préservent les mouillages sont, par gros temps, battus par les vagues et les paquets de mer s'écoulent dans le port après avoir franchi les digues. Par mauvais temps, les équipes de surveillance sont renforcées. Le port a été terminé en 1979. Il comptait alors 600 places. Une extension de 200 places a été réalisée en 1998, à laquelle s'ajoute une aire de carénage.

Les propriétaires des bateaux sont essentiellement des plaisanciers puisqu'il n'existe que six postes de pêcheurs professionnels et seulement deux d'entre eux ne vivent que de leurs prises.

Les propriétaires des bateaux paient une redevance annuelle au trésor public qui reverse ensuite l'argent au port, selon les besoins de celui-ci en équipements, fonctionnement et charges. Le revenu de 700 places permet d'établir l'équilibre des comptes. Les anneaux supplémentaires, accueillant des navires de passage et des contrats mensuels de location, essentiellement pendant la belle saison, permettent de dégager des bénéfices auxquels il faut ajouter les redevances de grutage et la vente du carburant. Le port est installé sur des terrains appartenant au port autonome de Marseille auquel il paie un loyer. Il occupe, au total 13 personnes dont trois plongeurs professionnels et trois grutiers. Les comptes du port sont en équilibre et l'affaire fonctionne bien. Cette bonne santé est actuellement propre à tous les ports de plaisance, car la demande d'anneaux est supérieure à l'offre.

Port de plaisance de Fos-sur-Mer vu de la digue. Au deuxième plan, la capitainerie.

Les régates

Les courses de voiliers se pratiquent en vue des côtes et elles ont lieu à tous les niveaux. Certaines se déroulent, par exemple, un dimanche sur deux et réunissent quelques voiliers de différents ports voisins les uns des autres. La participation est bon enfant, amicale et la compétition est un but presque secondaire au regard du plaisir de tirer des bords entre amis.

Cependant, il existe aussi des régates célèbres qui mettent aux prises les plus grands marins de la planète sur des voiliers taillés comme des formules 1. Il s'agit essentiellement de la coupe de l'America et de l'Admiral's Cup.

La coupe de l'America. La coupe qui deviendra celle de l'America, a été fabriquée en 1848 par un célèbre bijoutier londonien, Robert Garrard. Le marquis d'Anglesey l'acheta et la présenta comme le trophée de course au fameux Royal Yacht Squadron de Cowes. En 1851, le trophée devint l'enjeu d'une régate qui devait se courir autour de l'île de Wight, entre la goélette américaine America et une flotte de voiliers du Royal Yacht Squadron. Le but de cette exhibition était de démontrer la suprématie maritime de la Grande-Bretagne à l'époque victorienne. L'America avait été armée par un syndicat de riches New Yorkais appartenant au New York Yacht Club qui accepta le défi britannique. Seize voiliers prirent part à la course et l'America remporta le trophée qui devint la Coupe de l'America.

C'est seulement en 1983 que la coupe de l'America quitta le New York Yacht Club pour l'Australie et en 2003, l'Australie pour la Suisse !

Cette compétition qui rassemble les meilleurs skippers internationaux est d'autant plus médiatique que les éliminatoires surnommés coupe Louis Vuitton tiennent en haleine tous les passionnés de voile.

L'Admiral's Cup. Cette série de régates fut créée en 1957 par Sir Miles Wyatt qui était alors Commodore du plus ancien club de voile au monde : le Royal Ocean Racing Club basé au Royaume-Uni. Ce club était destiné à promouvoir la course au large. Le but de Sir Miles Wyatt était d'encourager les régatiers du monde entier à venir dans les eaux britanniques se mesurer aux voiliers nationaux pendant la semaine de régate de Cowes.

Cowes se trouve sur la côte nord de l'île de Wight, en face de Southampton sur le Solent. Au XIXe siècle, Cowes devient le centre traditionnel très huppé de la voile. La semaine de régate est alors une manifestation fastueuse et mondaine fréquentée par les familles royales européennes. La reine Victoria habitait Osborne House, près de Cowes avec sa famille. Les monarques d'Allemagne et d'Espagne, le Tsar s'affrontaient lors de régates dans le Solent. L'histoire de Cowes est étroitement liée à celle du Royal Yacht Squadron dont le château garde les approches de la ville depuis plus d'un siècle.

L'Admiral's Cup comprend une série de régates entre les équipages de différents pays courant sur des voiliers de course au large. Actuellement, les régates sont étalées sur une période de deux semaines. Deux types de régates sont organisés.

Planches à voiles par coup de Marin sur la plage du Grand-Travers, La Grande-Motte, Hérault, France.

Planche à voile.

Les courses côtières se tiennent dans le Solent. Les courses au large consistent en régates de distance moyenne dont l'une est l'équivalent du Fastnet : le Wolf Rock Race qui se court entre 48 et 72 heures au large des îles Sully et de Land's End à la pointe de la Cornouaille.

L'essor des sports de glisse

Ils sont au nombreux de quatre : la planche à voile, le surf, le *kite surf* et le char à voile.

La planche à voile ou *wind surf*

C'est un sport utilisant deux éléments conjoints : le vent et les vagues (photo ci-contre et ci-dessous). Le premier apporte l'énergie nécessaire à la planche. Il devient, à force de pratique et d'expérience, un objet d'engagement sportif exemplaire. Anticiper une rafale, déjouer les pièges d'un trou d'air, dompter le vent qui se renforce sont les bases de ce sport (Lavigne, 1997). Les secondes sont considérées, actuellement, comme l'aboutissement de la pratique de la planche pour les meilleurs véliplanchistes car elles fournissent, à ceux qui les domptent, les sensations les plus fortes.

En apparence, rien ne distingue une planche à voile d'une autre. Pourtant, 200 modèles sont en vente sur le marché français : planche polyvalente, fun, planche de saut, de vitesse, de free-style, de raid. Elles ont acquis des caractères propres, selon leur usage. Néanmoins, les composants de base restent des plus limités : un flotteur de 2,5 m à 3,5 m de long, un mât et son pied, une dérive et une voile. Ainsi, la planche n'est pas un bateau primitif mais, au contraire, une création récente et sa conception est extrêmement élaborée. Elle a cependant un ancêtre : les bateaux des pêcheurs brésiliens. Cette embarcation n'a ni banquette, ni francs bords : on y navigue les pieds dans l'eau. Il ne comporte aucune pièce métallique, les différentes parties sont chevillées ou liées et la coque est taillée dans du bois de balsa. Ce bateau qui va très vite s'appelle un *jangadas.*

Le matériel a évolué depuis les années 1980 d'une manière impressionnante. Au début de ce sport, les plus courageux sortaient avec des vents atteignant 50 km / h. Qui aurait pu imaginer que, 20 ans plus tard, on oserait affronter des vents de plus de 100 km / h ? Un coup de mistral dans la rade de Marseille est béni des véliplanchistes les plus avertis ! La véritable révolution dans ce sport est apparue en 1992 avec la mise au point des *free ride*. Cette nouvelle conception de la planche permet de faire évoluer le matériel selon les conditions météorologiques par des modifications de réglage, sans changer de voile ni de planche aux moindres sautes d'humeur d'Eole ! La planche devient alors un sport de masse et les triangles multicolores des voiles, l'un des éléments essentiels des paysages des plages, même en hiver (photo page précédente).

Deux manières de se jouer des vents et des vagues se pratiquent avec une planche. Les uns tirent des bords en jouant avec la vitesse du vent, les autres utilisent, ainsi que le faisaient les Hawaïens, la planche comme un surf, pour glisser sur la crête des vagues. De cette pratique est née une activité qui associe planche à voile et surf : le *fun board.*

Char à voile, char à cerf-volant et *speed-sail*

Ces trois modes de locomotion peuvent être utilisés en dehors des régions littorales, sur des zones planes couvertes de gravillon ou nappées d'une mince pellicule de sable ou encore sur des étendues couvertes de sel. L'absence d'obstacle, comme la végétation, est une condition fondamentale si bien que ces sports de glisse peuvent se pratiquer dans certains déserts, en particulier aux États-Unis. Toutefois, les plages sont les lieux les plus fréquentés par ces engins car elles présentent des conditions favorables : étendues horizontales et spacieuses, sable humide et dur, par exemple, entre deux marées hautes, vents soutenus et constants.

Le char à voile est la machine la plus répandue. Les premiers aéroplages étaient de simples châssis munis de quatre roues et d'une voile en coton. Les chars actuels font appel aux techniques les plus modernes. Ils ne comportent plus que trois roues, les coques sont en carbone ou en kevlar. En fonction de leurs caractéristiques, ils sont répartis en plusieurs classes. Jusqu'à la classe 3, ce sont des “Formules 1” du char à voile avec des voilures pouvant atteindre 11,3 m^2. La classe 4 est celle du char idéal pour les jeunes conducteurs, les amateurs et les apprentis.

Le char à cerf-volant est un véhicule tricycle tracté par un cerf-volant. Les roues sont équipées de pneus. Le châssis est en inox et mesure de 1,5 à 2 m de long. Le pilote est assis dans l'habitacle et il dirige le char avec les pieds posés sur les pédales de direction situées au niveau de la fourche avant. La vitesse maximale est de 70 km / h environ. Il peut circuler aussi dans des régions désertiques, mais il se rencontre surtout sur les plages. Des compétitions de chars à cerf-volant se sont déroulées à Granville en 2005.

Le *speed-sail* enfin est un gréement de planche à voile monté sur un engin qui, en fait, est un skateboard de 2 m de long doté de quatre roues pneumatiques.

En France, ces sports de glisse sont réunis dans la fédération française de char à voile fondée en 1967. Elle reçoit délégation pour organiser des compétitions nationales et internationales. Elle réglemente et oriente la pratique de ces sports. Elle publie un bulletin trois fois par an. Le dernier championnat du monde de chars à voile s'est tenu au Touquet-Paris-Plage du 23 au 29 septembre 2006.

Né des vagues du Pacifique : le *surf*

Il fait partie du mode de vie des peuples du Pacifique et en particulier des îles Hawaï où les grandes houles de l'océan viennent déferler avec fracas. Il peuple les légendes hawaïennes puisque le dieu Mawi descendit un jour une vague de 30 m en chevauchant un tronc d'arbre !

Le premier véritable témoignage sur le surf, dans les îles Sandwich, fut consigné sur le livre de bord du capitaine James Cook en 1778. Cook fut subjugué par, écrit-il : « Ces indigènes qui dévalaient des murs d'eau juchés sur de fragiles canoës ou de longues planches. » En France, le surf s'est implanté sur les rivages tumultueux de l'Atlantique. À Biarritz où il est soutenu par la municipalité et l'office de tourisme, la saison du surf commence par une compétition organisée en hommage à Arnaud de Rosnay, pionnier de ce sport, mais c'est en septembre, quand souffle le vent du Sud, que Biarritz mérite vraiment son surnom de « surf-city ». Depuis 1979, Lacanau Océan est la deuxième station, en France, qui attire les surfeurs de toute catégorie.

Une planche halée par un cerf-volant : le *kite surf*

Il est le dernier né des sports de glisse puisque ses premières manifestations se situent en 1980. Il associe une planche qui glisse sur les vagues, tractée par un cerf-volant qui ressemble à celui d'un parapente. C'est entre 1994 et 1996 que le *kite-board* se fait connaître du grand public et en 1997, la première école en France, ouvre à Carnon près de Montpellier.

Les littoraux les plus fréquentés sont Cape Town en Afrique du Sud, Rio de Janeiro au Brésil, Fuerteventura aux Canaries, – où l'alizé souffle régulièrement –, les îles du Cap-Vert, Hawaï évidemment, les Maldives, Baja au Mexique, la côte du golfe de Californie, les Antilles, et enfin le Golfe persique qui offre des conditions de vents forts et de courants thermiques dans le détroit d'Oman.

La France est un des berceaux de ce sport à cause des concepteurs de matériel et de quelques grands champions. Sur certaines plages, ce sport se pratique avec assiduité : Port-Camargue, Carnon, Palavas, Port-Leucate sur la côte du Languedoc-Roussillon, Biarritz ou Saint-Georges de Didonne. Actuellement, il semble concurrencer sérieusement la planche à voile.

Sur les littoraux, appropriation du vent par les sociétés des pays développés

Sur les littoraux, le vent a une action directe sur le milieu naturel. Il induit la dynamique des vagues qui façonnent falaises et plages. Le vent prend aussi en charge le sable pour édifier les dunes bordières. En revanche, certaines formes littorales, comme les pouliers, les musoirs et les tombolos ne dépendent pas de l'action immédiate du vent. Il apparaît comme l'un des facteurs associés à la dérive littorale qui est fonction du vent mais aussi de la configuration des fonds marins et de l'orientation de la côte par rapport aux vents dominants. Ces formes sont aussi édifiées grâce aux apports alluviaux des fleuves et à l'érosion marine. Le recul des plages n'a pas, comme seule cause, l'action du vent mais aussi les soulèvements isostasiques ou le tarissement des sources de matériaux meubles. D'autres modelés littoraux, comme les dunes et les plages fossiles, s'expliquent par l'évolution quaternaire du littoral gérée par des changements climatiques, l'isostasie et l'eustatisme, les vents n'étant qu'un des éléments de cette évolution paléogéographique et paléoclimatique.

Pour lutter contre l'érosion marine, les sociétés humaines ont édifié des protections. Les unes sont destinées à freiner ou à arrêter le vent comme les murs de protection de certaines aires de carénage ou des ports à sec. D'autres sont installées pour se protéger des vagues induites par le vent : ce sont les digues, les enrochements et les épis. L'alimentation artificielle des plages n'est qu'une conséquence de leur érosion par les vagues. Le vent n'est donc pas impliqué directement dans ce remodelage artificiel. En revanche, la construction, sur les dunes bordières, de ganivelles et de brise-vent est un moyen de lutter contre les effets directs de ce dernier.

Les régates, les promenades en voilier le long des littoraux, les sports nautiques de glisse dépendent de la force du vent. Ces manifestations nautiques induisent des activités qui se rattachent au tourisme, au commerce ou à l'industrie. Par exemple, sur les 35 hectares des anciens chantiers navals de La Ciotat, de nouvelles industries prennent leur essor. Elles bénéficient du quai de 500 m de long sur 100 m de large, en bordure d'un bassin à flot, des grues et des ponts roulants de 3 à 600 tonnes, des hangars, du savoir-faire de quelques anciens ouvriers des chantiers. Il s'agit d'entreprises de réparation et de construction de navires de haute plaisance. Le site peut accueillir des navires de 10 à 80 m de long et emploie actuellement 370 personnes.

Le 44e salon nautique de la porte de Versailles en 2004 avec 1 200 bateaux dont 300 nouveautés, voyait apparaître sur le marché un modèle, le Fugu, petit dériveur à coque en fibre de verre, construit en Chine par la société Erplast. Il confirme l'essor de la voile dans le monde. Ce salon a fait rêver les plaisanciers en présentant aussi le Pen-Duick II avec lequel Éric Tabarly avait remporté la Transat anglaise en 1964 et le Class America BMW, *Oracle Racing* qui représentera les États-Unis à l'America's Cup en 2007. Toujours au cœur du salon, les visiteurs peuvent flâner au village de la glisse, aux couleurs de la Polynésie et au café de la course au large.

Au salon de Dusseldorf, en janvier 2010, les deux maîtres mots sont la vitesse et la maniabilité pour des voiliers conçus aussi pour accomplir de la navigation hauturière en toute sécurité. C'est le cas du Dufour 405 qui a obtenu le premier prix, du Grand Soleil 46 ou du luxueux Halberg Rassy 372. Au 48e salon de 2008, la tendance est aux voiliers de croisière comme le Bordeaux 60, le plus grand voilier du salon. L'Alphéna One et l'Astus 22.1 destinés aux croisières côtières, le Sun Odyssey, petit croiseur familial, ou encore, l'Ovni 445 et le XC 45 sont des navires de plus en plus confortables, performants et robustes pour des croisières au long cours.

Peu à peu, et malgré les dangers du milieu océanique, les hommes s'approprient la mer pour le commerce, la compétition ou la plaisance sous toutes ses formes. Ils finissent, non sans quelques risques, par apprivoiser les vents.

Chapitre III

Les espaces continentaux

« Avec de l'Italie qui descendrait l'Escaut
Avec Frida la Blonde quand elle devient Margot
Quand les fils de novembre nous reviennent en mai
Quand la plaine est fumante et tremble sous juillet
Quand le vent est au rire, quand le vent est au blé
Quand le vent est au Sud, écoutez le chanter
Le plat pays qui est le mien »

Jacques Brel, *Le plat pays*

Sur les océans et sur les rivages, le vent joue un rôle primordial. Il est à l'origine des houles, des vagues, des courants transocéaniques et de certains courants littoraux. Sur les continents, la situation est différente car le vent rencontre des obstacles qui vont freiner son dynamisme, comme la végétation, ou canaliser son flux, comme le relief, ou encore accroître sa puissance avec l'altitude.

Les conditions climatiques sont plus variées sur les continents que sur les océans à cause du relief, des lacs et des cours d'eau, des forêts et des steppes. Dans les déserts tropicaux, polaires ou d'altitude, le développement de la végétation est entravé par l'aridité, le froid et la force du vent. Celui-ci est, dans ces régions extrêmes, l'un des éléments essentiels du climat. Cependant, même s'il souffle à la fois avec force et de manière constante, il présente une compétence faible, c'est-à-dire qu'il ne peut charrier que des matériaux fins, même lorsqu'il est tempétueux.

Sur les continents, le vent est surtout prédominant dans les régions arides et semi-arides dont le couvert végétal est inexistant, contracté ou clairsemé. Cependant, les déserts et les semi-déserts présentent une grande variété de conditions biogéographiques qui influent sur le régime et l'action des vents. Il est possible de classer les déserts grâce à leurs conditions thermiques et à la répartition saisonnière des précipitations. À l'exception du Sahara central et de son prolongement en Arabie, la plupart des déserts reçoivent entre 100 et 200 mm de précipitation (Kalahari,

Ci-contre : versant du Mont-Revard, site de parapente.

Australie, Asie centrale), permettant l'existence d'un couvert végétal clairsemé. Il existe des déserts tropicaux et subtropicaux, à très forte chaleur estivale (Sahara, Arabie) et sans hivers notables, des déserts froids, à fortes amplitudes thermiques et hivers froids (déserts de Patagonie et d'Asie centrale), des déserts côtiers, à faible amplitude thermique (Pérou, Sahara occidental) et des déserts d'altitude froids et neigeux (Tibet et Bolivie).

Un autre classement tient compte des causes de la sécheresse : déserts subtropicaux liés à la subsidence dynamique des anticyclones subtropicaux (Sahara, Kalahari), déserts d'abri, sous l'effet du fœhn (Patagonie, Asie centrale, bassins intramontagnards des Rocheuses, Iran), enfin déserts côtiers ou littoraux créés par la subsidence thermique des upwellings et des eaux froides de courants comme celui de Humbold, le long des côtes péruviennes, des Canaries sur le littoral du Sahara occidental et de Benguéla sur les côtes de Namibie.

Sur les étendues lacustres et leurs rivages, le vent engendre quelques phénomènes qui se rapprochent de ceux observés sur les littoraux, mais dont l'originalité provient de la superficie restreinte des lacs, par rapport à celle des mers et de l'alimentation des étendues lacustres par des cours d'eau plus ou moins importants et dont le régime influe sur celui des lacs.

▸▸ L'action du vent sur les étendues lacustres

Sur un lac, même de grande superficie, les vagues sont courtes, cambrées, très gênantes pour la navigation. Sur les grands lacs américains, les tempêtes sont redoutables, même pour des navires de fort tonnage. Ces vagues, en battant le rivage, érodent les berges, façonnent des falaises de faible dénivelée, remodèlent les plages avec les mêmes processus que ceux de l'érosion littorale maritime.

Les seiches, (évoquées pour leurs manifestations dans les baies et les ports), sont aussi très fréquentes sur les lacs, mais, au lieu que la houle et les vagues soient leurs causes principales, il semble, au contraire que la pression atmosphérique et la force du vent représentent les facteurs les plus déterminants.

Les courants sont animés par le vent et par l'arrivée de tributaires dans les lacs. Cependant, comme un lac est de superficie limitée, l'eau, entraînée par le vent, se heurte rapidement aux rivages et des courants de retour apparaissent alors. À ces courants qui ricochent sur les berges, s'ajoutent ceux qui sont créés par les tributaires. Si l'eau de ces derniers est moins dense que celle du lac, elle va flotter en surface et son mélange avec les eaux lacustres sera progressif, sous l'influence des vents et des courants. En revanche, si elle est plus dense car plus froide, plus turbide ou plus salée, elle va s'enfoncer sous les eaux de surface du lac, comme les eaux froides du Rhône dans le lac Léman. La combinaison des courants dûs aux vents avec les courants de retour et ceux engendrés par les tributaires, favorise la formation de tourbillons de surface complexes, surtout dans les lacs de grande superficie. Le cheminement de ces tourbillons est souvent dépendant de la forme du lac et de la direction des vents. Sur les grands lacs américains, les tourbillons s'alignent sur la composante ouest-est des vents dominants.

▸▸ Le transport des matériaux fins par le vent

Le vent est un agent d'érosion azonal, mais il agit avec prédilection dans les déserts à cause des conditions climatiques et de l'absence de végétation. Dans les espaces désertiques, le vent souffle souvent moins fort que sur les crêtes montagneuses, les océans et les littoraux, mais il souffle journellement et, au Sahara par exemple, rares sont les jours calmes. Généralement, il se lève vers 10 h du matin, se renforce jusqu'en début d'après-midi et tombe à l'heure vespérale. Par exemple, à Tamanrasset, la brise souffle mollement au cours de la nuit (8 km / h), se lève au petit jour, atteint son maximum à partir de 10 h (22 km / h) et se maintient entre 15 et 22 km / h jusqu'à 17 h où elle retombe avec le coucher du soleil (Demangeot et Bernus, 2001). Les vents forts sont rares. Ils se déclenchent lorsque le temps est perturbé. Au Nord du Sahara, la violence des vents est maximale quand des dépressions de front polaire viennent buter contre les chaînes atlasiques du Maroc, lorsqu'elles frappent, par vent de Nord-Ouest, les versants nord de l'Atlas Tellien et enfin dans la situation où elles empruntent une voie méridionale entre le Souss au Nord et le cap Juby au Sud et qu'elles débordent sur le flanc sud de l'Anti-Atlas. Au Sud du Sahara, les plus violentes tempêtes se produisent en mars, avril, ou mai. Au moment où la zone de convergence intertropicale remonte vers le Nord, l'harmattan se met à souffler avec force ainsi qu'en octobre, lorsqu'elle regagne des latitudes plus méridionales. En revanche, les vents faibles mais journaliers sont le fait, toujours au Sahara, des alizés du Nord-Est.

Le vent ne se comporte pas de la même manière à différentes hauteurs au-dessus du sol. Au ras du sol, les filets d'air sont divisés ou freinés par les touffes de végétation ou les aspérités minérales et les cailloux. Ils peuvent aussi être perturbés, dans leur cheminement, par des convections thermiques sur un sol surchauffé ou par le frottement des grains de sable entre eux, ce qui accentue les différences thermiques et crée des effets électrostatiques mal connus, faute d'expériences précises. À quelques mètres de hauteur, le même vent est freiné par les arbustes ou les arbres, plus particulièrement dans les lits limoneux des oueds où se concentre la végétation désertique. Les tornades sèches accroissent encore la turbulence du vent. Celui-ci peut être aussi dévié et canalisé par les accidents du relief. Une butte entraîne la divergence des flux éoliens, une vallée les concentre. Sur un plateau, le vent balaie les surfaces rugueuses des dalles structurales. En bordure du même plateau, dominant une plaine, son souffle se disperse avant de reprendre sa course dans la plaine. La trajectoire du vent est matérialisée par les matériaux fins qu'il transporte : sables et poussières. Les sables s'accumulent en avant des obstacles, à l'abri de ses derniers, au pied des escarpements sous le vent, dans les plaines et le long des couloirs où il prend de la vitesse. Ainsi, dans les régions désertiques, accidentées de nombreux reliefs, les courants éoliens et les vicissitudes de leur écoulement sont jalonnés de dépôts sableux.

Le Sahara constitue une seule et vaste unité fonctionnelle. Le cheminement des sables, causé par l'alizé, se divise en plusieurs courants selon la configuration des obstacles topographiques. Il existe donc des zones de déflation et de transport du sable et des régions où il se sédimente sous forme d'ergs. Ces immenses accumulations sableuses sont disposées le long des courants de transport. Le sable qui les constitue est soit fossile, soit en transit permanent, poussé immuablement par les alizés vers l'océan Atlantique.

Avec l'aide des images satellitales, les trajectoires des principaux courants éoliens peuvent être définies. Le vent prend en charge les sables dans l'Est du Sahara : désert égyptien et libyen. Le Tibesti est le premier obstacle qui divise les courants éoliens. Les uns passent au Nord et sont jalonnés par les Edeyens de Mourzouk et d'Oubari puis par les grands ergs oriental et occidental. Les autres, à travers l'Ennedi, regagnent le piémont sud du Tibesti et les ergs de Bilma et du Ténéré où ils sont rejoints par ceux qui empruntent le couloir de Djado pour rejoindre l'erg du Ténéré. Le Hoggar est le second obstacle. L'alizé, divisé au Nord et au Sud, amorce un mouvement circulaire autour du massif. Le courant méridional se glisse entre le Hoggar et l'Adrar des Iforas et, dévié par ce dernier, prend une option plus méridionale par la région d'Agadès (Sud du Tagama et Tahoua). Au-delà, vers l'Ouest, les courants éoliens ont tendance à se regrouper : au Nord, ils contournent le Tademaït et sont jalonnés par le Grand erg occidental, le Nord de l'erg Chech, l'erg Iguidi. Au Sud, par les basses plaines du Tidikelt, ils alimentent, après déflation sur le Tanezrouft, l'immense erg Chech. Au Sud des massifs centraux sahariens s'égrènent tout un chapelet d'ergs sahéliens, en grande partie fossilisés, au moins dans leur région méridionale : Azaouad et Irigui puis Mreyye, et Aouker, domaine de la Majâbât El Koubra (Th. Monod, 1958 et 1996). Ces courants se rassemblent ensuite au cœur des reliefs de l'Adrar de Mauritanie pour donner naissance à des accumulations sableuses de taille plus réduite et morcelées par la topographie tourmentée de ces régions : Adafer el Abiod au Nord du Tagant, Ouarane à l'Est de Chinguetti, Hamami, à l'Est et au Sud des mines de Zouerat et, en bordure du littoral, l'Azefal et le Trarza (figure 28). Ensuite, une partie de ce sable est poussé dans l'Atlantique par l'alizé où il se sédimente.

Transport du sable par le vent

Le vent est un fluide doué d'une énergie cinétique qui augmente avec sa vitesse mais tient compte, comme nous venons de le faire remarquer, des obstacles et du frottement à la surface du sol.

Le vent, suivant sa vitesse, la taille des matériaux et la rugosité de la surface du sol, transporte les grains de sable par roulage, saltation et suspension (figure 29). Les grains transportés par roulage, ou glissement, sont pris en charge par les filets d'air au ras du sol. Par exemple, sur un substratum argileux, les particules sont poussées par les filets d'air et projetées par ceux-ci, au moment des rafales. Les plus gros matériaux, de la taille d'une lentille ou même d'un pois chiche, édifient, entre les filets d'air, des rides de 10 à 20 cm de hauteur, séparées par des couloirs de 50 cm à 1 m de large. Les grains de sable soumis à l'action de roulage sont ronds et mats (figure 30). Une intensification de la force du vent se traduit par une augmentation de la longueur d'onde et de la hauteur des rides de sable. Le nombre de grains de sable transportés devient plus considérable et les rides ne sont constituées que de grains incompatibles avec la compétence du vent.

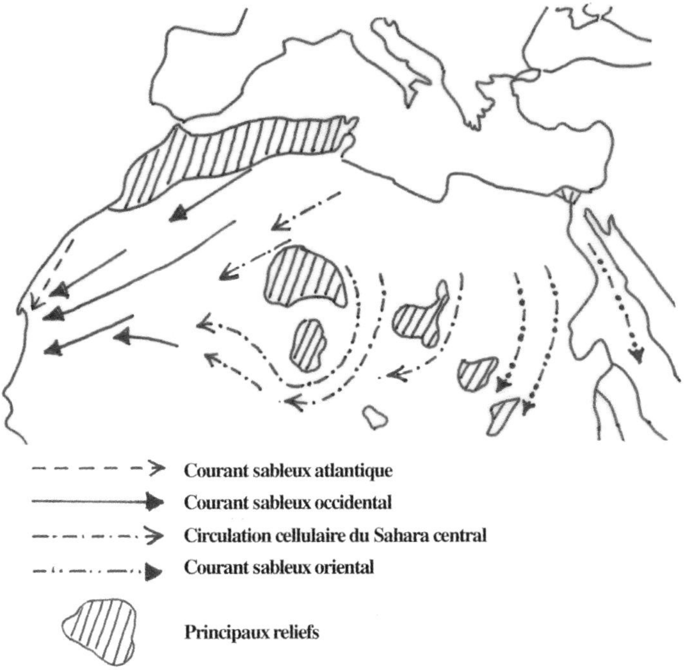

Figure 28. Trajectoires de transport du sable au Sahara (d'après Mainguet *et al.*, 1980).

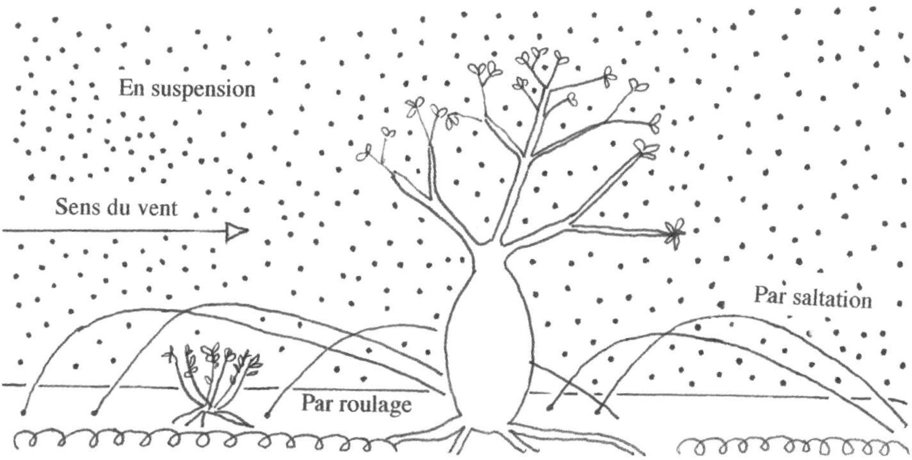

La végétation n'est là que pour donner une échelle approximative.

Figure 29. Modes de transport des particules par le vent.

La saltation provoque des bonds, des grains de sable, de quelques décimètres à plusieurs mètres suivant leur taille et la vitesse du vent. Les grains s'élèvent presque à la verticale et, à l'extrémité aval de leur trajectoire, ils possèdent encore une vitesse

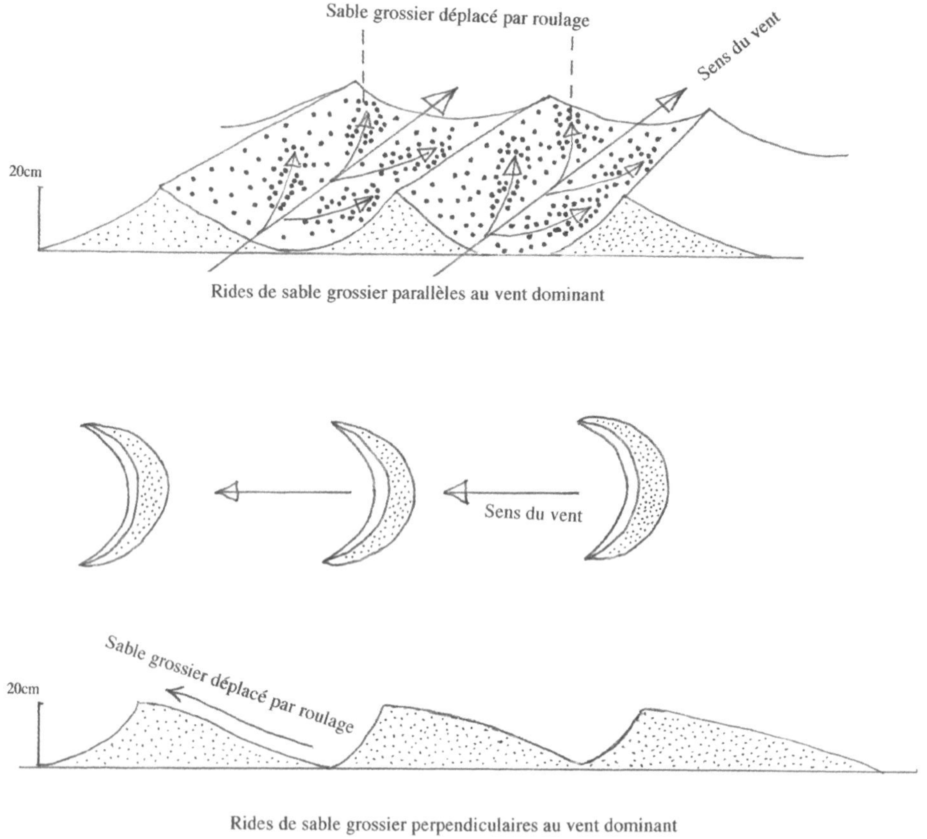

Figure 30. Types de rides de sable grossier édifiées par roulage.

suffisante pour frapper les grains au sol et les mettre, eux aussi, en mouvement. Une réaction en chaîne se déclenche avec toujours plus de grains de sable soulevés, mais réciproquement, le vent perd peu à peu de l'énergie à soulever des grains de sable et un équilibre se réalise. Lorsqu'il est atteint, le vent dépose autant de sable qu'il n'en met en mouvement (Michaut, 2003). Au moment des rafales, la vitesse s'amplifie et favorise la reprise en charge des sables entraînant la rupture de l'équilibre. Sur un soubassement rugueux, la hauteur moyenne du nuage de saltation se situe vers 60 cm au-dessus du sol, mais quelques grains isolés s'observent jusqu'à deux mètres du sol. Sur un soubassement sableux, la saltation ne dépasse pas quelques centimètres. Sur des surfaces argilo-sableuses, le rebond se situe entre 20 et 30 cm en moyenne. Ces hauteurs variées sont ressenties par les jambes du voyageur pris dans un « vent de sable ». L'émoussé des grains soumis à la saltation est irrégulier à cause des chocs qu'ils subissent entre eux et en retombant.

Les sables et les poussières les plus fins sont transportés en suspension et peuvent parcourir des distances de plusieurs kilomètres avant de retomber. Les plus fines poussières peuvent s'élever dans l'atmosphère et former un voile brumeux jaunâtre, masquant souvent le soleil. C'est la brume sèche, fréquente dans les régions sahéliennes. Enfin, ces particules les plus fines peuvent être happées par les courants-jets et parcourir plusieurs milliers de kilomètres avant de retomber, mêlées à la pluie.

Chasse-sable, vent de sable et de poussière

L'étude des images satellitales, des photographies aériennes et du terrain, a montré que le vent est le premier agent de transport des particules de taille inférieure à 400 μm. Son action, contrairement à celle de l'eau, peut agir, en même temps, sur d'immenses surfaces continentales. C'est ainsi, par exemple, que le Sahara et ses marges sahéliennes se comportent vis-à-vis du vent comme une seule unité fonctionnelle sur laquelle le vent agit par déflation, corrasion, transport et dépôt.

La vitesse nécessaire à la mise en déplacement du sable dépend de la rugosité du sol. Lorsque les filets d'air agissent sur des sables, au ras du sol, il se forme des traînées de sable. Les grains projetés se heurtent et provoquent le déplacement, en relais, de nouveaux grains dans le lit du vent : ce sont les chasse-sable. Ce phénomène se produit avec des vents compris entre 15 et 20 km / h sur une dune, autour de 32 km / h sur une surface sableuse plane, 32 à 40 km / h sur une surface plane couverte de gravillons et 50 à 60 km / h sur les matériaux grossiers et hétéroclites d'un cône de déjection.

Si la vitesse du vent augmente, les particules s'élèvent et le chasse-sable se transforme en vent de sable. Il est admis qu'un vent de sable est celui qui transporte des grains compris entre 0,15 et 0,30 mm de diamètre, au-dessus d'une surface de plusieurs dizaines de kilomètres carrés. Tout vent qui transporte des particules inférieures à ces diamètres est un vent de poussière. Toutefois, dans un vent de sable se mêlent aussi des poussières plus légères. Pour ma part, dans l'erg de Tarbalt, sur le piémont sud de l'Anti-Atlas, j'ai observé des particules de 1 mm de diamètre se déplaçant par saltation à 2 ou 3 m du sol, tandis que des matériaux plus fins étaient charriés en suspension, par vent soufflant à environ 90 km / h et plus violemment lors des rafales.

Par type de temps perturbés comme, par exemple, au moment de la remontée de la ZCIT au Sud du Sahara ou, au passage d'une perturbation, en hiver, sur les chaînes atlasiques, le vent se lève graduellement. Il provoque d'abord des chasse-sable puis, sa vitesse augmentant, le vent de sable s'installe. Celui-ci peut-être autochtone, mais il peut aussi se propager sur de grandes distances, à travers le Tanezrouft par exemple, entre Reggane et Bidon V. Dans cette situation, un mur de sable et de poussière, de couleur brune, avance et la tempête de sable se déchaîne dès son passage.

La mise en évidence de la déflation, sur de vastes étendues, a été réalisée grâce à l'étude de minéraux argileux contenus dans les poussières sahariennes (Paquet, *et al.*, 1984). L'étude de la répartition des argiles permet de distinguer quatre ensembles régionaux.

Illite et chlorite associées à la calcite dominent entre la côte méditerranéenne et le Sud des Atlas, la palygorskite, le quartz et la calcite sur les plateaux du Sahara septentrional, la kaolinite, l'illite et la chlorite avec un peu de gypse, sur le revers

Chasse-sable sur la plage de Fos-sur-Mer.

des Tassili et enfin les smectites sur le Sud du Hoggar. Ces cortèges minéralogiques reflètent, dans chacune de ces régions, la composition géologique des roches du substratum ou des formations quaternaires les plus sensibles à l'érosion éolienne.

Ces poussières peuvent être expulsées du Sahara et récoltées dans d'autres régions de la planète. Au Nord-Ouest de l'Afrique, par exemple, des prélèvements effectués sur des navires au large du Maroc montrent une dominance de l'illite et de la chlorite qui reflète le prélèvement sur la région continentale voisine.

Vers le Sud, le Nigeria (à Kano) et le Tchad (à N'Djaména), fournissent des données. La kaolinite apparaît et correspond à l'ablation probable des sols latéritiques. En revanche, les smectites des vertisols des lacs et des marigots ne semblent pas être présentes. Il faut en chercher la raison dans la cohésion de ces argiles, dans des fonds lacustres recouverts d'une pellicule d'eau, une partie de l'année. Vers l'Ouest, en Mauritanie, l'illite est présente suivie de la kaolinite et des semectites. Cependant, les fortes expulsions de poussière au Sénégal et en Mauritanie sont surtout riches en illite. Sur l'île de Sal (archipel du Cap-Vert), le cortège est très homogène avec l'illite dominante suivie de la kaolinite, chlorite et smectites. Plus au large, dans l'Atlantique, l'illite reste prépondérante dans les particules les plus fines tandis que le quartz domine dans les particules grossières.

Les minéraux lourds contenus dans les sables et qui proviennent de l'érosion des socles primaires permettent aussi de distinguer les sables allochtones et autochtones. En effet, lorsque le cortège des minéraux lourds ne contient pas, ou en quantité faible, les minéraux du substratum sur lequel reposent les sables, mais qu'il comporte, au contraire, des pourcentages de minéraux semblables et étrangers au substratum local, sur de très grandes superficies dunaires, cette situation témoigne de l'allochtonie des sables. Par exemple, entre Termit et l'Ader Doutchi au Sud-Est et au Sud de l'Aïr, le cortège des minéraux lourds est, pour l'ensemble des échantillons, peu varié avec, par ordre décroissant de fréquence : zircon, tourmaline, staurotite, rutile. La constance des espèces minérales, décevante à première vue, constitue cependant un résultat significatif de l'allochtonie dominante du matériel et de l'absence de l'influence des affleurements locaux. Dans le cas contraire, le vent a pris sur place les matériaux qu'il transporte et les analyses montrent la présence des minéraux lourds des roches sous-jacentes.

Les nuages de poussières sahariennes (lithométéores) sur le désert et ses marges ont été identifiés grâce aux données satellitales de Météosat, NOAA et GOES-EST (Géostationnary Orbital Experimental Satellite). Plusieurs situations météorologiques sont favorables au développement de ces nuages. En effet, la naissance des lithométéores implique la mise en suspension des poussières qui s'effectue dans des conditions thermoconvectives favorables. Quatre situations sont prépondérantes :
– hausse du champ de pression sur le Maghreb et la Méditerranée occidentale, déclenchant un flux d'Est et de Sud-Est d'origine saharienne ;
– ascendances localisées au passage de fronts froids isolés très actifs, se déplaçant rapidement en soulevant des poussières sous forme de murs de sable. Cette situation est localisée, principalement sur la partie septentrionale du Sahara où les invasions d'air polaire sont fréquentes en hiver ;
– instabilité liée au passage de dépressions cycloniques fréquentes, en hiver, sur le Nord du Sahara ;

– mécanismes estivaux associés à la remontée de la zone de convergence intertropicale sur le Sud du Sahara.

Le transport des poussières sahariennes a été mis aussi en évidence les 2 et 3 août 1980 au Pic du Midi de Bigorre (Bücher, Dubief, Lucas, 1983). Par vent de Sud-Ouest et Sud, le 2 août, des pluies de boue et des poussières ont été prélevées. L'étude des images satellitales montre un jet de poussière au sol, puis en altitude, en provenance du Sahara et traversant le Maroc. Ce phénomène est lié à l'existence d'un talweg de basses pressions du Sud de l'Islande aux abords de l'île de Madère, relayant les basses pressions thermiques stagnant sur le Sahara à cette période de l'année. Dès le 31 juillet, les vents chauds prennent en charge des poussières sur le Sahara puis ils s'élèvent en altitude : à 3200 m, ils soufflent à 75 km / h, entraînant les poussières sur l'Europe occidentale. L'analyse de la composition minéralogique de ces poussières révèle qu'elles contiennent 45 % de quartz, de la calcite, du gypse, des feldspaths et des minéraux lourds tandis que le cortège des argiles est dominé par les smectites. Il semble que ces poussières proviennent, pour l'essentiel, des étendues limoneuses des dépôts de crues des oueds endoréiques sahariens.

Ainsi, les particules argileuses et les minéraux représentent les régions traversées par le vent et les formations sur lesquelles il prélève ces poussières. Cependant, plus le trajet est long, plus les minéraux ubiquistes, communs à toutes les régions, tendent à l'emporter en pourcentage. C'est le cas de l'illite, minéral argileux, statistiquement le plus répandu dans les roches du substratum, les altérations pédologiques et les dépôts quaternaires. Toutefois, certaines argiles sont des traceurs, comme les palygorskites issues des sebkhras sahariennes et recueillies en Grande-Bretagne et la kaolinite des sols tropicaux récoltée en plein Atlantique.

▸▸ L'érosion éolienne

L'érosion éolienne est originale car son outil, le sable, est de très petite taille, si bien que les chocs entre ces débris et les obstacles qu'ils peuvent rencontrer devraient avoir une incidence faible à l'échelle macroscopique et pourtant, sur des plateaux rocheux, des escarpements, ils suffisent à détacher des fragments très nombreux, de quelques microns qui sont, à leur tour, les jouets du vent. Cette abrasion s'explique par plusieurs raisons. D'abord, la vitesse des sables et leurs impacts compensent certainement leur masse. Ensuite, la durée des frottements et la multiplication des chocs, pendant les périodes venteuses, pallient la faiblesse de la charge du vent. Ainsi, ce dernier soulève et trie les matériaux, c'est la déflation, il les projette contre les obstacles, c'est la corrasion et enfin lorsque sa vitesse diminue, il dépose sa charge sous forme d'accumulations dunaires.

Déflation et corrasion

Le vent balaie d'abord la surface du sol et prend en charge des matériaux fins sur différents types de substrats régionaux : sur les surfaces structurales gréseuses des plateaux comme le Tademaït ou le Tanezrouft dans les accumulations d'arène au pied des reliefs granitiques ou dans les plaines creusées dans ces substrats cristallins ; dans le lit des oueds ; dans les plaines alluviales endoréiques comme les sebkhras Mekerrhane ou Azel Matti au cœur du Sahara occidental, le piémont nord de l'Hadramaout, ou le Nefoud dans la péninsule arabique, la vallée du Tarim dans le Takla-Makan, le Salar del Hueco sur l'Altiplano à 3800 m d'altitude à la frontière chilo-bolivienne, dans le Simpson désert australien.

La prise en charge des matériaux donne naissance à plusieurs modelés de déflation. Le plus commun et le plus étendu, dans tous les déserts du monde, est le reg. Le vent, en balayant les particules fines, ne laisse sur place que les matériaux grossiers, incompatibles avec sa compétence. Les regs présentent les paysages les plus monotones et infinis des régions arides surtout lorsqu'ils s'étendent, comme dans le Tanezrouft, jusqu'à l'horizon. Ils occupent, dans les déserts, des superficies nettement plus considérables que les zones ensablées.

Il existe plusieurs types de regs qui dépendent de l'origine et de la taille des matériaux que le vent a laissés sur place. Il est possible d'en distinguer deux grandes catégories : les regs façonnés sur un substrat géologique affleurant et ceux développés sur des formations alluviales.

Les regs sur substrats géologiques

Ils dérivent d'une surface rocheuse couverte d'un régolite ou d'une couverture de matériaux hétérométriques résultant de la dislocation, sur place, du substrat rocheux par divers agents d'érosion. Cette surface, souvent substructurale, est par exemple celle des hamadas. Ce sont les formations géologiques gréseuses qui fournissent les regs les plus caractéristiques.

Le ruissellement, l'altération chimique et la thermoclastie délitent les grès, en isolant les grains de sable qui sont ensuite transportés par le vent. Ces regs sont constitués de plaques de grès de toutes tailles, souvent dissociées les unes des autres, formant un pavage à patine sombre et sculpté de sillons creusés par le vent. Ce type de reg se rencontre sur la hamada du Knachich, au Sud de la cuvette de Taoudenni ou sur les revers des cuestas de l'Adrar de Mauritanie. De nombreuses surfaces hamadiennes doivent leur aspect au mode de fractionnement de la roche sous-jacente. Dans le Sahara libyen, par exemple, les lits de calcaire compact produisent des gradins formés de dalles désolidarisées du substratum tandis que les calcaires plus tendres forment des surfaces lisses couvertes de petits fragments du substratum, parsemés de silex. Ce type de modelé se retrouve aussi sur la hamada de Meski dans le Sud-Est marocain. La dissolution des calcaires, sous forme de stylotites, donne des fragments en bâtonnets qui parsèment le reg.

Dans les régions sahariennes où s'étalent les dépôts du Continental intercalaire, le reg est souvent constitué par des galets de quartz, des graviers et des sables grossiers de couleur brune ou jaunâtre qui recouvrent, comme dans le Tanezrouft, des milliers de kilomètres carrés. Ce type de reg à petits galets s'observe aussi, au pied des Kem-Kem, dans le Sud-Est marocain.

Sur des formations volcaniques démantelées par l'érosion, le reg se présente sous la forme d'un pavage de blocs de basalte parfois guillochés comme près de Djibouti ou autour de l'inselberg du Taderaze entouré de coulées basaltiques (Hoggar). Sur la hamada basaltique noire du Fezzan, le reg est constitué de boules arrondies sur place par altération. Le même modelé s'observe aussi sur le front des dolérites cambriennes du Hank, reposant sur le Précambrien de la dorsale Reguibat.

Sur granite, le vent dégage des boules, encore en partie colmatées par l'arène granitique. Sur le reg apparaissent alors, outre les fragments de granite altéré, des esquilles de desquamation, des gravillons anguleux de quartz provenant des filons. Sur des roches microgrenues, les arènes du reg sont recouvertes entre 40 et 70 % environ de ballast dont la grosseur des morceaux dépend du maillage le plus fréquent des diaclases. Ces types de regs s'observent, par exemple, sur les piémonts des inselbergs de l'Adrar des Iforas, dans les hautes plaines de l'Anti-Atlas, ou sur certains pédiments du Hoggar, comme celui d'Efeni, au pied du massif de l'Abarga (Rognon, 1967).

Sur les micaschistes et les schistes, le reg est formé d'esquilles anguleuses ressemblant à des stylotites associées aussi aux quartz des filons.

Les regs sur les formations colluviales et alluviales

Ils s'étendent sur les bas de versant, aux pieds des escarpements, sur les vastes épandages de piémont, les cônes de déjection et les terrasses, le long des réseaux hydrographiques intermittents (oueds) ou fossiles. Ces formations, d'âge quaternaire, sont dominées par des chaînes montagneuses qui fournissent les matériaux. On peut citer, à titre d'exemple : les piémonts de l'Anti-Atlas, du Hoggar, du Tibesti, de l'Elburz méridional, des chaînes parallèles des monts Zagros, le Kunlun et l'Aerjin-Shan-Mai dominant les vastes étendues sableuses du Taklamakan, ou encore les chaînons enserrant la haute plaine de Chihuahua, dans le nord du Mexique.

L'aspect du reg varie suivant la taille des galets. En amont, les matériaux colluviaux anguleux, tombés des escarpements, constituent un pavage irrégulier qui, peu à peu, en aval, évolue vers une couverture de galets de mieux en mieux roulés. Sur les cônes de déjection, au débouché de la montagne, les matériaux sont grossiers, souvent mal roulés car proches de leur origine. En revanche, vers l'aval leur émoussé augmente et leur taille s'harmonise. Sur les vastes épandages de piémont dont les lanières mesurent plusieurs dizaines de kilomètres et sur les terrasses, le reg de galets est constitué de matériaux presque homométriques. Sur les regs alluviaux d'âge récent (Pléistocène récent et Holocène), les matériaux fins interstitiels sont encore largement présents car l'action du vent est inachevée. En revanche, sur les niveaux quaternaires plus anciens, le pavage de galets est jointif, les matériaux sont souvent cimentés entre eux par un encroûtement calcaire et le vent n'a plus beaucoup de dépôts fins à mobiliser.

Transport des sables et corrasion

Les chasse-sable par vent faible et le transport des matériaux plus grossiers, par roulage et saltation, par vent plus violent, corrodent d'abord les éléments constitutifs des regs. Le mitraillage prolongé des grains de quartz use la surface des cailloux en roche compacte comme les grès ou les quartzites et les façonne en pyramides ou dièdres allongés, à trois facettes, toutes polies et lisses, ce sont les dreikenters. Le polissage de ces matériaux des regs est le plus efficace lorsque l'angle de mitraillage est compris entre 30 et 60°.

Ce mitraillage a d'autres conséquences. Il participe au creusement des taffonis et des alvéoles.

La formation des taffonis, résultant d'un processus de fragmentation comme le gel ou d'altération chimique, fragilise la roche dans des zones préférentielles, sensibles à ces processus. Lorsque la roche est réduite en fragments compatibles avec la force du vent, celui-ci peut les prendre en charge. Il contribue ainsi, avec d'autres agents d'érosion, au creusement de ces cavités dont le volume atteint plusieurs mètres cubes. En France, l'un des plus spectaculaires ensembles de taffonis est celui des grottes de Calas au-dessus du village de Lamanon dans les Bouches-du-Rhône. Dans la chaîne du Monte-Cinto, en Corse, les parois granitiques exposées aux vents d'Ouest sont creusées, elles aussi, de taffonis de toute taille. Le façonnement des alvéoles fait appel aux mêmes mécanismes, mais ils affectent des affleurements de tailles plus réduites comme des bancs de molasse ou de grès de quelques dizaines de centimètres d'épaisseur ou même les pierres de construction de cerains monuments comme les remparts d'Avignon.

Outre les taffonis, l'une des formes les plus originales est la roche champignon. La corrasion se manifeste surtout dans les premiers mètres au-dessus du sol. L'abrasion des matériaux est toujours facilitée par l'ameublissement de la roche par altération chimique. La base d'un piton rocheux est donc plus facilement corrodée que sa partie supérieure à cause du mitraillage fréquent et de l'humidité plus constante qui favorise l'altération chimique. Cette base se réduit peu à peu sous l'effet de la corrasion tandis que la partie sommitale conserve un volume plus important. L'ensemble finit par ressembler à un énorme champignon (figure 31).

Si la corrasion marque efficacement les roches résistantes comme les jets de sable sur un monument dont on ravale la façade, elle est plus manifeste encore sur les roches tendres où l'ampleur de l'ablation dépend de la cohésion des sédiments. Les

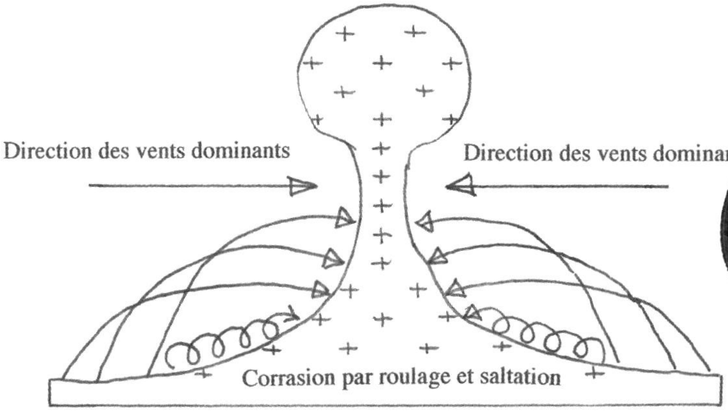

Figure 31. Formation d'une roche champignon.

argiles, par exemple, à l'état humide, n'ont aucune prise au vent. À l'état sec, elles se comportent comme des roches cohérentes. Les grains de quartz transportés par le vent sur une plaine, en région aride, sculptent la surface argileuse en y inscrivant des sillons et en modelant des *yardang*. Ce terme turkmène désigne des buttes effilées, allongées dans le sens du vent dominant, façonnées dans des sables limoneux, des limons, des argiles ou des marnes. Elles mesurent généralement quelques mètres de hauteur, 8 à 10 au maximum et autant en largeur. En revanche, leur longueur est plus variable. Dans le désert égyptien, à l'Ouest du Nil, des yardangs de 45 m de long ont été observés (Nofal, 2002). Les yardangs présentent un profil aérodynamique, avec un front bombé face au vent, précédé d'une dépression à sa base et un dos qui s'effile et s'incline dans le sens du vent (figure 32).

Les yardangs s'observent dans les limons alluviaux de la haute vallée de la Daoura (Sud-Est marocain), dans les argiles carbonatées des dépôts lacustres de Haijad (Cuvette de Taoudenni, photo page suivante). Ils sont très nombreux dans le désert égyptien, en particulier dans les playas de Bahariya, Dakhla et Kharga au Nord-

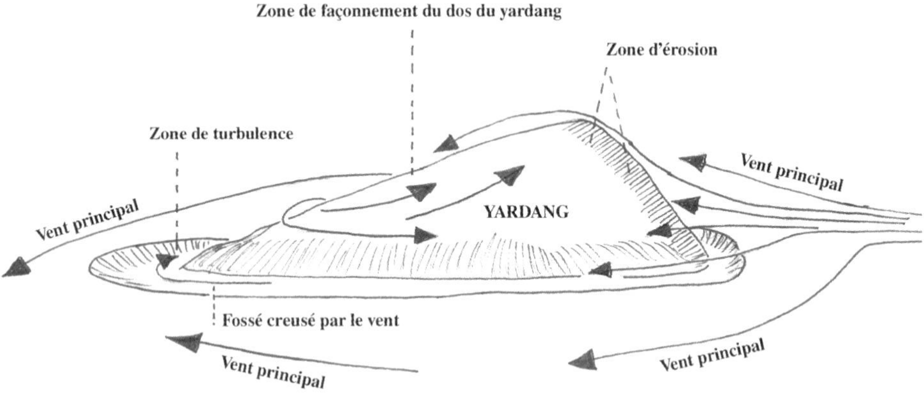

Figure 32. Schéma d'un yardang modelé par le vent.

Yardangs dans les argiles carbonatées, paléolac d'Haijad, cuvette de Taoudenni (Sahara malien). On distingue la tête des yardangs et leur alignement.

Ouest du lac Nasser (Western desert entre 26° et 24° de latitude nord). Ils sont fréquents au Tibet et dans le Taklamakan où ils ont été décrits pour la première fois ainsi que dans le désert de Lut, en Iran. Façonnés dans les roches meubles, ils sont promptement remodelés par le ruissellement. Ils ne sont donc bien développés que sous climats désertiques où les pluies sont rares et où les vents sont violents et surtout permanents. Les faciès géologiques constituant le matériel des yardangs offrent des résistances différentielles à l'action éolienne. Par exemple, les limons riches en sable sont plus facilement érodés que des argiles compactes ou riches en cristaux de calcite. Les yardangs peuvent alors présenter des strates successives et des cannelures mises en évidence par la corrasion.

Les vents dominants modèlent les yardangs : par exemple le vent du Nord dans les déserts égyptiens. Parfois leur forme, non plus effilée mais semi-circulaire, prouve qu'ils sont modelés par des vents de directions variées. Leur forme aérodynamique résulte de l'abrasion des roches meubles par l'écoulement du vent. Celui-ci vient buter contre les aspérités de la topographie locale et creuse une dépression au pied de celles-ci, la bosse ainsi créée s'appelle la tête du yardang. Les filets d'air déviés par les accidents du terrain se coulent dans les sillons, de part et d'autre du yardang en formation. Ces filets d'air se rejoignent ensuite pour édifier le revers et la traîne.

La principale difficulté est d'expliquer comment débute le creusement des sillons entre les yardangs. Il semble que le ruissellement soit mis en cause. Seuls les chenaux de ruissellement drainant la plaine argileuse et orientés dans le sens des vents dominants, sont empruntés par l'écoulement éolien. Une sélection s'opère ainsi puisque toutes les autres orientations sont délaissées. Progressivement, le vent surcreuse ces sillons et donne naissance aux yardangs qui s'érigent, peu à peu, entre ces couloirs.

Parfois, ces buttes profilées prennent de plus grandes dimensions et mesurent plusieurs dizaines de mètres de long et jusqu'à 60 m de hauteur. Elles s'allongent, de manière plus ou moins continue, sur plusieurs kilomètres. Tel est le cas des kaluts de désert de Lut au Sud-Est de l'Iran, évidés dans des argiles et limons riches en gypse. Dresch (1982) n'explique pas les kaluts du désert de Lut uniquement par l'action du vent. Ils résultent d'une part, du parallélisme des directions éoliennes et des accidents tectoniques de cette région, d'autre part, de l'action des torrents dont les crues, venues des hautes montagnes voisines, envahissent les couloirs et provoquent des ravinements associés à une karstification des argiles salifères. Des alignements comparables s'observent aussi au pied du Tibesti, en particulier au Borkou. Ils sont façonnés dans des grès. Comme les kaluts, ils se suivent sur plusieurs dizaines de kilomètres. Ils s'expliquent par la coïncidence entre l'orientation de certaines cassures des grès et l'alizé continental. Les corridors entre ces kaluts sont larges d'environ un kilomètre et longs de plusieurs kilomètres. Le fond de ces couloirs est rocheux, parfois surcreusé par des dépressions occupées par des paléolacs d'âge holocène et des placages sableux. Le vent peut aussi modeler des buttes isolées, constituées d'une roche tendre protégée par des roches plus résistantes. C'est le cas des grès friable du Néogène de la baie du Lévrier surmonté par la dalle grèseuse plus dure du Plio-quaternaire (Moghrébien, photo page suivante).

Le sable ainsi arraché aux formes de déflation parcourt de très longues distances. Les jalons les plus visibles de ce transport sont les amas dunaires de types très

Forme de déflation dans les grès néogènes de la baie du Lévrier (Mauritanie).

variés. Cependant, le sable se dépose parfois dans de vastes zones, sans modelés précis. Certains regs sont ensablés par une couche de quelques centimètres. Le vent surcreuse également le sustratum géologique grâce aux mécanismes de l'érosion hydroéolienne.

Les dépressions hydroéoliennes

Dans les déserts, se développent de vastes dépressions endoréiques, cernées d'escarpements et limitées, sur leurs rivages sous le vent, par des amas dunaires dont la taille est fonction de l'étendue de ces dépressions. Leur fond est souvent occupé par des dépôts lacustres parfois fossiles, par des efflorescences salines mêlées aux argiles lacustres et, pendant les périodes humides annuelles, par un lac peu profond alimenté par le ruissellement depuis les reliefs environnants, et par la nappe phréatique mise en charge par des pluies épisodiques. Ces vastes dépressions portent le nom de *sebkhra*, par exemple au Sahara, ou de *salar*, dans les déserts du Nouveau Monde. Dans de nombreux cas, leur situation dépend des conditions tectoniques régionales : position synclinale pour la sebkhra du Chott Djerid, anticlinale pour celle du Chott Fedjadj (Sahara tunisien), monoclinale dans les plaines du Tidikelt ou pour celle de Timimoun, par exemple (Sahara algérien).

Les sebkhras sont des systèmes évaporitiques simples dont le fonctionnement peut être ainsi résumé : pendant les périodes pluvieuses annuelles ou pluriannuelles, les oueds apportent des eaux qui s'étalent sous forme d'une mince pellicule, au regard de l'extension de la sebkhra. Ces eaux déposent successivement de minces lits, parfois varveux, de sédiments sableux et argileux. À cette alimentation aérienne, souvent très secondaire, compte tenu des climats arides ou semi-arides régionaux, s'ajoute une alimentation aquifère *per ascensum* ; c'est-à-dire que la nappe, mise en charge dans les reliefs dominant la plaine, affleure au cours de la saison humide où l'évaporation est moins active. La sebkhra se présente alors comme un vaste lac peu profond. Les sources, exutoires de la nappe, s'observent parfois. Ce sont les aïouns des chotts tunisiens par où sourd l'eau phréatique. Lorsque les températures augmentent, en fin de période pluvieuse, et que les pluies, mêmes faibles, n'alimentent plus ni le ruissellement aérien ni les nappes phréatiques, alors l'eau du lac temporaire s'évapore et les sels qu'elle contenait se déposent sous forme d'efflorescences salines d'un blanc éclatant sous le soleil. Les cristaux de sel mêlés aux argiles apportées par le ruissellement détruisent, par haloclastie, la cohésion des argiles qui prennent l'aspect de terre labourée, les *gilgaïs,* ou de sols très pulvérulents, le *fech-fech*. Lorsque la dessiccation des argiles est suffisamment prononcée, des fentes se forment, délimitant des polygones boursouflés en leur centre, ce sont les *takyrs*. Le vent, par saltation, emporte dans ces fentes des matériaux sableux et argileux qui les comblent peu à peu.

Le vent prend en charge les matériaux fins triturés par l'haloclastie et les transporte sur le rivage sous le vent. Le sable, les paillettes d'argile et le sel se déposent sous forme de dunes : la lunette de sebkhra. Lors des averses, le sel est de nouveau dissous et une partie de celui-ci retourne dans la dépression, si bien qu'il ne reste, au bout du compte, dans la lunette, que les sables et les argiles pris en charge par le vent sur le fond du lac salé, asséché. Ce phénomène, se répétant durant des millénaires, aboutit au surcreusement de la sebkhra par déflation éolienne. Ce phénomène s'appelle le creusement hydroéolien des sebkhras : les eaux du lac temporaire apportant les sels nécessaires à l'hydroclastie des argiles et le vent creusant ensuite le fond de la dépression et charriant les sables et les argiles pour construire les dunes de la lunette.

Le mécanisme de creusement fait parfois appel à d'autres phénomènes morphologiques qui rendent la genèse des sebhkras plus complexe que celle décrite ci-dessus. Prenons comme exemple, les sebkhras de la région de Tarfaya dans le Sud-Ouest marocain (Riser, 1996). La plate-forme calcaire subhorizontale des plateaux côtiers est façonnée dans la formation littorale de la fin du Tertiaire : le Moghrébien. Ces plateaux sont creusés d'immenses dépressions cernées d'escarpements de 20 à 50 m de commandement : les quatre principales sont les sebkhras Tazra-Tah – (la plus vaste dont le fond est à - 55 m) –, Tisfourine (- 16 m) et El-Kemira (- 9 m).

Leur évolution commence par une lente karstification de la plate-forme littorale calcaire, des dolines se creusent dans ces calcaires. En s'approfondissant, leur fond atteint les argiles bitumineuses sous-jacentes du Crétacé. À partir de ce stade, le fond des dépressions devient imperméable. Les eaux phréatiques et de ruissellement apportent des sels (chlorures et sulfates) qui précipitent pendant la saison sèche, de mars à octobre, et sous l'effet constant de l'alizé du Nord-Est et du Nord-Nord-Ouest. Par haloclastie, ces sels amenuisent et déstructurent les argiles qui sont ensuite prises en charge par le vent pour édifier les dunes, très nombreuses dans toute la région : erg Msaïdir au Sud-Ouest de la sebkhra Trarza et En Nfafid à l'Ouest de la sebkhra Tah, dunes anciennes plaquées contre l'escarpement occidental des sebkhras Tah et Tisfourine. Pendant leur transport, les éléments argileux fins sont réduits en poussières impalpables et il ne reste plus, sur place, que les sables. Cependant, dans les plus grandes accumulations dunaires de cette région, il est difficile de faire la part des sables pris en charge sur les plages, sauf s'ils présentent un faciès coquillier, de ceux provenant du creusement hydroéolien.

En Afrique du Sud, des dépressions fermées, les pans, sont alignées sur des axes Nord-Sud, sens des vents dominants originaires du Kalahari. Certaines mesurent plus de 500 m d'allongement dans la direction du vent, elles présentent une pente douce sous le vent et un petit escarpement d'une quinzaine de mètres de commandement opposé au vent. Compte tenu que le climat actuel est relativement humide (environ 750 mm de précipitation annuelle), ces dépressions sont des paléoformes creusées par l'érosion hydroéolienne sous des climats plus arides que le climat actuel. Toutefois, il faut admettre que le creusement des pans a nécessité la désagrégation granulaire des grès dans lesquels ils sont creusés. Cette désagrégation s'est produite par haloclastie comme pour les argiles des sebkhras du littoral de Tarfaya mais le mécanisme présente des limites. En effet, plus la dépression s'agrandit, plus la quantité de grès désagrégés en sable est grande et plus le vent aura de difficulté à exporter des quantités de matériaux de plus en plus importantes. Enfin, à partir d'une certaine taille, le pan devient un impluvium suffisant pour conserver un petit lac en son centre. Cette nappe d'eau, même temporaire, empêche l'action du vent.

Un phénomène hydroéolien nécessitant des conditions climatiques et géologiques très particulières a été observé par les membres de l'expédition Ultima Patagonia 2008 dirigée par Richard Maire dans l'île chilienne Madre de Dios, sous les 50e hurlants. Le soubassement de l'île est constitué de calcaire et de marbre très épais qui ont été modelés par les glaciers quaternaires. Ces derniers ont abandonné, en se retirant, des blocs de roche non calcaire appelés blocs erratiques. Les vents d'Ouest très violents et les pluies abondantes frappent ces blocs. De part et d'autre de ceux-ci se creusent alors des rigoles par dissolution du calcaire sous l'effet des pluies et certainement aussi de la fonte des neiges. En revanche, à l'abri de ces obstacles, le vent est moins violent et les pluies plus faibles si bien qu'une crête de calcaire se forme entre deux rigoles dans le prolongement du bloc et le sens du vent. Cette crête est appelée par les membres de l'expédition « comète de roche » (figure 33). L'agent d'érosion qui a façonné ce modelé original est bien hydroéolien puisqu'il associe l'action du vent et celle de la pluie.

« Relief, ici cela veut, tout au plus dire des rides de sable, hautes de quelques mètres, allongées sur des centaines, des milliers de mètres, répétées aussi sur le mode du millier. Une bosse puis un creux, indéfiniment, un creux puis une bosse, jusqu'à l'extrême lassitude, pendant des semaines et des semaines .»

Théodore Monod, *Mâjâbat Al-Koubrâ*

Les dunes dans les déserts

Lorsque le vent faiblit ou tombe, les particules qu'il transporte et qu'il a arrachées aux regs, aux parois rocheuses, dans les lits des oueds et sur le fond des sebhkras,

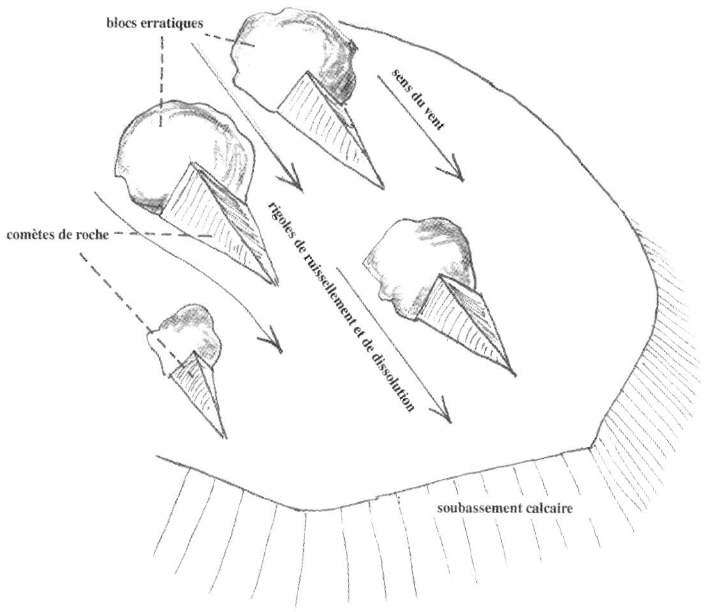

Figure 33. Schéma de formation des comètes de roche.

se déposent. La sédimentation éolienne est toujours fine puisque la compétence du vent est faible mais elle prend des formes variées. Le vent modèle des dunes aux nombreuses topographies suivant son orientation, sa vigueur, le substratum sur lequel il souffle, la quantité de sable mise en mouvement, la densité du couvert végétal. Certaines dunes sont éphémères et leur existence dépend d'un obstacle derrière lequel le sable s'accumule, d'autres se déplacent dans la direction du vent dominant, mais les plus nombreuses sont fixes. Elles couvrent des superficies considérables dans les déserts. Ce sont les ergs constitués d'organisations dunaires complexes résultant d'une histoire millénaire des vents et des climats.

Les dunes vives

Les dunes vives sont celles dont la morphologie est modifiée par l'action actuelle du vent et qui se déplacent sous l'effet de celui-ci. Dans les déserts, s'observent des accumulations sableuses, simples nappages de sable sur le bas des versants, des dunes d'obstacles et enfin des dunes libres qui se déplacent au gré des vents.

Les nappes ou placages de sable sur les versants

Le vent qui balaie le sable sur les regs, les lits alluviaux des cours d'eau et sur les amas dunaires le projette sur les versants des reliefs (planche I). Ce sable recouvre alors, d'une mince pellicule, les aspérités du sol, se glisse dans les anfractuosités des éboulis et des diaclases, s'accumule au pied des escarpements trop abrupts pour leur franchissement. Ces placages sableux sont l'une des premières manifestations morphologiques de l'aridité. Ils s'observent, par exemple, à la limite du Sahara et du Sahel, dans la région de Boumdeïd, au Sud du plateau du Tagant (Mauritanie).

Comme dans de nombreuses régions saheliennes septentrionales, la dégradation du couvert végétal par les sécheresses successives des décennies 1965-1994 et le surpâturage favorisent la remobilisation du sable qui vient se plaquer contre les escarpements. Autre exemple, au Nord-Ouest du Sahara, les limons et les sables, pris en charge dans le lit de l'oued Dra par les vents violents du Nord-Ouest, descendus du Haut-Atlas en hiver (effet de fœhn), sédimentent ces matériaux fins contre les escarpements du jbel Bani exposés au Nord-Ouest.

Les dunes d'obstacles

Outre ces nappes de sable, le vent accumule ce dernier, derrière des obstacles divers et de taille variable. Il s'agit des nebkhas, des rebdous et des dunes ascendantes et descendantes (figure 34).

Les nebkhas. Les nebkhas sont de petites dunes effilées, érigées par le vent à l'abri d'un obstacle (planche II) qui peut être un caillou, un galet dans le lit majeur d'un oued, ou, cas le plus courant, une touffe de végétation. Généralement, elles ne dépassent pas 1,5 m de long et 0,4 à 0,6 m de hauteur. Leur volume est fonction de celui de l'obstacle. Suivant la densité des obstacles, comme, par exemple, une steppe clairsemée, ces dunes se rassemblent en champ de nebkhas. Elles apparaissent surtout sur des surfaces de reg horizontales, modérément riches en sable car si celui-ci est trop abondant, des formes dunaires plus volumineuses se développent.

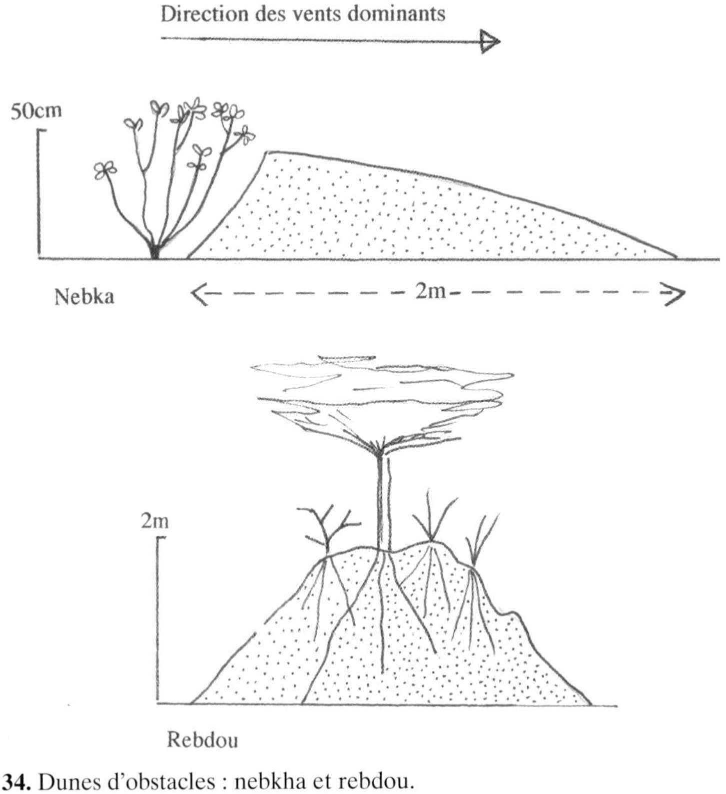

Figure 34. Dunes d'obstacles : nebkha et rebdou.

PLANCHE I

Photo 1 - Nappes et placages de sable sur les versants, passe de Dhrayya-Inougâyene, Sahara mauritanien.

Photo 2 - Placage de sable sur un versant. On remarque les blocs des éboulis ennoyés dans le sable, passe de Dhrayya-Inougâyene.

PLANCHE II

Photo 3 - Nebkhas effilées derrière des blocs rocheux, sur un reg de petits graviers. Adrar de Mauritanie, Sahara mauritanien).

Photo 4 - Rebdou, la touffe de tamaris maintient le sable (Adrar de Mauritanie).

PLANCHE III

Photo 5 - Dune de l'erg Aouker, plaquée contre l'escarpement méridional du Tagant (Sahel mauritanien).

Photo 6 - Placage dunaire, rive droite de l'oued El-Abiod (Adrar de Mauritanie).

Photo 7 - Dunes plaquées contre le talus de l'escarpement de l'Adrar de Mauritanie.

PLANCHE IV

Photo 8 - Grande barkhane sur un reg de petits cailloux. Les cornes courtes de la dune indiquent que le matériel sableux qui les constitue est du sable grossier.

Photo 9 - Reg recouvert de sable. Au deuxième plan, champ de barkhanes (Sahara mauritanien).

PLANCHE V

Photo 10 - Grande dune aux versants accidentés de siouf. Au premier plan, rides de sable perpendiculaires au vent dominant (Sahara mauritanien).

Photo 11 - Placage de sable et erg au deuxième plan, passe de Bouaboun (Adrar de Mauritanie).

PLANCHE VI

Photo 12 - Au deuxième plan, on observe un aklè représenté par des dunes aux crêtes désordonnées et imbriquées les unes dans les autres.

Photo 13 - Erg et reg sur substrat gréseux, passe de Bouaboun.

PLANCHE VII

Photo 14 - Au second plan, évolution d'un champ de barkhanes vers un champ de dunes transversales, perpendiculaires au vent dominant (Sahara mauritanien).

Photo 15 - Dune fossile probablement ogolienne, au sable rubéfié. Elle devait être plaquée contre l'escarpement avant que le ruissellement n'en érode une partie.

PLANCHE VIII

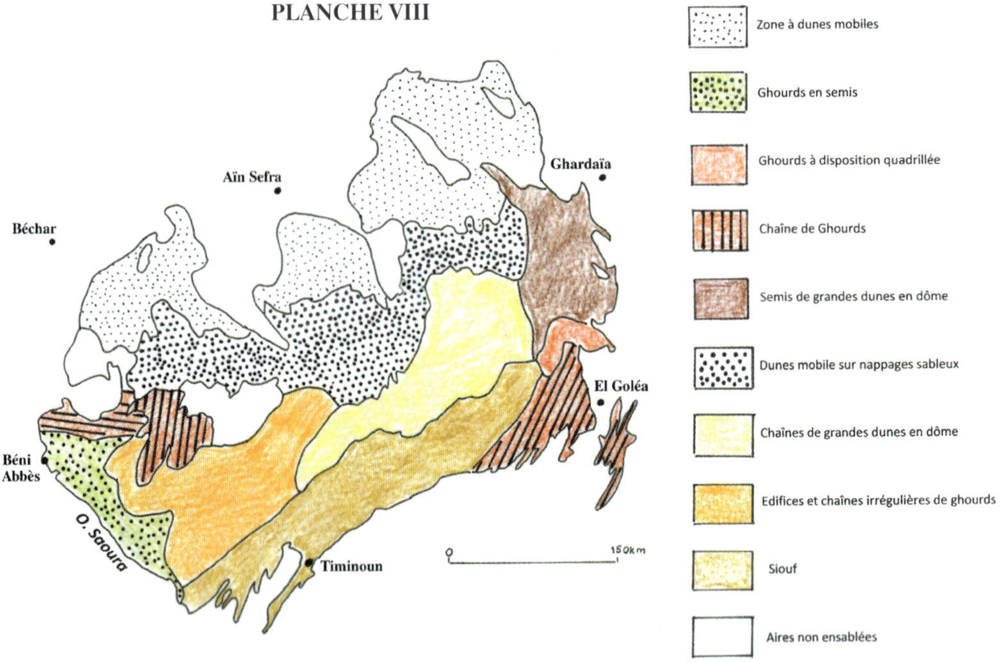

Figure 39. Grand erg occidental : les différents types d'édifices dunaires.

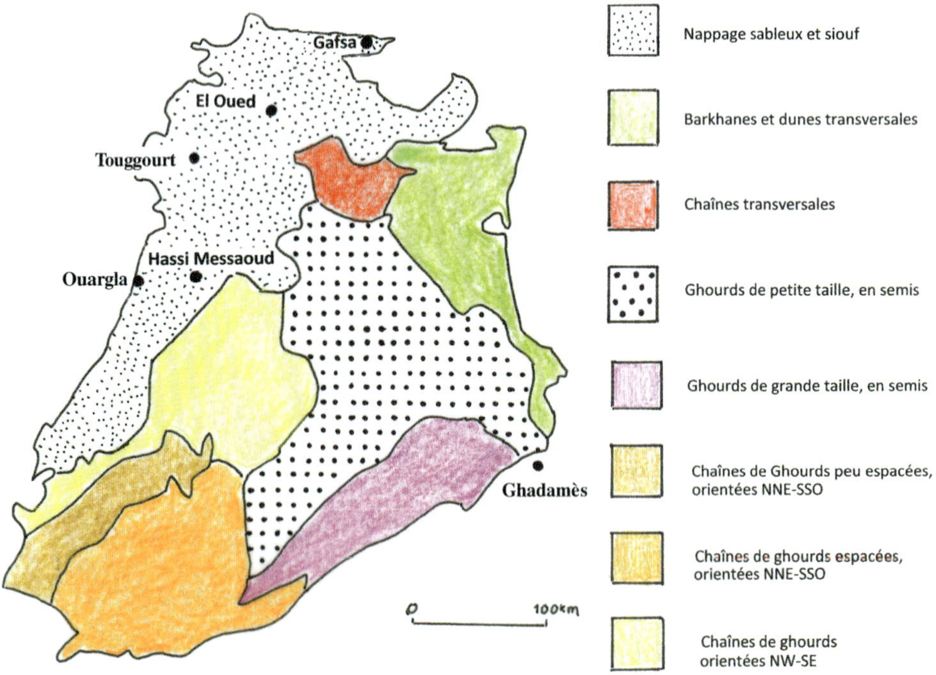

Figure 40. Grand erg oriental : les différents types d'édifices dunaires.

Elles indiquent une grande mobilité du sable. Les grains qui les constituent sont toujours ronds, mats et bien éolisés. Elles sont souvent éphémères et résultent de la dernière tempête de sable locale. Si l'obstacle vient à disparaître (dans la majorité des cas, la touffe de végétation meurt), le sable de la nebkha est remis en mouvement. Si la dune est ancienne, une partie du sable est légèrement grésifiée et un petit tas de sable, témoin de l'ancienne nebkha, subsiste, au pied de la plante desséchée. Ainsi s'étendent des champs de nebhkas fossiles, par exemple sur les plateaux de Tazouikert, à l'Ouest de Tessalit (Sahara malien).

Les rebdous. Les rebdous (planche III) sont aussi des dunes d'obstacle, mais leur genèse est légèrement différente. L'obstacle végétal qui a présidé à la naissance d'une nebkha peut se développer sous des conditions édaphiques favorables : relative humidité des amas sableux par rapport au reg sur lequel ils reposent, sable humide du lit majeur d'un oued, ou d'une daya. Cette végétation, représentée dans la majorité des cas par des buissons de tamaris, est un piège pour le sable qui s'accumule en tas, au pied de ceux-ci. Cet amoncellement sableux devient, peu à peu, le seul micro-milieu favorable à la vie. Les oiseaux migrateurs y font halte, les reptiles, les rongeurs et les insectes y cherchent refuge et y creusent des terriers, des manchons de sable grésifié s'agglutinent autour des racines. Les dimensions du rebdou sont en rapport avec la taille de l'obstacle végétal. Sa forme est complexe et parfois changeante. Il peut représenter une juxtaposition de nebkhas d'orientations différentes si les directions du vent changent au gré des saisons. Il peut être constitué d'amas sableux coalescents correspondant chacun à un buisson tandis que des couloirs de déflation peuvent se creuser entre les buissons. Parfois, lorsque l'action éolienne est trop brutale ou continue dans le temps, le sable est emporté et les tamaris sont déchaussés. Cette situation peut entraîner leur dessèchement et leur mort. Dans cet état ultime, le sable est presque entièrement remobilisé et le rebdou n'est plus qu'un amas sableux dominé par le squelette des buissons qui avaient contribué à sa formation.

Des champs de rebdous se rencontrent dans les lits des oueds où une certaine quantité de sable et de limon peut être déplacée par le vent (figure 35). C'est le cas au Sud de Mhamid, sur le cône de déjection du Dra. Il en existe aussi, coiffés de tamaris moribonds, dans les creux limoneux de la hamada de Tazouikert, au Sud du Tanezrouft (Petit-Maire *et al.*, 1983). Dans cet exemple, le sable et les limons proviennent de la déflation, sur des milliers de kilomètres carrés, du reg de la hamada.

Dans le cas d'un escarpement, d'une berge d'oued ou d'un quelconque relief présentant un obstacle continu à la progression du vent, celui-ci est dévié vers le haut et le sable s'accumule au pied de l'obstacle. Lorsque l'amas atteint une certaine hauteur et que l'angle critique de stabilité des grains sur la pente est dépassé (plus de 30 à 35°), le sable glisse, acquérant un litage oblique incliné contre le vent. Si l'accumulation se poursuit, une dune ascendante se forme (planche III, photos 5 et 6). Le même type d'obstacle, orienté sous le vent, produit une accumulation sableuse dans le secteur abrité. Dans cette situation, les lamines sont inclinées dans le sens du vent et la dune est dite descendante. Ces deux types de dunes d'obstacle se rencontrent, par exemple, dans la cuvette de Taoudenni, le long des Agators (ring-dyke) qui, par leur relief circulaire, offrent tous les obstacles possibles à la progression de l'alizé (Campy et Macaire, 1989).

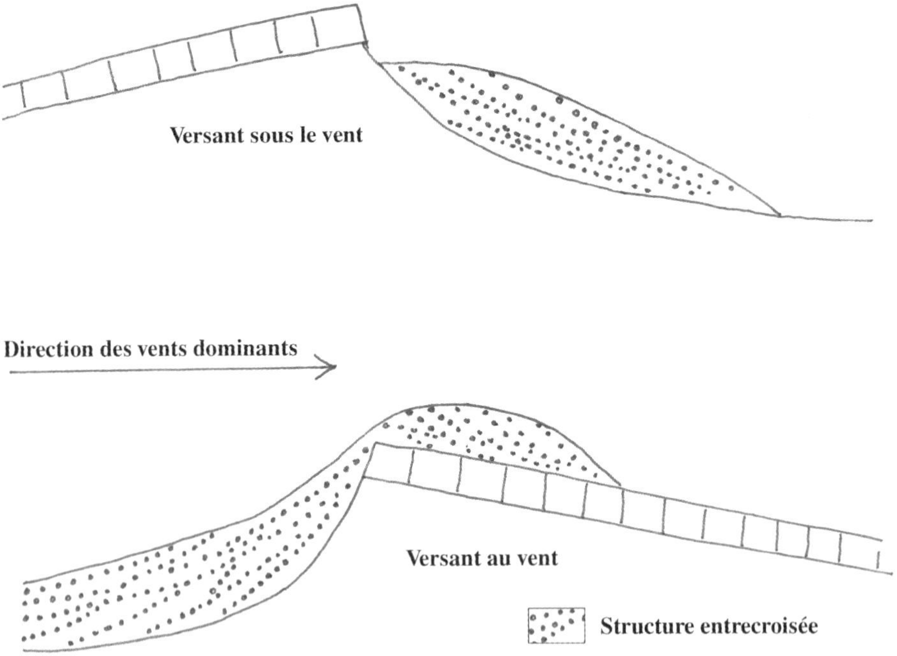

Figure 35. Amas de sable provoqué par un obstacle (escarpement par exemple).

Les dunes libres

Dans tous les déserts chauds du monde, existent aussi des dunes libres qui se déplacent au gré du vent. Elles sont principalement au nombre de trois : les dunes en dôme, les barkhanes et les dunes paraboliques.

Les plus simples sont les dunes en dôme. Elles sont de forme arrondie, comportant une partie sommitale légèrement aplatie. Elles mesurent de 2 à 4 m de haut et de 5 à 10 m de diamètre. Leur forme aplatie est causée par la force du vent qui arase leur sommet et accumule le sable sur leurs pentes. Elles se forment dans des régions où les vents violents présentent plusieurs directions. Tantôt, ils les écrêtent dans une direction et l'accumulation, sur la pente de la dune, se produit sous le vent de cette orientation, tantôt le vent prend une autre orientation et les sables engraissent la pente opposée à la précédente. Comme la compétence du vent est grande puisqu'il souffle avec force, le matériel des dunes en dôme est grossier. Il associe des sables, des débris millimétriques de roche, des esquilles d'argile (erg Ine-Koussamene, Sahara malien) ou des fragments de coquilles (erg de Tafolli, Nord-Est de Nouakchott, Mauritanie). Lorsque les vents puissants et saccadés qui les ont modelées, faiblissent ou s'orientent durablement dans une direction, la forme s'épure et devient une barkhane. Dans l'erg de Tarbalt, sur le piémont du jbel Sarhro, en hiver, lorsque les vents s'orientent au secteur nord au cours des périodes où le front polaire s'accroche aux sommets du Haut-Atlas, les dunes en dôme, façonnées habituellement par les vents d'Ouest, le chergui et les vents du Nord, évoluent en barkhane.

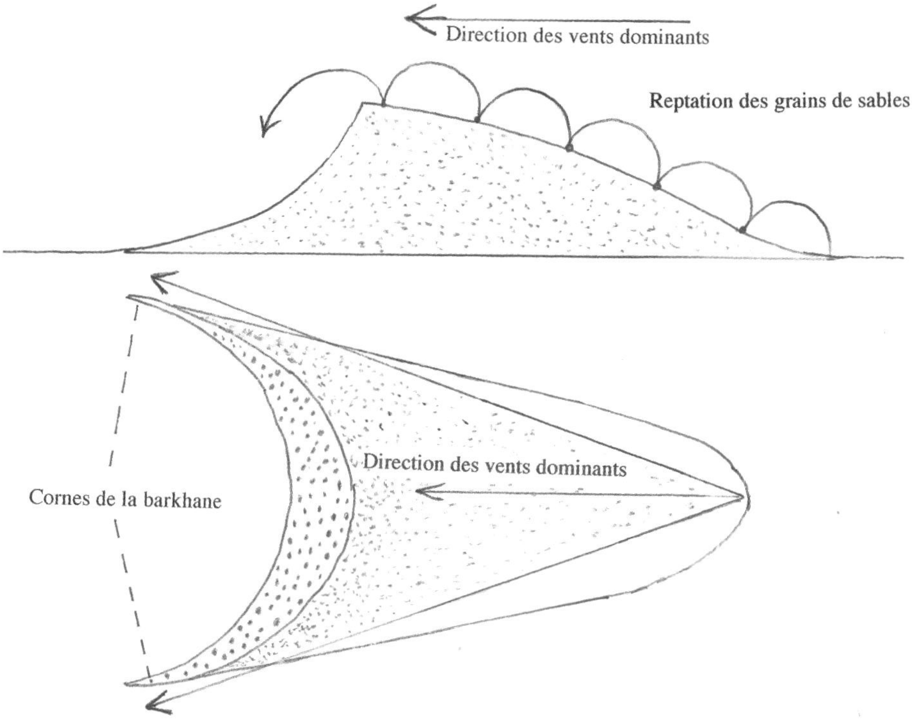

Figure 36. Coupe et plan d'une barkhane.

Les barkhanes. Les barkhanes sont communes à tous les déserts du monde. Elles sont caractérisées par leur forme en croissant, présentant un corps large et haut se terminant, de part et d'autre, par deux cornes qui s'effilent. En coupe, le corps de la barkhane est dissymétrique offrant une pente douce (12°) au vent et une pente raide (30 à 35°) sous le vent, sur laquelle s'éboulent les grains de sable (figure 36).

Les dimensions de ces dunes sont très variables. Les plus petites mesurent 2 à 3 m de haut et 5 à 6 m entre les extrémités des pointes. Les plus grandes s'élèvent à une dizaine de mètres et 30 à 50 mètres séparent les deux cornes. Le corps de la dune est d'autant plus large que la pente du versant au vent est plus faible. Les pointes s'allongent plus vite que le corps où la masse de sable est plus volumineuse à déplacer. Parfois, l'une des cornes est plus allongée que l'autre. Cette différence est due à un vent momentanément oblique par rapport au vent dominant. Ce caractère est fréquent dans les petits ergs autour de la sebkhra Fada (bassin de Tarfaya, Maroc atlantique). En effet, dans ce secteur littoral, le vent dominant de Nord (alizé) tourne souvent et pour des durées assez longues, au Nord-Nord-Ouest et à l'Ouest-Nord-Ouest.

D'ailleurs, une étude réalisée pendant plusieurs années, avec l'appui de photographies aériennes, sur des champs de barkhanes du Sud-Ouest marocain (région de Tarfaya et de Laâyoun, Elbelrhiti *et al.,* 2005) a montré plusieurs types d'évolution :

– création en 50 mois, de petites barkhanes à la pointe des dunes plus importantes ;

– modification des rides sur le revers des barkhanes, par vent de Nord-Ouest ;
– surface des grandes barkhanes, continuellement modifiée par des rides créées journellement par le vent ;
– barkhanes de taille moyenne donnant dans leur sillage, en 60 mois, des barkhanes élémentaires plus petites ;
– création de chaînes de dunes vives en 60 mois.

Enfin, l'étude montre que sur vingt-neuf années, on assiste à la naissance, au développement et à la disparition de certaines barkhanes, au déplacement d'autres et à des réaménagements à grande échelle.

La répartition de la granulométrie des sables est fonction de leur position. La partie centrale est constituée de sables fins, puisqu'au centre, pour une même énergie du vent, les grains de sable doivent gravir le dos de la dune alors que latéralement, sur les cornes, ils peuvent rouler sur le sol et, par conséquent, être plus grossiers (figure 36). Plus la barkhane est élevée, plus la progression des sables, sur sa pente au vent, est longue et plus la quantité de sable qui file latéralement, sous l'effet des filets d'air, déviés par le corps de la dune, est considérable. Ce sont ces grains de sable qui construisent les pointes qui s'étirent dans le sens du vent.

La forme des barkhanes n'est pas immuable. Leurs pointes peuvent être plus ou moins allongées dans le sens du vent. En Mauritanie, au Nord de Dahlet Lebchîr, en avril 2006, toutes les barkhanes observées étaient dotées de « cornes » très réduites par rapport au corps de la dune (planche IV, photo 8). Cette particularité, certainement temporaire, peut s'expliquer de deux manières : des tempêtes de sable violentes balaient tout le sable quelle que soit sa granulométrie, – le tri est alors très réduit –, ou un alizé régulier met, au contraire, en mouvement des sables de granulométrie fine et homogène, facilement transportables par des vents, même de force modérée. Il ne reste plus sur place que des sables grossiers qui forment une barkhane trapue. L'observation de la granulométrie des sables, en avril 2006, ferait pencher pour cette deuxième hypothèse. Toujours dans cette région, de nombreuses barkhanes présentent une arête émoussée. Cette particularité suppose probablement que le vent a changé légèrement de direction et s'est peut-être renforcé, à un moment donné, au cours des jours ou des semaines précédant nos observations.

La genèse des barkhanes nécessite trois conditions :
– un vent dominant régulier (si cette première condition n'est pas remplie, le vent édifie des dunes en dôme) ;
– un terrain horizontal qui leur permet de se déplacer sans que les filets d'air soient perturbés par la présence d'obstacles ;
– une masse sableuse de moyenne importance. En effet, si celle-ci est trop considérable, d'autres formes dunaires apparaissent (elles seront évoquées aux paragraphes suivants).

De l'association de plusieurs barkhanes, naissent les champs de barkhanes. Ces derniers prennent parfois un aspect original. Par exemple, lorsque le vent contourne un obstacle (butte ou inselberg de plusieurs dizaines de mètres de hauteur), le champ de barkhanes se divise en deux branches de part et d'autre de l'obstacle, puis, le relief franchi, les courants éoliens convergent à nouveau, ainsi que les dunes qui donnent naissance à un champ de barkhanes en « vol de canards » (figure 37).

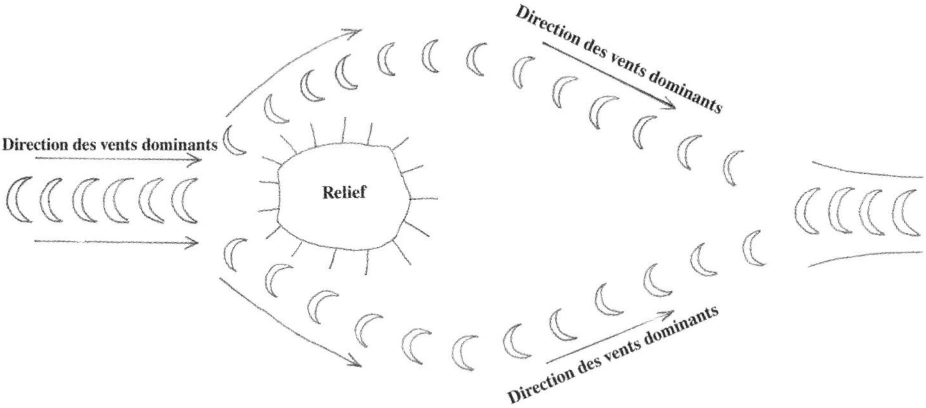

Figure 37. Schéma de barkhanes disposées en « vol de canard » derrière un obstacle.

Les dunes, principalement les barkhanes, sont mobiles. Les mesures entreprises dans le Tafilalt à partir des photographies aériennes de 1959-1964 et d'une carte de la dynamique éolienne datée de 1979 montrent, en comparant ces documents avec les observations actuelles, que les barkhanes ont progressé vers le Nord-Est, à une vitesse d'environ 24,5 m par an. Cependant, dans la région de Jorf (sud-marocain), de 1986 à 1995, le déplacement a été de 125 m, toujours vers le Nord-Est. Le suivi d'une barkhane, pendant une durée de six mois, a montré un déplacement de 9 m ; ailleurs, toujours dans la même région, la progression vers le Nord-Est est de 15 m par an.

Les barkhanes ont toujours attiré l'attention des chercheurs au sujet de leur comportement dynamique. Les recherches actuelles montrent que les barkhanes se déplacent lorsque la vitesse du vent dépasse un certain seuil. Pour un vent de vitesse constante, il existe une quantité maximale de sable pouvant être transportée par unité de temps, c'est « le flux de sable saturé » qui est d'autant plus important que le vent est fort. À mesure que le vent met en mouvement un plus grand nombre de grains de sable, ceux-ci absorbent son énergie, sa vitesse diminue et il dépose sa charge. Ce mécanisme se déroule dans l'espace. Sur le versant au vent de la dune, un phénomène d'ablation se produit, en particulier au sommet de celle-ci où le vent est le plus violent. Au contraire, la sédimentation se réalise sur le versant aval où le flux est plus aisément saturé. Ce mécanisme explique le déplacement de la barkhane dans le sens du vent, mais comment expliquer qu'elle puisse augmenter de volume ? Dans la situation qui vient d'être évoquée, la dune a tendance à s'aplatir et même, au bout d'un certain temps, si le vent est constant, elle peut disparaître. En revanche, si le point de flux de sable saturé se situe en amont du sommet, la hauteur de la dune augmente. Ce cas de figure dépend de la longueur du versant amont de la dune sur lequel le vent puise le sable nécessaire à la saturation progressive du flux. Cette longueur doit être d'environ 20 m. Toutefois, l'accroissement du volume de la dune dépend de la pente au vent de celle-ci. Si cette pente est faible, l'ablation se produira jusqu'au sommet de la dune. En revanche, si la pente est forte, la vitesse du vent chutera en arrivant au sommet de la dune. La saturation du flux se produira à l'amont du sommet de celle-ci ainsi que l'accumulation de sable qui lui est corrélative.

Les dunes paraboliques (figure 38) présentent une disposition topographique inverse de celle des barkhanes. Dans un épais manteau sableux, le vent tourbillonnant creuse des dépressions ouvertes au vent comme les caoudeyres des dunes côtières de la côte landaise. Cette dépression éolienne est bordée de bourrelets dont les pentes d'éboulement des sables est de 30 à 35°.

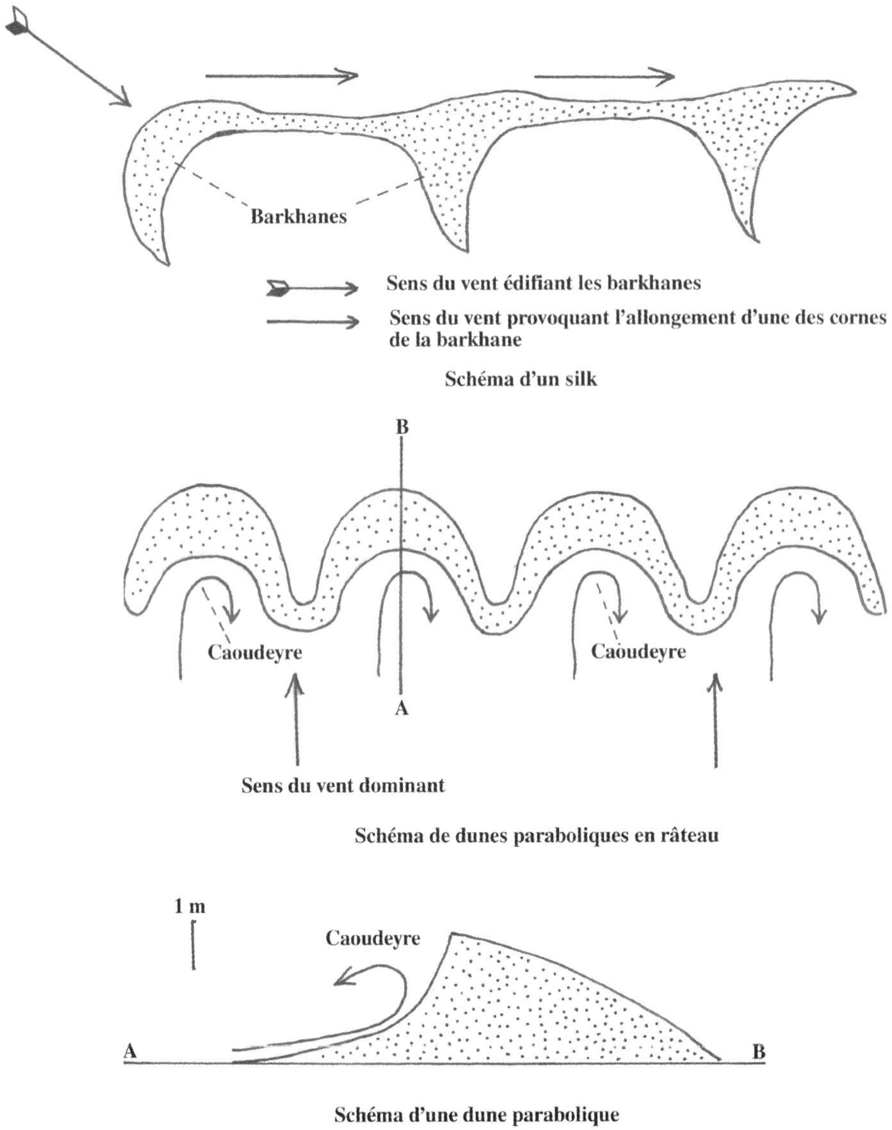

Figure 38. Schéma d'une dune parabolique et d'un ensemble de dunes paraboliques en « râteau » et d'un silk.

Les dunes paraboliques sont souvent de dimensions supérieures à celles des barkhanes, leur diamètre varie entre 50 et 100 m et leur hauteur peut atteindre 20 m. Elles sont les moins mobiles des trois.

Cependant, il existe aussi des dunes fixes qui sont, soit des assemblages des accumulations dunaires précédentes, soit des formes fixes caractéristiques.

Les dunes fixes : apanage des paysages désertiques

Elles peuvent être classées en trois types principaux :
– les dunes d'érosion qui sont désignées sous les termes de sand-ridge ou de dunes longitudinales ;
– les dunes d'accumulation qui peuvent être transversales ou longitudinales ;
– les grandes dunes pyramidales ou ghourd (ghord au singulier).

Les dunes d'érosion

Les plus répandues sont les siouf (sif au singulier) qui, en arabe, désigne une lame de sabre. Ce sont des dunes allongées sur quelques centaines de mètres à plusieurs dizaines de kilomètres. Elles mesurent de quelques mètres à 15 ou 20 m de haut, dans leurs parties les plus élevées. Sur leurs versants, le sable glisse avant d'être repris par le vent dans les couloirs qui les séparent les unes des autres. La crête de ces dunes est aiguë d'où leur nom imagé. Elles sont édifiées par des vents dominants qui maintiennent, entre elles, des couloirs de déflation. Ces creux interdunaires sont des feidje lorsque leur plancher est sableux et des gassi lorsqu'il est constitué d'un reg. Dans ces couloirs, peuvent se déplacer des dunes vives et en particulier des barkhanes. Certains ergs comme l'erg Iguidi, une partie de l'erg Ine-Sakhane, le Sud de l'erg Chech, sont presque uniquement constitués de siouf de direction nord-est–sud-ouest, calqué sur celle de l'alizé et de l'harmattan. Les creux interdunaires sont, dans la majorité des cas, des gassi, empruntés d'ailleurs depuis des temps immémoriaux par les caravanes qui traversaient le Sahara. Lorsque la quantité de sable est faible par rapport aux superficies balayées par le vent, les siouf sont très éloignés les uns des autres, leurs crêtes ne sont plus continues et présentent des encellements. Les gassi occupent alors des espaces considérables. Ce type de paysage s'observe dans l'erg Orhalla-el-Kbir (19°30' latitude Nord et 1°50' longitude Ouest) ainsi que sur le revers du Hank, dans le secteur de Bir-Amrane et dans l'erg de Makteïr au Nord-Est du Guelb Richat.

Dans certains cas assez rares, les siouf prennent naissance à l'abri d'un relief, à la manière d'une immense nebkha. Ce modelé dunaire s'observe, par exemple, en avant de l'escarpement de la hamada façonnée dans les grès du Crétacé d'El Ksaïb (Sahara malien). Ce relief est précédé de nombreuses buttes témoins qui génèrent des siouf dans le lit du vent (alizé du Nord-Est). La même observation se confirme sous le vent de la crête de Ez-Zerga, à l'Ouest de Chinguetti (Sahara mauritanien). Certains siouf sont vifs et leurs sommets sont aigus et constitués de sable en mouvement, d'autres, au contraire, présentent des crêtes émoussées arrondies et dont le sable, légèrement rubéfié, ne se déplace plus. Dans l'erg Ouarâne, au Sud-Est de Chinguetti, quelques siouf se terminent, à leur extrémité sous le vent, par une protubérance dont l'origine est certainement un changement de direction du vent qui est passé, dans les jours précédant nos observations, du secteur Nord-Est au secteur Nord-Nord-Est, balayant ainsi un secteur sableux longtemps épargné et dont les matériaux viennent grossir l'extrémité sous le vent de ces dunes.

Au Nord de Tombouctou, les siouf sont fossiles et présentent un sable grésifié en surface. Leurs crêtes ont été émoussées par les vents de mousson soufflant du Sud et du Sud-Ouest et ils ne présentent plus actuellement que de longues ondulations Nord-Est-Sud-Ouest dont les feidje sont occupés par des dépôts lacustres.

Les dunes d'accumulation

Elles peuvent être longitudinales ou transversales par rapport aux vents dominants. Les slouk (singulier silk) sont des dunes longitudinales d'accumulation (figure 38). Elles sont souvent kilométriques. Leurs crêtes sont irrégulières et moins aiguës que celles des siouf. Elles mesurent de 2 à 3 m de haut, dans les secteurs les moins marqués et jusqu'à une quinzaine de mètres dans leurs parties les plus élevées. Leur genèse dépend d'un vent légèrement de biais par rapport au vent dominant et soufflant pendant des périodes assez longues. Il prend en charge le sable, par exemple, sur un champ de barkhanes et provoque l'allongement démesuré d'une des cornes de plusieurs barkhanes. Leurs pointes finissent par se rejoindre en donnant naissance à une longue dune renflée dans les portions proches des corps des anciennes barkhanes et effilées dans les secteurs où les pointes se raccordent les unes aux autres. Lorsque le vent dominant reprend de la vigueur, il peut modifier le cordon ainsi créé, sans toutefois parvenir à sa destruction car la quantité de sable accumulée est trop importante. En revanche, il peut favoriser l'édification de barkhanes secondaires qui, elles-mêmes, peuvent donner naissance à d'autres slouk, par connexion de leurs pointes.

Ces formes vives peuvent d'ailleurs être constituées par des sables remis en mouvement sur des dunes émoussées plus anciennes qui constituent, en quelque sorte, un réservoir de sable. C'est ce phénomène qui s'observe au Nord-Est d'El Ksaïb (Sahara malien) où le sable de dunes paraboliques est réactivé pour donner naissance à des champs de barkhanes dont les pointes s'effilent en forme de slouk. Nous avons observé de très nombreux slouk dans l'erg Ine-Sakhane (secteur du puits d'Ichourad), dans l'erg Jmeya, entre Bir-Ounane et Foum-el-Alba (Sahara malien).

Les dunes transversales sont aussi des formes d'accumulation. Elles dérivent de l'agencement des barkhanes ou des dunes paraboliques. Des barkhanes peuvent être coalescentes, non plus à la queue leu-leu comme dans le cas des slouk mais perpendiculairement aux vents dominants. Elles édifient alors des vagues successives de dunes prolongées par les cornes jointives de chaque barkhane. Très souvent, les formes barkhaniques s'estompent pour ne présenter que d'amples ondulations transversales au vent. Cette forme se rencontre d'une manière répétitive sur des dizaines de kilomètres carrés dans l'Azaouad, au Sud d'Araouane, dans le Mréyyé et dans l'Aouker, à l'Est du village de Boumdeïd (Gravier, 1992 ; Monod, 1996) ; je l'ai aussi observée dans le Khatt, au Nord du plateau du Tagant (Mauritanie). Les associations de barkhanes peuvent être reliées entre elles par leurs pointes qui constituent des épis auxquels on donne le nom de dzellah. Ces épis viennent souvent buter contre le dos de l'alignement de barkhanes qui le précède dans le lit du vent.

L'ensemble se présente sous l'aspect de vagues reliées entre elles par des éléments perpendiculaires : les épis. Vu d'avion, le paysage offre des dunes réticulées qui s'étendent sur des centaines de kilomètres carrés et porte le nom de mer de sable.

Les dunes paraboliques peuvent se présenter sous forme d'une chaîne continue, perpendiculaire au vent dominant et creusée, à intervalles réguliers, de dépressions éoliennes (caoudeyre) si bien que ces ensembles de dunes transversales prennent l'aspect d'un râteau. Ce type de champ de dunes paraboliques est bien représenté dans la région d'El Ksaïb, en contrebas de l'escarpement façonné dans le Crétacé supérieur (Petit-Maire et Riser, 1983).

Les grandes dunes pyramidales : les ghourd

Au Nord de Djanet, des associations de dunes sont dominées par des ghourd. L'agencement des dunes se présente de la manière suivante : les directions changeantes du vent construisent des siouf longs et fins qui se recoupent sur des regs à petits galets de quartz en donnant naissance à une association de dunes dessinant un lacis d'alignements en forme de grillage aux nœuds desquels se dresse parfois une dune pyramidale à siouf divergents depuis son sommet. Si le vent dominant est suffisamment constant, les mailles du grillage se renforcent dans la direction perpendiculaire à celui-ci. Les édifices ainsi constitués portent, dans le Grand erg oriental, le nom de chouchet. Les ghourd sont attribués à des interférences de vents de tempêtes avec les vents dominants. Ils sont souvent ancrés sur un obstacle, par exemple dans l'erg Ine-Koussamene, où l'essentiel des quelques grandes dunes est installé sur le front d'une cuesta. Il en est de même à Béni-Abbès où les dunes pyramidales situées à l'Est de la palmeraie sont ancrées sur le rebord de la hamada. La règle est loin d'être générale et dans le Grand erg oriental, les ghourd reposent, à intervalles réguliers, sur un reg parfaitement plan. L'espace entre chaque dune correspond, d'ailleurs, à la superficie de reg soumis à la déflation et qui fournit le sable nécessaire à la construction de chaque pyramide dont les volumes sableux sont comparables.

Les aklés et les ergs : formes actuelles et paléoformes

Avec la description des dunes plus volumineuses et plus complexes, il a été mentionné quelques associations de modelés comme dans la région de Djanet. Les aklés et les ergs en sont l'illustration.

Ce sont des accumulations sableuses de très grande superficie dont l'histoire complexe témoigne des variations climatiques depuis, parfois, la fin de l'ère tertiaire. Si bien que de nombreuses formes dunaires des ergs et des aklés sont fossiles. Cependant, elles coexistent avec des formes vives actuelles et côtoient des paléoformes dont les matériaux sont des sables fossiles remis en mouvement, de nos jours, par le vent. Ce paragraphe traite des formes actuelles ou subactuelles. L'histoire paléoclimatique des déserts qui implique forcément l'action du vent, sera traitée plus loin.

Les aklés

Ce sont des accumulations sableuses recouvrant, parfois, plusieurs kilomètres carrés, modelées en dunes de topographie confuse et anarchique, sans orientation bien définie (planche VI, photo 12). Des caoudeyres et des amorces de dunes paraboliques s'observent à côté de barkhanes qui se chevauchent. C'est-à-dire que les unes se développent, par exemple sur la pente au vent des autres, ou bien les pentes sous le vent de deux barkhanes se superposent sous un angle faible. Elles dominent des creux interdunaires circulaires où le vent tourbillonne. Des siouf, en partie noyés dans des amoncellements sableux, présentent des crêtes aplanies qui convergent vers des dunes pyramidales dominant, çà et là, le reste de l'aklé. Des placages de sable, épais de plusieurs mètres, grimpent à l'assaut des escarpements et se transforment en barkhanes lorsqu'ils atteignent le rebord des plateaux et des hamadas.

Pour expliquer ce dédale anarchique où le voyageur imprudent s'enferme peu à peu en y pénétrant, il faut faire intervenir des vents de directions changeantes, caractérisés par des rafales qui prennent en charge le sable dans un creux interdunaire ou un trou, le remontent sur une crête qu'elles balaient ensuite. Le sable est ensuite précipité par les bourrasques sur la pente raide d'une amorce de barkhane avant d'être ramené vers son point de départ, lorsque le vent change de direction. Ce désordre du modelé et des déplacements du sable s'explique pour deux raisons essentielles :
- la présence de reliefs qui canalisent le vent dans différentes directions et provoquent des sautes de vent et des tourbillons ;
- la situation des aklés dans des régions de contact entre des masses d'air différentes, par exemple, au Sud du Sahara entre mousson et harmattan (Adrar Tagant en Mauritanie, Timétrine au Mali), et entre alizés et vents d'ouest (littoral de Tarfaya, dans le Sud-Ouest marocain, baie de Saint-Jean en Mauritanie).

L'un des exemples d'aklés les plus caractéristiques est celui de l'erg Tijelalil, localisé au Nord-Ouest et au Nord du poste militaire de Timétrine (Ti-n-Kâr), dans le massif montagneux du même nom, dans le Sahara malien. Ce massif, constitué de horsts et de grabens dans les formations pélitiques et gréseuses du Cambrien, présente une organisation topographique compliquée de blocs soulevés, comme l'Adrar Admer, et de vallées parfois remblayées de dépôts tertiaires (Continental terminal), eux-mêmes entaillés par les oueds au Quaternaire. Si bien qu'en contrebas des reliefs principaux, s'inscrivent des escarpements secondaires bordant des plateaux sous-tendus par les formations continentales tertiaires. Le réseau hydrographique, désorganisé par la présence de l'aklé, est jalonné de dépressions fermées, remblayées de dépôts lacustres holocènes (Petit-Maire et Riser, 1983). Sur les petits escarpements bordant les oueds se développent des dunes pyramidales (ghourd) prolongées par des siouf de direction Nord-Est-Sud-Ouest. Entre ces dunes principales s'étendent des champs de barkhanes dont certaines, comme au Nord de Timétrine, présentent des cornes plus longues les unes que les autres à cause d'un couloir de déflation développé entre deux môles de relief. Les aklés peuvent s'édifier à la fois sous le vent et au vent des obstacles. Les deux situations s'observent à Dakhlet Lebchîr (Sahara mauritanien, Sud-Ouest de Chinguetti). Sous le vent de l'extrémité Sud de la crête de Ez-Zerga qui culmine à environ 100 m au-dessus des plateaux et des ergs environnants, se situe un aklé formé de sand-ridges obliques par rapport à ce relief et perpendiculaires au courant de l'alizé. En revanche, dans le même secteur, l'avancée du plateau à l'Ouest de la passe de Dahklet Lebchîr constitue un obstacle à la progression du vent et un aklé s'est édifié au vent de cet obstacle. De même, un aklé de plusieurs kilomètres carrés s'est accumulé sous le vent du

Guelb el Mouchché et la cascade de dunes qui enveloppe ce même relief s'est, elle aussi, édifiée sous le vent d'un crêt, à l'extrémité de la chaîne du Tamga.

Le rôle du relief est capital dans la mise en place complexe des accumulations sableuses de type aklé. L'exemple du Djebel Ahmar situé dans l'Atlas saharien au Sud du Hodna montre le rôle de barrière que peut jouer le relief. Les vents qui soufflent du Nord-Ouest balaient les matériaux sableux, gypseux et argileux sur l'étendue de la sebkhra du Hodna et accumulent ces matériaux sur le versant nord du djebel, sous forme d'un ensemble complexe formant un aklé constitué de dunes transversales et longitudinales, de champs de barkhanes et de placages de sable sur les versants. À l'intérieur de la montagne, des remblaiements sableux comblent certains ravins et en entravent l'écoulement. Ces formations s'observent jusqu'à 650 m d'altitude. Les accumulations sableuses se sont formées dès le Pléistocène récent car leur sédimentation se caractérise par une alternance de plusieurs dépôts sableux à stratifications entrecroisées avec des lits de gravier et de galets témoignant du remaniement des sables par le ruissellement. Au Nord-Est de ce djebel, un couloir, le Foum ez Zegad, le sépare du djebel El Houassi. Les vents du Nord-Ouest s'engouffrent dans ce passage étroit et y déposent, en transit, des champs de barkhanes. En revanche, le piémont sud du djebel Ahmar n'est parsemé que de quelques placages sableux et de chapelets de nebkhas qui ponctuent les lits des oueds. Cet exemple montre le rôle des reliefs édifiant des barrières percées de couloirs de déflation comme celui du Foum ez Zegag. D'ailleurs, cette disposition est assez fréquente dans l'Atlas saharien constitué de chaînons discontinus qui permettent, en ce qui concerne l'action éolienne, de la définir comme une chaîne à claire-voie.

Les ergs

Les ergs sont l'association des types de dunes qui viennent d'être décrits. Leurs étendues sont considérables (planche V). Au Sahara, le Grand erg occidental mesure 80 000 km^2, le Grand erg oriental est d'une superficie double du précédent (192 000 km^2), le Rüb al Khali, dans la péninsule arabique, est vaste comme la France. Il est possible de distinguer plusieurs types d'associations dunaires constituant un erg.

Habituellement, les marges de l'erg sont occupées par des dunes vives : champs de dunes en dômes ou de barkhanes. Dans les secteurs de déflation ou sur les traces du réseau hydrographique fossilisé par l'erg, s'étendent des champs de nebkhas. Cependant, la position périphérique des dunes vives n'est pas une règle et, au cœur même de l'erg, peuvent aussi exister des dunes vives, en particulier entre les rides des slouk et des siouf. Les dunes transversales (planche III, photo 5) peuvent s'agencer en vagues régulières sur des milliers de kilomètres carrés et donner naissance à la mer de sable d'une infinie monotonie (Mreyye, Sahara occiental). La partie centrale de l'erg est souvent formée de dunes pyramidales (ghourd) reliées entre elles par des siouf. Ces ensembles constituent des chapelets dunaires orientés dans le sens des vents dominants comme l'alizé du Nord-Est au Sahara. Ces chapelets de grandes dunes sont souvent aussi ancrés sur des reliefs puisque les ergs sont si vastes qu'ils englobent de multiples reliefs structuraux. Par exemple, sur la bordure sud du Wadi Shati (désert lybien), les ghourd du Zellaf, représentant la lisière septentrionale de l'Edeyen d'Oubari, sont positionnés sur une cuesta façonnée dans les grès et argilites du Carbonifère (Petit-Maire *et al.*, 1982). Les ergs peuvent aussi n'être composés que d'un seul type de dunes : slouk ou siouf ou uniquement de siouf comme l'erg Iguidi et le Sud de l'erg Chech.

L'exemple de la répartition des modelés dunaires dans les grands ergs occidental et oriental du Nord du Sahara montre l'extension considérable que peuvent prendre certains types de formes.

Le Grand erg occidental entre 29° et 33° de latitude Nord et 0° et 3° de longitude Est occupe le Nord-Ouest du Sahara algérien (figure 39, planche VIII). Les dunes se répartissent en trois bandes.

À la périphérie nord, l'aire des traînées sableuses est constituée de petits siouf, de dunes en dôme, de placages de sable sur les versants, de nappes sableuses sur les regs. Cette partie de l'erg se situe entre 500 et 650 m d'altitude.

Une aire centrale, plus complexe, comporte des ghourd en semis, de densité régulière, en particulier à l'Est de Beni-Abbes et des chaînes de ces mêmes dunes orientées Nord-Nord-Est / Sud-Sud-Ouest ou Nord-Est / Sud-Ouest.

Au Sud de Ghardaïa, une troisième aire, d'environ 150 km de long, du Nord au Sud, et de 100 km de large, au maximum, est occupée par des dômes de grande taille, 60 à 80 m de haut qui sont peut-être des ghourd érodés par le vent.

Enfin, au Sud de l'erg, des siouf Nord-Est / Sud-Ouest occupent de très grandes superficies en particulier au Nord de la palmeraie de Timimoun.

La typologie dunaire du Grand erg oriental est plus simple (figure 40, planche VIII). Au Nord, entre les Chotts et Hassi-Messaoud, s'observent des nappes de sable, des dunes en dôme et des barkhanes. À l'Est, les dunes transverses, perpendiculaires à l'alizé, sont les plus répandues. Le reste de l'erg est essentiellement constitué d'édifices pyramidaux orientés suivant l'alizé du Nord-Est, sauf au Sud d'Hassi-Messaoud où l'orientation est Nord-Ouest-Sud-Est, en relation probable avec des vents dominants d'hiver générés par les dépressions de front polaire.

L'étude anémométrique du Grand erg oriental (Mainguet et Chemin, 1984) révèle plusieurs espaces du vent expliquant les modelés dunaires. Les mesures de direction des vents et des dunes montrent que, dans le Nord de l'erg, les vents soufflent du Nord, en provenance de la Méditerranée. Au cœur de l'erg, l'alizé domine tandis que dans le Mouidyr et au Sud, les vents d'Ouest-Sud-Ouest sont très fréquents. Cette configuration des directions des vents, qui soufflent dans le sens des aiguilles d'une montre, s'apparente à la circulation atmosphérique d'une cellule anticyclonique.

L'étude du comportement du vent, le 18 février 1984, sur une dune pyramidale de 100 m de haut, appartenant à cet erg, dévoile quatre types de phénomènes :
– à la base de la dune, la direction dominante est du Nord-Est de 1 h 15 à 14 h 30 et de Nord-Ouest à Nord jusqu'à 15 h 30, heure à laquelle les mesures ont été interrompues ;
– la vitesse du vent est plus élevée vers 13 h que vers 15 h et sa diminution, à 15 h, est plus sensible à la base de la dune qu'au sommet ;
– au sommet de la pyramide, la direction de vent du Nord-Est est plus constante ;
– l'effet de freinage du vent, au sol, est plus fort à 0,50 m qu'à 1,50 m.

Ainsi, ces mesures apportent la preuve de la complexité de la circulation de l'air à l'échelle d'un ghourd et des différences marquées entre vitesse et direction, en un même point, selon l'heure et la position de la mesure et à la même heure selon l'altitude de l'observation sur la dune.

Dans les secteurs les plus accidentés des ergs, se développent des aklés comme dans l'Edeyen de Mourzouk ou le Nord de l'Ennedi. Ces topographies accidentées peuvent avoir pour origine des reliefs mais aussi des dunes fixes qui désorganisent le flux du vent. En effet, la complexité des ergs est à la fois spatiale mais aussi temporelle. Ils ont une longue histoire pendant laquelle différentes générations de dunes se sont édifiées et s'observent encore de nos jours. C'est le cas, par exemple, au Nord d'El-Ksaïb (Sahara malien) où, sur un fond de dunes paraboliques perpendiculaires à l'alizé, se développent des slouk parallèles aux courants alizéens. Dans l'Aouker (Sud du Tagant, Mauritanie), sur des siouf émoussés et fixés par une maigre végétation sahélienne, viennent se superposer des siouf vifs (Est de Nouamlein) et des champs de barkhanes (Est de la butte témoin de Metreyougha ou du Gelb El-Fkârine). Ils remobilisent le sable de l'erg ancien à cause des sécheresses successives qui ont dégradé la steppe et de la surcharge pastorale qui détruit la végétation et entraîne l'ameublissement de la surface des dunes par le piétinement des troupeaux.

Ces enchevêtrements de modelés dunaires peuvent inclure des dunes légèrement grésifiées à leur surface et présentant un sable rubéfié leur conférant une éclatante livrée orangée. Ces dernières enserrent souvent des éolianites plus anciennes, restes d'anciens édifices dont l'âge est difficile à déterminer. Certains sont datés de la fin de l'Holocène (3000 BP) par exemple à l'ouest de Moudjéria (Tagant, Mauritanie), d'autres sont plus anciens encore et remontent aux périodes arides du Pléistocène récent (Ogolien, 18 000-13 000 BP). Ils témoignent de l'histoire paléoclimatique du Sahara.

▸▸ La végétation et le vent dans les régions arides

Dans les déserts, l'aridité est le principal facteur limitant le développement du couvert végétal. Cependant, le vent en accroît certains facteurs. Il augmente l'évapotranspiration, surtout s'il contribue, comme l'harmattan, à l'élévation diurne de la température. Par temps d'harmattan, c'est la chute de l'hygrométrie qui est l'élément le plus spectaculaire. Le fort dessèchement de l'air a pour conséquence, sur la frange soudanienne, la défoliation de presque tous les végétaux. Dans les régions sahéliennes, la végétation soudanienne laisse peu à peu la place à des épineux, aux feuilles coriaces ou caduques en saison sèche. Si les feux de brousse sont déclenchés par temps d'harmattan, leurs ravages sont spectaculaires sur de vastes étendues.

Le vent peut aussi déchausser certaines plantes et mettre à nu leurs racines, par exemple sur les rebdous.

Certains végétaux comme le drinn *(Aristida pungens)* ne prospèrent que sur les dunes qu'ils contribuent d'ailleurs à fixer. Il en est de même pour *Panicum turgitum* qui représente, au Nord de Tombouctou et dans la région d'Araouane (Sahara malien), de vastes peuplements en bordure des ergs.

Une plante des milieux arides méditerranéens résiste à des conditions climatiques et édaphiques difficiles grâce à l'intervention du vent : il s'agit du chou-fleur de Bouhamama *(Anabis aretioides)* qui se développe, par exemple, sur les regs de la hamada du Dra, dans le Sahara marocain. Lorsque le vent souffle, le sable se trouve piégé entre les rameaux et les feuilles compactes de cette plante. Il finit par se grésifier légèrement pour former une carapace d'où émergent des feuilles très petites. Cette protection et le sable qui s'infiltre entre les rameaux très denses de la plante maintiennent, au cœur de celle-ci, un taux d'humidité, si faible soit-il, supérieur à celui des regs dénudés environnants (Barry et Celle, 1991). Dans la région de Tarfaya (Sud marocain), un buisson ligneux, *Hedysarum argentatum,* est enraciné sur le reg et supporte le passage des barkhanes, se mettant en sommeil chaque fois qu'il est enfoui ! La contrepartie est une croissance lente de ces plantes, puisque la surface photosynthétique est des plus réduites (communication orale de J. Mathez).

Dans la péninsule arabique, un type de répartition de la végétation associe l'action du vent à celle du ruissellement. Dans la région de Gassim entre Buraida et Hail, des formes dunaires situées sur des plateaux dont l'altitude s'élève entre 600 et 700 m, sont édifiées avec des sables provenant de vastes épandages alluviaux quaternaires, accumulés par des oueds, aujourd'hui fossiles, qui drainaient les plateaux et le front de leurs escarpements. Le climat est aride. Les précipitations sont faibles, entre 50 et 100 mm. Elles se produisent en automne et en hiver, sous forme d'averses. La violence et la régularité caractérisent le régime des vents qui soufflent du Sud en hiver et du Nord, sec et chaud, en été. Les vents de sable sont fréquents au printemps. La végétation est steppique et présente une occupation du sol en bandes sinueuses qui épousent approximativement le tracé des courbes de niveau sur des pentes faibles. Ces bandes de végétation sont très étroites (5 à 50 m), allongées sur plusieurs kilomètres et espacées de plusieurs centaines de mètres. Les dépôts éoliens en sont étroitement dépendants. À l'amont, sur la pente, une première zone de 10 m de large environ, est occupée par des arbustes vigoureux au pied desquels s'établissent des nebkhas. Vers l'aval, les arbustes perdent de leur vigueur et les nebkhas présentent des formes plus aplaties. Plus en aval encore, les arbustes sont morts, les nebkhas disparaissent, un voile sableux les remplace. D'une manière générale, l'épaisseur du sable décroît d'amont en aval. Comment expliquer cette répartition, à la fois du sable et de la steppe ? Sur les pentes, le ruissellement est freiné par les premières nebkhas. Le sol au contact de ces nebkhas est plus humide et les arbustes prospèrent, permettant l'accroissement du volume des nebkhas. Cette steppe arbustive s'étend vers l'amont toujours humide. En revanche, à l'aval, l'humidité diminue et les arbustes souffrent puis dépérissent et meurent. À partir de ce moment, le sable des nebkhas est remis en mouvement par le vent et elles disparaissent pour laisser la place au voile sableux. À chaque création de nouvelles nebkhas sur la pente, le phénomène se reproduit au détriment des nebkhas situées plus à l'aval, si bien que les bandes de végétation vigoureuses ont tendance à remonter vers l'amont, sur la pente. Ce mécanisme est à rapprocher de celui de la brousse tigrée d'Afrique soudanienne (Riser, 1999).

À présent, il faut citer l'action du vent sur la pollinisation. L'absence d'obstacle et sa présence quotidienne permettent le transport des diaspores, c'est-à-dire des organes des plantes quels qu'ils soient, sur de longues distances. Ces diaspores et en particulier les pollens ont un poids, même infime qui les entraîne vers le sol. Les courants d'air et le vent les déplacent horizontalement pendant la durée de leur chute ou même les prennent en charge par ascendance. Pour réaliser ces déplacements, plusieurs paramètres sont à considérer : la masse, proportionnelle au volume, donc au cube des dimensions, la surface, proportionnelle au carré des dimensions et la résistance de l'air, proportionnelle à la surface de l'objet et au carré de la vitesse du vent. Ainsi, les diaspores de très petite taille dont le rapport masse/surface est faible sont facilement transportées par le vent. La facilité des pollens désertiques à la dispersion, permet une pollinisation efficace de milieux, par ailleurs, défavorables à la vie végétale. De même, certains pollens méditerranéens charriés par le vent sont présents au cœur du Sahara et leur existence, en milieu désertique, doit être prise en compte pour éviter des erreurs d'interprétation dans l'étude des paléoclimats.

De nombreuses plantes des milieux arides possèdent des graines ou des fruits dont la morphologie permet un déplacement facilité par le vent. Par exemple, certaines graines sont munies de plumes leur permettant de voler (tamaris, *Leptadenia pyrotechnica*), d'autres de petites ailes ou de poils qui accrochent les graines les unes aux autres, favorisant ainsi leur transport en masse par le vent. D'autres fruits ou graines ont la forme d'un ballon qui roule facilement sur le sol. Parfois même, c'est l'ensemble des parties aériennes de la plante qui se détache à la maturité des graines et roule à la surface du sol, poussé par le vent (par exemple, *Amaranthus albus*). Enfin, les secteurs à l'abri du vent sont plus favorables à l'installation de la végétation comme, par exemple, la partie sous le vent d'un édifice dunaire.

▸▸ Le comportement des animaux

L'action du vent sur les animaux se trouve aussi associée à d'autres facteurs (température de l'air, évaporation, hygrométrie). Il faut cependant mentionner quelques effets particuliers. Le désert de sable est plus favorable à l'installation des animaux que les regs. Comme pour la végétation, le sable peut constituer un abri contre le vent. Les insectes en particulier peuvent s'y enfouir pour se protéger des rafales. Les sables des dunes et surtout des rebdous souvent couverts de végétation contiennent un peu plus d'humidité que les regs caillouteux, et les terriers de rongeurs (gerboises) ou de reptiles y sont creusés en grand nombre. Le fennec y trouve aussi refuge. Les insectes, comme les sauterelles, peuvent être poussés par le vent, très loin de leur lieu de naissance. Parfois aussi, les obstacles piègent des matériaux divers charriés par le vent. Ces détritus constituent un apport d'humidité et de nourriture pour les insectes.

⏩ Vents et paléovents

L'action du vent dans les déserts est très originale. Elle donne naissance à des formes variées, tantôt mobiles, tantôt fixes. Azoïques puisque édifiées pendant les périodes arides sur un substrat sableux peu favorable à l'activité biologique, elles restent silencieuses aux sollicitations des chercheurs qui voudraient les replacer dans une histoire paléogéographique et paléoclimatique. Toutefois, elles sont souvent intercalées entre des dépôts de périodes plus humides. Grâce à ces bornes, il est possible de connaître, approximativement, le début et les phases finales de ces périodes arides.

Les sables accumulés peuvent être naturellement repris en charge par le vent sur les regs, les maaders, les sebkhras ou les lits à sec des fleuves temporaires. L'action de l'homme, sous forme d'une agriculture inadaptée aux milieux désertiques, d'un élevage trop intensif ou de travaux industriels inconsidérés, peut redynamiser les sables. Ils reprennent alors leurs cheminements inexorables et les sociétés humaines ne leur opposent que des obstacles et des protections dérisoires.

⏩ Le vent dans les déserts froids

Certains caractères bioclimatiques sont communs à l'ensemble des déserts du monde : pluies très faibles, vents violents, couvert végétal rabougri, clairsemé ou inexistant. Toutefois, le froid apporte quelques traits originaux, comme les sols gelés ou permafrost, la répartition estivale du couvert neigeux et la durée très courte de l'été. D'ailleurs, dans les déserts froids, les contraintes climatiques pénalisent surtout la végétation.

Ces déserts peuvent être classés en trois types principaux : les toundras circumpolaires où la végétation steppique s'adapte à la fois aux faibles précipitations, essentiellement neigeuses, aux vents, au froid et aux sols gelés, les déserts d'abri comme la Patagonie, sous le vent de la chaîne andine et enfin les déserts à la fois éloignés des circulations cycloniques océaniques et abrités par de hautes montagnes comme ceux d'Asie centrale, de Chine et de Mongolie.

L'action du vent dans les régions circumpolaires

Les formes nivo-éoliennes

Aux hautes latitudes, le vent combiné à la neige joue un rôle considérable dans plusieurs situations.

Il emporte la neige et donne à la couverture neigeuse une allure discontinue. Cette répartition a plusieurs conséquences. Les zones recouvertes de neige sont protégées par celle-ci et le gel y est moins profond. En revanche, dans les secteurs dépourvus de neige, le gel plus intense entraîne le gonflement superficiel du sol. Comme le vent chasse la neige, surtout sur les bosses, celles-ci ne font que croître en volume, limitant entre elles des tourbières et des marais.

Les formes nivo-éoliennes sont constituées d'un mélange de neige, de sable et de limon. Lorsque la neige fond, le sable et les limons restent sur place, en nappes plus ou moins uniformes mais rarement sous l'aspect de dunes comme dans les déserts chauds. Les dunes proprement dites sont finalement assez rares. Les accumulations sableuses sont plutôt diffuses, en nappes accidentées de rides, hautes de quelques centimètres à quelques décimètres et de plusieurs dizaines de mètres de longueur. Ces sables se déposent, mêlés à la neige sous l'effet des blizzards hivernaux. Le transport de poussières et de sables, de tailles variées, en même temps que des cristaux de glace et même incorporés à eux explique le manque de triage. Le tassement des sables et des limons, au moment de la fonte des neiges interstitielles, rend compte de l'absence de stratifications entrecroisées.

Il existe, cependant, des formes dunaires dans quelques situations précises. C'est le cas au centre de l'Islande où les dépôts volcaniques très récents n'ont pas encore eu le temps d'être colonisés par la végétation clairsemée et fragile à cause des vents violents et du froid. L'île comporte des étendues couvertes de cendres volcaniques remaniées par le vent. Au Nord du volcan Askjar, des dunes paraboliques creusées de caoudeyres et des nebkhas sont édifiées par flux de Nord dans les cendres qui sont aussi plaquées contre les berges sous le vent des affluents de la Jökulsa près de Fjöllum. Dans la plaine de Myvatnsörœfj, les pierres ponces forment des rides de 50 cm de hauteur (photo ci-dessous), orientées Sud-Sud-Est - Nord-Nord-Ouest tandis que les cheyres sont décapés sous forme de reg (photos ci-dessous et page suivante).

Dans l'Antarctique, la déflation est très active à cause de la violence du vent qui souffle couramment à plus de 140 km / h et de la gélifraction qui triture les matériaux, les ameublit et les rend propices au transport par le vent. Une fois les matériaux

Rides de pierres ponces dans la plaine de Myvatnsöroefj (Islande).

Reg sur coulées volcaniques dans la plaine de Myvatnsöroefj.

fins exportés, il ne reste, sur place, que les matériaux grossiers, à l'image des regs des déserts tropicaux.

Le bombardement des cailloux de ces regs par les grains de sable et les cristaux de glace donne naissance à des cailloux aux angles polis et à des drykanters.

Le vent accumule la neige et des sables éoliens dans les creux et les ravins, sous forme d'amas interstratifiés ou de pellicules de quelques centimètres d'épaisseur. Ce sable est riche en grains ronds et mats. Il donne des dos de terrain aux pentes douces (moins de 10 %) atteignant plusieurs centaines de mètres de large (Tricard et Cailleux, 1967).

Les placages nivo-éoliens, signalés aussi au Groenland, sont constitués de lits stratifiés de neige et de sable. Leur épaisseur est d'environ 0,5 à 2 m au plus, de sorte que les blocs erratiques des moraines affleurent, çà et là, à travers le sable.

Comme les dunes, ils sont parcourus de rides. En coupe, se distinguent des lits de sable et de neige superposés, parallèles entre eux. Une couche plus épaisse de sable couronne l'ensemble. Dans cette tranche sableuse supérieure, mieux exposée aux variations de température, les lits de neige ont fondu. Les différentes strates de sable présentent des granulométries variées, suivant la force de la tempête qui les a déposées. Si on imagine la fonte de tous les lits de neige, on aboutit à un recouvrement sableux à rides parallèles qui s'observe aussi dans le Quaternaire de Belgique et des Pays-Bas. Enfin, le vent transporte, pendant l'été, sur les glaciers, de fines poussières qui sont ensuite interstratifiées avec la glace et la neige d'hiver.

Le vent dans la toundra

La toundra s'étend au Nord du cercle polaire arctique et sur les îles de l'océan antarctique. C'est une formation herbacée et buissonnante, dépourvue d'arbres ou ponctuée de quelques arbustes nains s'élevant à quelques décimètres au-dessus du sol.

Les facteurs essentiels de la répartition et de la physionomie de la végétation sont la durée très courte et les basses températures de l'été qui freinent ou entravent la photosynthèse, l'enneigement prolongé et d'épaisseur inégale et, enfin, l'existence du permafrost. Le vent n'est qu'un agent secondaire, mais il joue sur l'aspect et la répartition des végétaux.

Le vent balaie la neige sur les interfluves et l'accumule dans les creux, les vallons et les ravins ou en congères, à l'abri des obstacles topographiques par exemple. Plus la couverture neigeuse est épaisse et plus elle persiste en été, empêchant ainsi la végétation de s'installer. En revanche, sur les interfluves, l'absence totale de neige qui permet au permafrost de se situer très proche de la surface du sol et la violence des bourrasques interdisent l'installation des végétaux en dehors des mousses, des lichens et de plantes en coussinet rongées par le mitraillage des sables et des débris de glace du côté exposé aux vents dominants. Lorsque la neige arrive à fondre, en été, dans les talwegs, elle apporte de l'humidité, si bien que les bas-fonds sont occupés par une végétation dense, sous forme de fourrés, parfois impénétrables. Dans les régions plus méridionales de l'hémisphère nord, à la limite de la taïga, s'observent des forêts dans les talwegs et la toundra sur les interfluves. Dans les secteurs abandonnés par les glaciers, les moraines se présentent sous forme de reg grossier.

L'érosion éolienne dans les déserts d'Asie

Le désert le plus occidental est l'ensemble des terres arides qui cernent la mer d'Aral. Elles sont balayées, au cours de l'année, par des vents venus de l'Ouest (38 %) des vents du Nord et du Nord-Ouest (25 %) et des vents du Nord-Est pour environ 27 % (Mainguet et Létolle, 1994). Les vents d'Ouest représentent l'écho lointain de la circulation de front polaire tandis que ceux, essentiellement hivernaux, du quart septentrional de la rose des vents prennent naissance dans les hautes pressions glaciales de la Sibérie. La mousson de l'océan Indien est, quant à elle, bloquée par les puissantes chaînes de montagnes iraniennes et le Pamir. Ces vents empruntent le corridor de Tourgaï, prolongation de la vallée de Tobol entre les plateaux de Mougadchar et les Monts Ulutau. Dès le début de l'été, les fortes chaleurs de ces régions engendrent l'installation de hautes pressions à l'origine de nombreux cyclones, responsables du transport éolien de grandes quantités de poussière.

Les formes dunaires observées dans ces déserts ressemblent à celles des déserts chauds tropicaux. Je prendrai seulement quelques exemples : dans le Tourgaï, au Sud de l'Oural, la steppe recouvre les ergs du grand Barsouki au Nord-Ouest de la mer d'Aral et du petit Barsouki, au Nord de celle-ci. Le sable de ces ergs, qui tapissent des paléovallées datées du Quaternaire ancien, provient de dépôts fluvio-glaciaires s'étendant dans les plaines du corridor de Tourgaï jusqu'aux contreforts de l'Oural.

Le plateau de l'Oust-Oust, entre mer Caspienne et mer d'Aral, est une dalle calcaire subhorizontale, véritable hamada recouverte d'un reg. Dans le Kara-Koum, entre Aral et chaîne du Kopet-Dag, s'étendent des cordons de dunes longitudinaux Nord-Sud, au sable presque noir, modelés par les vents du Nord. Ces dunes sont séparées par des couloirs d'au moins cent mètres de large et de plusieurs kilomètres de long, dont le fond est tapissé d'argile. En bordure de la mer d'Aral, les creux interdunaires de ces cordons sont occupés par des lacs temporaires en période de hautes eaux à la manière, dans les régions saheliennes, du rivage nord du lac Tchad dans le Kanem ou des rivages sud-ouest du lac Fitri, au Tchad (Mainguet et Letolle 1994 ; Bédjaoué, 2006). Dans le Sud du Kara-Koum s'étendent des champs de barkhanes dont l'origine probable est la remise en mouvement des matériaux des cordons longitudinaux, après disparition de la steppe qui les protégeait de l'action de l'homme. Au Nord de la vallée de l'Amou-Daria se sont édifiés les ergs à dunes longitudinales du Kyzyl-Koum, elles aussi d'orientation Nord-Sud.

D'une manière générale, le sable provient, depuis le début de l'aridification de ces régions, il y a quelques milliers d'années, du vannage des alluvions dans les basses plaines de l'Amou-Daria et du Syr-Daria.

En Extrême-Orient, au cœur de l'Asie, les déserts continentaux sont tous localisés au Nord de la chaîne himalayenne : le Beïchar et le Tsaïddan, de part et d'autre des monts Qiliashanmaï, le Taklamakan et la Dzougarie, le Gobi où se distinguent plusieurs régions arides (désert de Tengger, de Ulan Buh, de Qubqi) et enfin les steppes de Mongolie (d'après Mainguet, 1996). Dans ces régions, deux grands types de milieux coexistent : le Gobi, désert de pierres (reg) et le Shamo, désert de sable. L'aridité de ces contrées provient de leur isolement derrière de puissantes barrières montagneuses : le Tian-Chan et le Pamir arrêtent les masses d'air venues du lointain Atlantique tandis que l'Himalaya fait écran à la mousson indienne. Le climat est aride et excessivement continental. Pendant la saison hivernale, ces déserts sont situés sous l'influence totale des masses d'air glaciales de l'anticyclone mongol-sibérien. En été, cet anticyclone se résorbe et les températures augmentent. Les seules influences humides proviennent du Pacifique très éloigné et des relents de la mousson. Les seules précipitations se produisent de juin à septembre.

Dans l'ensemble de ces déserts, les vents du Nord-Est sont les plus violents, surtout au printemps et au début de l'été. Par exemple, dans la dépression de Turfan, 32 jours de vent supérieur à force 8 sont enregistrés, en moyenne, chaque année et parfois ce nombre peut atteindre 68 jours. Les bourrasques de vent à plus de 12 beauforts sont fréquentes et transportent de grandes quantités de sable et de poussière (Conférence of desertification, 1977, Nairobi). Ainsi, 148 jours de tempête de sable par an, centrés essentiellement de mars à juin, ont été enregistrés à Minqin dans le désert du Tengger (Mainguet, 1996).

Les formes éoliennes sont semblables à celles des déserts tropicaux. Dans le désert de Qubqi (Ordos), les champs de barkhanes et les chaînes sableuses longitudinales sont les plus fréquents. Sur les versants des reliefs s'observent des placages sableux tandis que les regs occupent de vastes étendues.

Dans tous les autres déserts de Chine (Beïchan, Tsaïdan, Taklamakan et Dzoungarie), la caractéristique principale est l'existence de vastes piémonts ourlant les hautes chaînes du Qilianshanmaï (Beïchan et Teaïdan), le rebord nord du plateau tibétain, le Karakorum, le Pamir et le Tian-Chan. Le sable est d'origine alluviale, éolienne mais aussi glaciaire. Sur les formations quaternaires de ces piémonts, le vent a dégagé des regs très grossiers tandis que les formations alluviales argileuses sont façonnées en yardangs. Les dépôts fins, ainsi transportés, édifient des barkhanes et des rebdous.

Comme les autres déserts, le Taklamakan se situe à la jonction des domaines éoliens et alluviaux. Sur les piémonts, autour du Lop nor, les vents du Nord-Nord-Est creusent des yardangs. Les dunes les plus répandues sont des barkhanes qui menacent, dans leurs déplacements, certaines oasis. Les ghourds sont bien représentés autour du lac Bositenghu, par exemple. Des rebdous se construisent autour des pieds de tamaris. Au cœur du désert, la quantité de sable est considérable. Il est accumulé sur 400 à 500 m d'épaisseur en moyenne. Il est modelé sous forme de siouf et de ghourd, parfois de plus de 60 m de hauteur. Les barkhanes et les dunes transversales sont perpendiculaires aux vents dominants dont la direction préférentielle est Est-Nord-Est / Ouest-Sud-Ouest ou Nord-Ouest / Sud-Est au Sud-Ouest. Ces dunes transversales sont de toutes tailles. Les plus importantes mesurent plusieurs dizaines de kilomètres de long. Elles sont étendues parfois sur près de 1 km, séparées par des couloirs de déflation larges de 2 km environ. Ces différentes dunes sont associées sous forme d'aklés et d'ergs. L'étude des grains de sable montre qu'ils sont alluviaux alors qu'au Sahara, ils sont essentiellement éolisés. Cette différence résulte du parcours des matériaux. Au Sahara, les sables peuvent accomplir de très longs périples d'erg en erg. Au cours de ces déplacements, ils vont acquérir leur aspect rond mat. En revanche, les sables pris en charge sur les piémonts des chaînes d'Asie réalisent un trajet relativement court entre leur sédimentation alluviale sur les piémonts et celle, éolienne, après transport par le vent, au cœur des immenses bassins.

Cependant, l'étude d'un forage de 1650 m de profondeur, localisé près de Sanju montre que la séquence centrale et sommitale de la coupe présente des formations riches en sables éoliens. La datation de ces formations s'étale entre 5,3 Ma et 2 Ma. Autour de 5,3 Ma, deux phénomènes planétaires expliqueraient l'apparition du désert de Taklamakan. Le refroidissement des hautes latitudes aurait augmenté le dynamisme des hautes pressions sibériennes tandis que la surrection rapide de l'Himalaya modifiait la circulation atmosphérique (Sun et Liu, 2006).

En Mongolie, les conditions climatiques, d'après N. Kharin (1997), restent primordiales dans l'aspect du désert. Celui-ci évolue en fonction des pluies. Ainsi, durant les années sèches, la surexploitation de la steppe et les faibles précipitations (environ 70 mm) sont préjudiciables à la végétation qui se raréfie et évolue vers des aspects désertiques. En revanche, lorsque les pluies atteignent 200 mm pendant trois à cinq ans, la pression sur le milieu s'affaiblit et se dilue et le paysage végétal redevient steppique. L'érosion éolienne suit l'évolution des précipitations et se manifeste surtout sur les sols sableux et les dunes dépourvues de végétation à plus de 80 %.

▸▸ Le rôle du vent en montagne

Le monde vertical de la montagne pénètre dans les couches inférieures de l'atmosphère, arrêtant ou infléchissant la trajectoire des vents, modifiant la distribution des pluies, haussant le sommet des terres dans l'air glacé des hautes altitudes (Veyret, 1967). Les chaînes de montagnes se retrouvent donc au cœur de l'espace atmosphérique. C'est ainsi que les violentes rafales qui fouettent le sommet du Mont-Blanc sont à relier aux courants-jets des hautes altitudes. Par exemple, le 23 octobre 1952, un courant-jet à plus de 200 km / h, entre 3000 et 4000 m provoque une violente tempête sur les plus hauts sommets des Alpes. Toutefois, si le comportement du vent est fonction du relief, il a aussi une forte influence sur le couvert végétal et la répartition du manteau neigeux.

Le relief, obstacle à la circulation atmosphérique : l'effet de fœhn

Les exemples sont nombreux. La mousson indienne ne franchit pas la barrière himalayenne et les plateaux du Tibet sont froids et arides. Les bassins et les vallées situés à l'intérieur des massifs montagneux sont plus secs que les montagnes qui les cernent. Les Alpes françaises du Sud, relativement sèches, sont abritées des vents d'Ouest et du Sud par le rempart du Massif central et par les premiers chaînons provençaux. L'extrémité orientale de la chaîne, la plus éloignée de l'Atlantique est isolée de la mer adriatique par des reliefs élevés, et reçoit des pluies modestes.

Cependant, le fœhn reste le phénomène aérologique le plus spectaculaire dépendant du relief (figure 41). La présence du fœhn est directement liée à l'orientation générale du relief en un lieu donné et à la direction des vents chargés d'humidité en ce lieu.

C'est pourquoi, il est plus juste de parler « d'effet de fœhn ». Le mécanisme simple du fœhn met en évidence le rôle du relief sur les conditions climatiques. En passant au-dessus des chaînes de montagnes, l'air subit une déviation verticale qui déclenche l'effet de fœhn : de frais et humide, l'air devient chaud et sec. Cette métamorphose résulte de l'application des lois de la physique. En s'élevant, l'air se détend car la pression atmosphérique diminue avec l'altitude et sa température baisse, en moyenne de 0,65 °C pour 100 m. Ce refroidissement provoque la condensation de la vapeur d'eau, des nuages se forment donc sur le versant au vent du relief en donnant de la pluie ou de la neige. L'air perd ainsi la majeure partie de son humidité. Une fois le sommet franchi, c'est de l'air frais et plus sec qui descend sur l'autre versant montagneux. Cet air frais et sec va être comprimé puisque la pression atmosphérique augmente en redescendant. En se comprimant, l'air s'échauffe comme n'importe quel gaz d'environ 1 °C pour 100 m. C'est-à-dire qu'il s'échauffe plus vite en descendant qu'il ne se refroidit en s'élevant. Ainsi, la crête montagneuse passée, le ciel s'éclaircit, le sommet est couronné d'un front nuageux et le mur de fœhn s'effiloche brutalement au-dessus du versant sous le vent.

L'effet de fœhn est fréquent dans toutes les chaînes de montagnes même de faible altitude. Le fœhn est particulièrement sensible à Innsbruck, au cœur des Alpes autrichiennes. La douceur relative et l'ensoleillement de la ville sont le résultat de sa position, abritée des bises nordiques par les Alpes bavaroises (Karwendelgebirge) et soumise aux effets du fœhn sous le vent des Alpes autrichiennes (Wildspitze et Alpes de Zillertal). Lorsque les manifestations du fœhn s'intensifient, Innsbruck connaît un ensoleillement accru, une diminution des précipitations, un recul de la nébulosité et la fonte rapide du manteau neigeux. Le vignoble et le climat très clément du Valais dépendent aussi du fœhn qui descend des Alpes pennines. Les grandes chaînes de

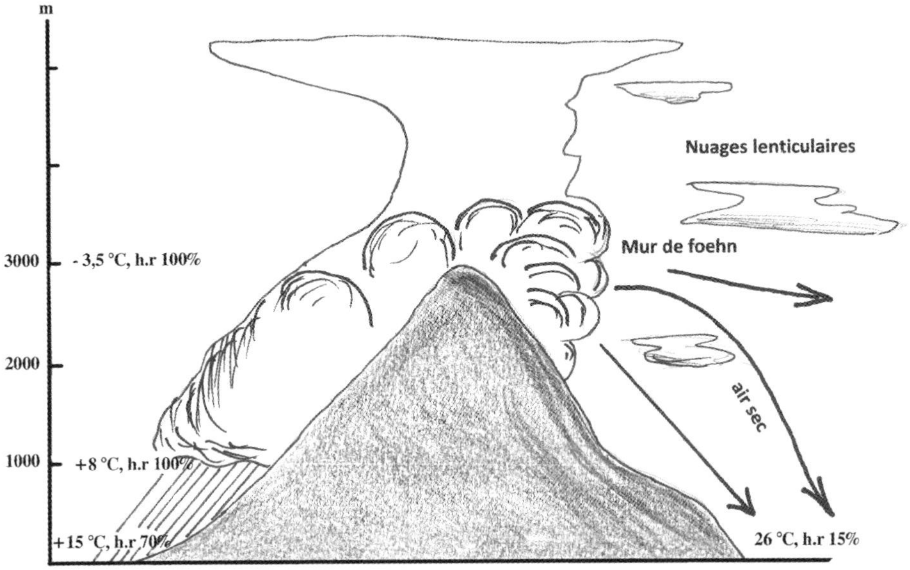

L'effet de fœhn. En s'élevant, l'air se détend car la pression diminue avec l'altitude et la température baisse. Ce refroidissement provoque la condensation de la vapeur d'eau, la formation de nuages et des précipitations. Une fois le sommet franchi, c'est de l'air frais et plus sec qui descend sur le versant sous le vent. Cet air frais et sec va se comprimer puisque la pression augmente en redescendant. En se comprimant, l'air s'échauffe. Sur le versant sous le vent, le ciel est clair, la température élevée et les nuages s'effilochent au sommet de la montagne. Les températures et les taux d'humidité relative (h.r) sur la figure sont données à titre d'un exemple.

Figure 41. L'effet de fœhn.

montagnes méridiennes comme les Andes ou les Rocheuses produisent des effets de fœhn spectaculaires. Le *chinook,* qualifié de « mangeur de neige » souffle sur les côtes de Californie. Il est à l'origine de redoux spectaculaires qui engendrent de sérieux risques d'avalanches. En outre, quand souffle le chinook, l'assèchement de l'air est tel que les habitants de la Californie redoutent les incendies.

Le *zonda* est l'effet de fœhn en Patagonie. À l'abri de la chaîne andine et des vents d'Ouest, la sécheresse sévit sur ces régions dont la végétation est essentiellement steppique.

Le Haut-Atlas de Marrakech, au Maroc, joue un rôle identique. Le versant exposé aux vents d'Ouest est humide et couvert de forêts méditerranéennes alors que le versant sud-est est entièrement désertique et domine des vallées arides comme celle du Dadès.

L'effet de fœhn s'étend aux îles tropicales, situées dans le courant des alizés. À Madagascar, la côte au vent reçoit plus de 3 m de précipitations et celle sous le vent, en particulier dans le Sud-Ouest de l'île, moins de 500 mm (350 mm à Tuléar).

En France, le fœhn se manifeste au pied des Pyrénées, c'est le vent d'Autan. Il résulte d'un effet barrière. Le flux méridien se heurte au versant sud des Pyrénées et sur son versant nord se crée alors une zone de basses pressions dynamiques. Le versant nord de la chaîne bénéficie d'une éclaircie alors que les précipitations se concentrent sur le versant espagnol. Cette situation vaut, à Biarritz et à Pau, de nombreux records de chaleur, tout au long de l'année (Vigneaux, 1972). La plaine d'Alsace est soumise à l'effet de fœhn. Colmar ne reçoit, en moyenne que 580 mm de pluie, alors que le versant vosgien totalise 1 445 mm. Le versant ouest du Cantal est aussi plus humide que la planèze de Saint-Flour. En Corse, le libeccio arrose la côte ouest de l'île tandis que la côte est et la plaine d'Aléria sont plus sèches.

Cependant, les grands massifs montagneux n'ont pas l'exclusivité du phénomène de fœhn. Il peut être présent partout et son importance varie avec le volume montagneux qui le provoque. Une simple colline orientée perpendiculairement au vent dominant et surplombant une vallée peut provoquer un effet de fœhn dans cette dernière. Bien que ni la montagne Sainte-Victoire ni le mont Ventoux soient de simples collines, l'effet de fœhn se vérifie dans la vallée de Vauvenargues et dans celle du Toulourenc !

Les reliefs et les effets localisés du vent

Toutefois, le vent, en montagne, peut aussi présenter des effets très localisés, engendrés par la topographie et la position des massifs montagneux entre eux. Le plus fréquent est celui des brises de vallées.

Pendant la journée, les cimes exposées au soleil s'échauffent plus que les vallées encaissées et une brise souffle des vallées vers les sommets. À la tombée de la nuit, les cimes se refroidissent plus vite que les vallées et un vent de gravité ou vent catabatique souffle des sommets vers les plaines. Il en est de même dans les régions polaires où l'air froid des glaciers et des inlandsis s'écoule vers les vallées et les littoraux.

Les courants d'air peuvent aussi épouser le relief et, sous le vent de ce dernier, se développe souvent un système d'ondes qui crée des turbulences au passage d'une crête. En franchissant un sommet entre deux obstacles, les filets d'air se resserrent et s'accélèrent par effet « venturi ». Ainsi, les cols sont toujours très ventés car ils cumulent l'effet de sommet à ceux d'un passage souvent rétréci.

Au sommet du Säntis, au Sud du lac de Constance, à 2501 m, les vents d'Ouest sont prépondérants (67 % des vents dans l'année contre 17 % de vents du Nord et 16 % de vents du Sud). Au col du Grand Saint-Bernard comme au sommet du Säntis, les périodes de calme sont très rares. Les observations réalisées trois fois par jour dans ces deux observatoires montrent que sur 1 095 cas, on ne décèle que 72 cas de calme au Säntis (6 %) et 28 (2 %) au Grand Saint-Bernard, contre 949 cas à Lugano, en position d'abri, sur le versant italien des Alpes (Veyret, 1967). D'ailleurs, ce dernier lieu peut être considéré comme un immense adret qui reçoit surtout le souffle tiède venu du midi. Dans ces régions, le phénomène d'abri joue plus nettement contre les vents d'Ouest, que vis-à-vis de ceux du Nord puisque 60 % d'entre eux soufflent sur Lugano contre 11 % de vents d'Ouest. Cette différence s'explique par le renforcement des vents du Nord, provoqué par l'appel d'air de la Méditerranée, plus chaude et par le rôle du minimum de Gênes.

Toujours à cause du relief, les montagnes présentent une dissymétrie face à l'action du vent. Le versant au vent contraint le flux à s'élever et à se détendre, le froid ainsi provoqué entraîne des condensations et des pluies. Le versant au vent est donc humide, mais il est aussi plus frais à cause du voile nuageux fréquent, des forêts plus développées, de l'évaporation accélérée par les effets du vent. Le versant sous le vent, soumis à l'effet de fœhn, est plus chaud et plus sec. Par exemple, au Mont Kenya, à 2500 m d'altitude, le versant au vent de l'alizé reçoit 2 m de précipitations tandis que le versant sous le vent, seulement 750 mm.

Le vent et le couvert végétal en montagne

Il joue un rôle déterminant aux étages de végétation où il souffle le plus fort, c'est-à-dire aux étages alpin et nival. Les conditions de vie y sont, par ailleurs, des plus dures : températures très basses, enneigement prolongé, saison végétative courte, lumière brûlante et air sec. Les vents froids, balayant les cimes, contribuent à l'élimination de la forêt et amplifient la morsure du froid. Ils intensifient l'évapotranspiration des végétaux qui prennent des allures de plantes du désert. La baisse des températures et la violence des vents marquent la limite de la forêt entre l'étage subalpin et l'étage alpin. Au-dessus de cette limite, les étages supra-forestiers sont marqués par le froid, le vent, un couvert neigeux prolongé et des sols de plus en plus minces. Ces facteurs interdisent une couverture végétale ligneuse. Ils se caractérisent par la présence d'un tapis herbacé plus ou moins dense : pelouse alpine, paramo et puna.

Les paramos d'Amérique andine et d'Afrique orientale correspondent à des climats de montagne humide et toujours froide. La saison sèche ne dépasse pas deux mois, le gel est journalier, la croissance des végétaux est très lente. Les paramos sont des prairies ou des steppes peuplées de plantes en coussinet ou en grosses rosettes coriaces terminant une tige robuste non ramifiée. Certaines sont dotées de longues hampes florales comme les lobéliacées, les sénéçons arborescents ou les *Espeletia* andines.

Dans les montagnes tropicales les plus sèches se développe la puna : paysage de désert froid d'altitude au tapis végétal discontinu, composé de mousses, de lichens, de graminées et d'épineux. Au-delà, la végétation disparaît, sauf à quelques rares exceptions. C'est le domaine des neiges permanentes, des éboulis et des glaciers (étage nival).

Le vent a deux effets essentiels : mécanique et phénologique. Le premier peut s'observer aussi en plaine. Les allées de platanes inclinés vers le Sud, perpendiculaires au mistral, dans la basse vallée du Rhône, en témoignent. Ces déformations s'accentuent en montagne. Les feuillus sont plus sensibles que les conifères. Les hêtres, tordus par le vent, présentent un port en drapeau comme sur les crêtes balayées, en Corse, par le libeccio. Le vent blesse les troncs en les criblant d'aiguilles de glace, il casse les branches, il peut renverser les arbres en créant des chablis au cœur des forêts de conifères, en particulier d'épicéas à l'enracinement superficiel. Les pins à crochets et les pins cembrots présentent des branches noueuses, tordues, en moignons. Avec l'altitude, les arbres se raréfient et les déformations anatomiques cèdent la place

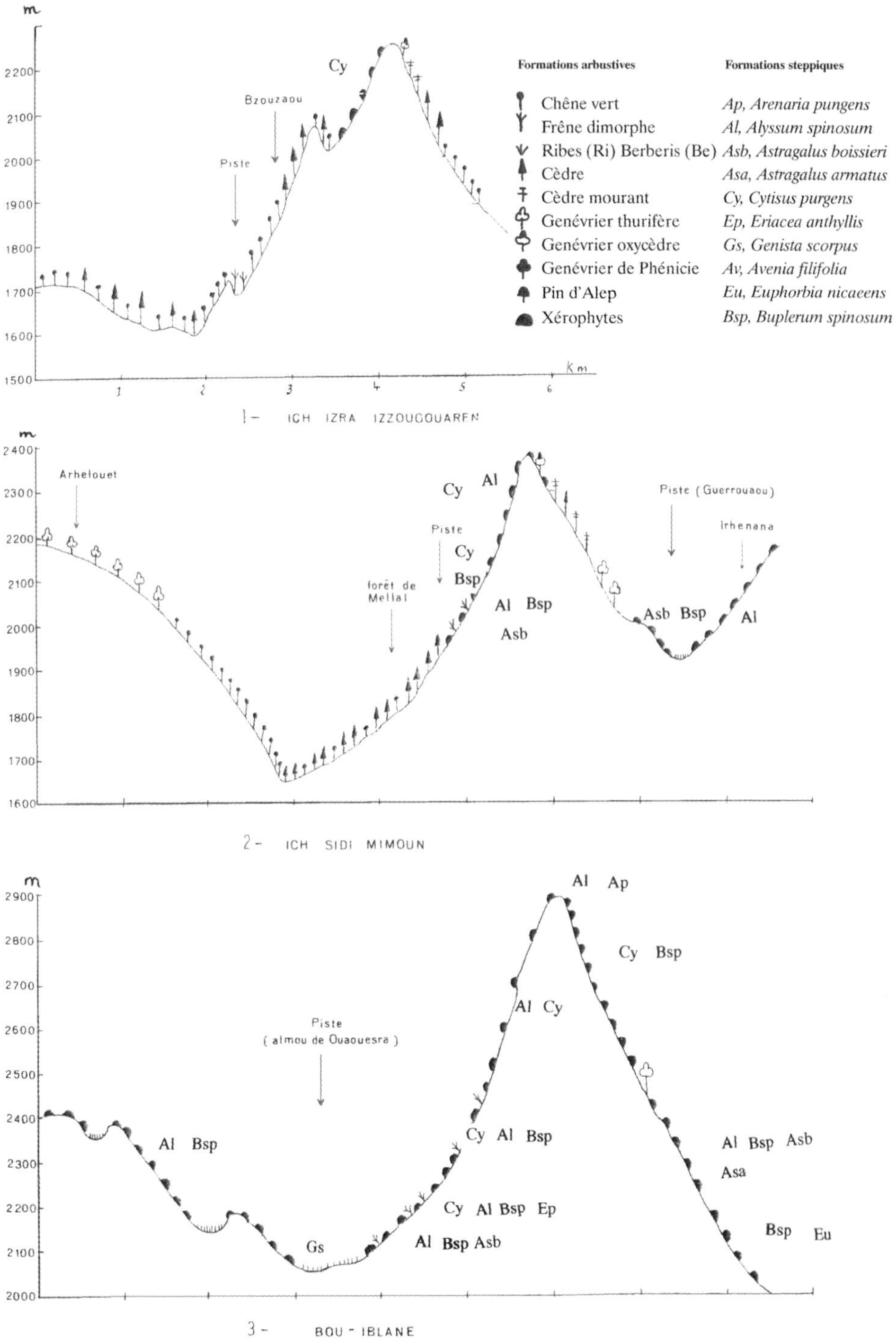

Figure 42. Étagement de la végétation dans le Moyen-Atlas (d'après Peyre, 1973). De haut en bas, transects ouest-est montrant la disparition progressive de la cédraie au profit des xérophytes épineux de milieux arides, froids et venteux continentaux.

à des modifications plus profondes de leur silhouette : arbres rampants, buissonnants, aux tiges collées au sol comme le pin mugo qui possède, en outre, de très longues racines lui permettant de s'accrocher aux pentes, de résister au vent et aux sols mouvants par solifluxion. Ces racines peuvent rejeter pour donner naissance à de nouveaux individus (drageons). Ce pin, planté parmi d'autres arbres, conserve son aspect prostré au ras du sol et cette position entraîne peu à peu sa disparition car il est dangereusement concurrencé par les autres espèces. En revanche, sur une crête battue des vents, le pin mugo devient conquérant car parfaitement adapté aux intempéries, c'est ainsi qu'il s'étend dans l'étage subalpin des Alpes centrales et orientales. Le pin cembrot, avec ses longues racines, son port trapu, ses branches énormes et noueuses pourra, s'il résiste aux intempéries, vivre des siècles. Le grand âge lui confère un port en chandelle : deux ou trois branches se détachent du tronc et s'élèvent verticalement. La cime principale est souvent desséchée, brisée par le vent ou la foudre, surtout à la limite supérieure de l'étage subalpin.

L'effet d'ordre phénologique essentiel consiste à lutter contre l'évapotranspiration accrue par le souffle du vent. Les plantes prennent des aspects xérophiles : feuilles de petites dimensions, persistantes et coriaces, les stomates sont abondants mais les vaisseaux conducteurs de leur sève sont rares et exigus. De nombreuses plantes présentent un port en coussinet, celui-ci est particulièrement bien adapté aux milieux difficiles. Il permet aux plantes de s'agripper aux aspérités rocheuses. Le feuillage, très dense forme une demi-sphère sur laquelle les fleurs semblent posées. Sous la carapace sphérique des feuilles coriaces, les tiges courtes se ramifient en fourches serrées. Cette architecture ramassée résiste bien au vent et à l'évaporation. Ces steppes à plantes en coussinet sont répandues dans les montagnes méditerranéennes et plus généralement semi-arides (figure 42, Peyre, 1973 ; Peltier et Riser, 1974). L'influence du vent sur les crêtes sommitales peut avoir un impact important sur la végétation. C'est ainsi que les sommets du Massif central portent souvent une pelouse pseudo-alpine évoquant l'étage alpin par sa physionomie et sa composition floristique, à une altitude nettement inférieure à celle à laquelle on s'attendrait à la rencontrer. L'action anthropique (déforestation et extension des pâturages) pourrait être évoqué mais l'expérience menée au sommet de l'Aigoual (1565 m) montre que c'est bien le micro-climat local qui est en cause. En effet, les alentours de l'observatoire météorologique du sommet ont été arborés comme le reste du massif, par Georges Fabre, au début du XXe siècle. Il en reste quelques hêtres, épicéas et pins à crochets qui, à la différence de ceux qui ont été implantés un peu plus bas sur le versant exposé au Sud, n'ont pas dépassé 3 à 4 m de hauteur car sur ces crêtes, en hiver, les pousses sommitales produites pendant la belle saison émergent du manteau neigeux et sont corrodées par le blizzard (communication orale de J. Mathez).

De même que le vent balaie le sable dans les déserts, il dégage la neige sur les crêtes et l'accumule sous le vent des obstacles ou contre ces derniers, sous forme de congères. Si l'épaisseur de neige ainsi accumulée est trop importante, des névés peuvent se constituer. Leur fonte totale ou partielle fournit une quantité d'eau suffisante qui peut permettre le développement local de la végétation en aval ou autour du névé, au-delà même de la limite de la végétation dans l'étage glaciaire et nival à cause de conditions locales favorables. En revanche, dans les secteurs où le vent violent a dégagé toute la neige, la végétation est inexistante ou très clairsemée. Des sillons peuvent se creuser dans le sol, entre les touffes de végétation à la manière des yardangs des déserts.

Le vent accumule la neige au pied des arbres. Du côté au vent, il la plaque contre le tronc. Du côté sous le vent, les tourbillons créés par celui-ci empêchent le dépôt de neige à proximité immédiate de l'arbre et un espace dépourvu de neige peut se maintenir contre le tronc.

Sur les corniches, les courants d'air amoncellent la neige à la fois contre les obstacles et à l'abri de ceux-ci. La neige se durcit, donnant naissance à une plaque à vent qui repose sur de la neige moins résistante. Cette surcharge neigeuse, associée à l'absence de cohésion entre les couches de neige, est une des causes essentielles des avalanches qui peuvent détruire la végétation lors de leur déclenchement.

Plus rarement, sur la surface gelée d'un lac, le vent peut édifier de petites barkhanes de neige ou des rides de poudreuse allongées dans le sens de sa course : les sastrugis.

▸▸ Paléoformes et paléovents

Tout au long des temps géologiques, les variations climatiques, difficiles à cerner faute de documents précis, ont permis la succession, sur des continents aujourd'hui disparus ou modifiés dans leurs contours comme dans leurs reliefs, de climats dont certains étaient désertiques. Sous de telles conditions climatiques, des dunes se sont édifiées. Elles furent remaniées ensuite par d'autres agents d'érosion comme le ruissellement ou les vagues des transgressions marines ou fossilisées par des dépôts marins, lacustres ou continentaux. Leurs traces sont encore visibles sous forme d'éolianites.

Au cours du Quaternaire dont la stratigraphie, contrairement aux autres ères géologiques, est fondée essentiellement sur des changements climatiques, les variations du volume des glaciers ont permis le dégagement d'immenses superficies continentales sur lesquelles les vents catabatiques ont pris en charge les matériaux fins préalablement triturés par les glaciers lors de leurs progressions et de leurs retraits. Ces matériaux fins sont des lœss qui se sont accumulés ensuite en Asie centrale, en Chine, en Argentine, au pied des Andes, sur les bords des grands lacs américains ou encore en Europe, dans la vaste plaine germano-polonaise ou dans la vallée du Rhône.

Dans les déserts chauds, les périodes arides favorisent l'édification des dunes tandis que les phases humides les grésifient. Cette grésification est causée par trois mécanismes essentiels :
– l'humidité met en solution sur place, par exemple, la silice et le fer des grains de sable qui les soudent entre eux ;
– le couvert végétal conserve l'humidité et les racines sont souvent entourées de manchons de sable grésifié ;
– dans les creux interdunaires enfin, l'humidité se maintient plus longtemps et des lacs temporaires ou pérennes peuvent exister au cours des phases pluviales, la grésification y est plus poussée à cause de la circulation phréatique et de la présence d'argiles et de limons alluviaux qui colmatent les interstices sableux.

Toujours dans les déserts chauds, les poussières et les sables très fins se déposent aussi dans les ravins et sur les versants au vent ou sous le vent des corniches. Ces matériaux peuvent s'accumuler sur plusieurs mètres d'épaisseur et être comparés à des lœss, comme, par exemple, dans les monts de Matmata, dans le Sud-tunisien, où leur épaisseur permet le creusement d'habitations troglodytes.

Les éolianites dans l'histoire géologique

Au cours de l'histoire géologique de la planète, des reliefs continentaux furent, à une période ou à une autre, sous l'influence de climats arides tropicaux ou circumpolaires qui, comme de nos jours, engendrèrent des vents violents, à l'origine des éolianites.

Les grès du Paléozoïque inférieur du Sahara central (Tassili des Ajjers)

Ces grès sont contemporains d'une glaciation polaire (Pôle Sud) étendue à toutes ces régions, entre 500 et 400 MA. Autour des inlandsis qui occupaient d'immenses territoires, le climat était de type périglaciaire et présentait des points communs avec celui de la baie d'Hudson, de l'Islande ou du Sptizberg actuels. Des vents violents parcouraient ce vaste domaine désertique froid. Les traces de l'érosion éolienne sont encore visibles. Les premières sont représentées par des grès feuilletés à rides. Elles se localisent parfois dans le comblement d'un chenal, mais elles peuvent aussi se regrouper en champs, dégagés en surfaces structurales. Leurs directions constantes, leur tracé rectiligne pour un même niveau, le parallélisme entre elles laissent supposer l'écoulement d'un fluide de manière homogène comme celui du vent. Les sables qui constituent ces rides sont fins et bien classés tandis que ceux qui forment leurs crêtes sont plus grossiers comme dans les rides actuelles. Enfin, l'indice d'ondulation d'une valeur de 15 est propre aux rides éoliennes. L'orientation relativement constante des rides définit un paléocourant de secteur Nord-Ouest correspondant bien à la régularité des vents, dans un régime anticyclonique de hautes latitudes (Beuf *et al.*, 1971). Dans le Quaternaire, des rides semblables ont été observées en Belgique et aux Pays-Bas.

En revanche, parmi ces formations gréseuses, les vestiges d'édifices dunaires sont rares. Toutefois, dans les Eglab, des grès à structures entrecroisées, présentant un bon classement granulométrique, font penser à d'anciennes dunes. La présence de feldspaths, dans la formation, indique que ce matériel est directement remanié à partir des dépôts glaciaires, sans altération. L'existence de quelques galets d'argilite, incorporés dans le litage, est conforme aux observations sur des dunes actuelles d'Islande où de petits galets isolés, poussés par le vent sur des sables verglacés, se mêlent aux sables fins des accumulations éoliennes.

Les « vieux grès rouges » du Dévonien

Au Paléozoïque supérieur, un immense continent occupait le Nord du continent américain actuel, l'Atlantique nord et une partie de l'Europe occidentale et centrale.

Il était constitué de la soudure du bouclier laurentien (Amérique du Nord) et du bouclier fenno-sarmatien par la chaîne calédonienne. Celle-ci fut alors la proie d'une érosion intense, sous climat subdésertique. Il en résulta la puissante série détritique des « vieux grès rouges ». Leur extension dépasse d'ailleurs le domaine de la chaîne calédonienne pour s'étendre autour de celle-ci sur les espaces continentaux qu'elle dominait.

Les vieux grès rouges peuvent s'accumuler sur plusieurs milliers de mètres, sous la forme d'une alternance monotone de poudingues, de grès plus ou moins grossiers et de schistes. Les faciès gréseux témoignent souvent de leur façonnement par le vent comme l'atteste la présence de grains de sable ronds mats, de drykanters et de nombreux ripple-marks. Il semble donc que le continent sur lequel se déposent les vieux grès rouges subit l'action continue du vent, entrecoupée de fortes précipitations, sous forme d'averses. Le ruissellement remanie ces sables et les mêle à des galets. Çà et là, s'étendent des lacs peu profonds, des marais et des marigots ceinturés de rideaux d'arbres clairsemés où se réfugie l'essentiel de la vie animale. Ce paysage pouvait ressembler à celui des régions sahéliennes actuelles.

Les grès vosgiens

L'origine de ces grès peut se comparer à celle des vieux grès rouges. Les premiers étaient le résultat de l'érosion éolienne sur les matériaux de la chaîne calédonienne, les seconds sont le résultat de l'érosion de la chaîne hercynienne. Ils se situent dans le Trias inférieur. Les formes arrondies des grains de quartz et leur stratification entrecroisée permettent de penser qu'ils sont, en grande partie, d'origine éolienne.

Les grès Navajo

Il y a 190 millions d'années, la façade occidentale des États-Unis, en particulier dans le Sud de l'Utah, n'était qu'un vaste désert couvert de dunes. Avec le temps, celles-ci se sont indurées et subsistent de nos jours sous la forme d'impressionnants empilements gréseux. Des chercheurs américains et australiens ont tenté de découvrir l'origine des ces sables. Ils ont analysé les grains d'un minéral lourd, le zircon (silicate de zirconium, très résistant, qui se forme dans les magmas granitiques) connu dans les grès Navajo. En recherchant l'origine de ce minéral, ils ont constaté que seules les Appalaches, à plusieurs milliers de kilomètres dans l'Est de l'Amérique du Nord, pouvaient être à l'origine de ce matériel qui aurait été transporté vers l'Ouest par d'interminables rivières s'écoulant d'Est en Ouest puis ensuite repris par le vent qui aurait remanié les alluvions de ces cours d'eau.

Les grès du Continental Intercalaire africain

Au cours de la très longue période d'émersion d'une grande partie des boucliers africains entre le Carbonifère et le Crétacé supérieur (280 Ma à 65 Ma), l'érosion éolienne s'est manifestée sur de vastes territoires et de nombreuses formations. Ces dernières, rangées sous l'appellation de Continental intercalaire, sont constituées de sables et de grès sédimentés par le vent puis, très souvent, remobilisées par le ruissellement. Il s'agit par exemple des grès de Nubie dans le Sahara égyptien, des grès

Dans la région de l'erg Ine-Sakhane (Sahara malien), les dunes fossiles prennent l'aspect de buttes entièrement grésifiées, à litages entrecroisés.

du Continental Intercalaire dans le Sahara occidental. Conrad (1970) remarque, par exemple dans le Gourara, le Touat et le Tidikelt occidental, que les sables dunaires et les éléments de reg remaniés par le ruissellement traduisent, à la fin du Crétacé inférieur, l'existence d'une période désertique.

Les grès de Fontainebleau, d'Étampes et du Mio-pliocène saharien

Au cœur du Bassin parisien, à la fin de l'ultime transgression marine du Stampien, des sables se déposent, ce sont ceux de Fontainebleau et d'Étampes. Leur sédimentation est causée par des vents violents et réguliers qui édifièrent, en particulier dans la région d'Étampes, de nombreuses formes éoliennes aux dépens des sables stampiens. Actuellement, ces formes sont représentées par la présence de trains de buttes alignées Ouest-Nord-Ouest, Est-Sud-Est, dans l'Ouest et le Nord du Bassin parisien. Deux hypothèses sont émises pour les expliquer : elles sont, soit des dunes anciennes grésifiées, soit elles délimitent des couloirs de déflation creusés par le vent dans une nappe de sable épaisse, à la manière des yardangs. La comparaison entre ces alignements de buttes et les ondulations géantes de certains ergs (erg Chech, Edeyen de Mourzouk au Sahara, désert de Simpson en Australie), conforte l'hypothèse de l'action du vent sur des étendues sableuses avec, à la fois, creusement de couloirs et remaniement des crêtes des yardangs. Ces formes éoliennes sont ensuite en partie ennoyées dans les calcaires palustres de Beauce.

Dans le Sahara occidental, les formations néogènes des hamadas du Guir et du Dra reposent sur des sables éoliens, par exemple dans les coupes de la hamada du Guir dominant la palmeraie de Beni-Abbes.

Dans le désert de Djurab, au Sud du Tibesti, sur le site de Toros-Menalla, où furent découverts plusieurs spécimens d'hominidés primitifs *Sahelanthropus tchadensis* datés du Miocène supérieur (6 à 7 Ma), le milieu naturel est représenté par des forêts galeries le long des rivières, des marigots et des étendues lacustres cernés d'une végétation variée où vivaient des bovidés (savane), des éléphants et des girafes (savane boisée). Cet environnement, favorable à la vie, était cependant situé au milieu de régions désertiques où le vent remobilisait le sable.

Les dunes fossiles

Elles peuvent prendre plusieurs aspects suivant leur genèse et le contexte paléo-environnemental local ou régional. Dans le désert de Sonoran, elles constituent de véritables reliefs alignés le long du littoral.

Dans le Sud du Sahara, les ergs du Mreyyé, de l'Aouker ou de l'Azaouad se présentent sous l'aspect monotone de cordons dunaires se répétant sur d'immenses superficies. Dans l'Aouker, ils sont perpendiculaires à l'alizé tandis que dans l'Azaouad, au Nord de Tombouctou, ils lui sont parallèles. Entre Tombouctou et Araouane, sur environ 300 km, ces cordons dunaires présentent d'amples ondulations, entre dix et trente mètres de dénivellation, à perte de vue. Les creux interdunaires sont occupés par des dépôts lacustres argileux. Le sable de ces dunes est, sur leur partie sommitale et sur leurs flancs, grésifié sur quelques centimètres. En revanche, les circulations phréatiques ont permis une remobilisation plus durable, sur place, de la silice.

Sous le vent des paléolacs sahariens comme celui d'Ine-Koussamene (Sahara malien), l'alizé, au cours des phases d'assèchement total ou partiel du lac, a pris en charge des argiles grises ou verdâtres, principalement des palygorskites pour édifier, avec ces matériaux, des dunes d'argile constituant, de nos jours, un aklé.

Plus au Nord, à l'Ouest du Timetrine et dans la région de l'erg Ine-Sakhane (0° à 2° de longitude Ouest et 20° de latitude Nord, planche VII, photo 15), les dunes fossiles prennent l'aspect de buttes entièrement grésifiées, à litages entrecroisés, alignées dans

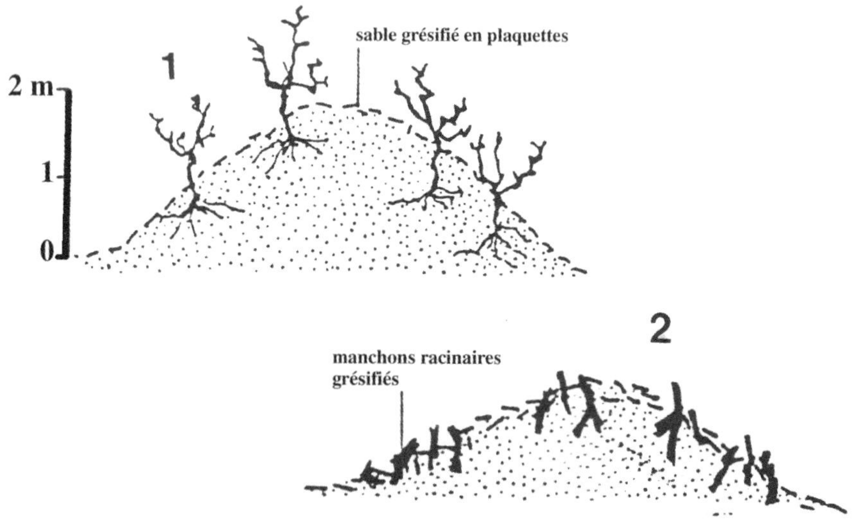

Figure 43. Grésification de sables dunaires (2) à partir d'un couvert végétal steppique (1).

le sens de l'alizé. Les versants de certaines d'entre elles sont couverts de blocs métriques éboulés, libérant des arènes. Parfois, elles sont réduites à quelques chicots gréseux dominant des creux interdunaires en inversion de relief (figure 43). Dans le cas le plus extrême, qui est cependant fréquent, la dune a entièrement disparu et il ne subsiste plus que les creux interdunaires alignés dans le sens de l'alizé. Ils se présentent sous la forme de fond de barque en inversion de relief, aux bords relevés, façonnés dans les argiles lacustres grises ou noires et dans les sables profondément grésifiés.

Dans l'Azaouad (Sahara malien) mais aussi dans le Tamga (Sahara mauritanien), le sable rubéfié des dunes anciennes est recouvert de concrétionnements brun foncé qui se développent le long des racines des végétaux prospérant sur les dunes lors des phases humides. À la mort des végétaux, le ruissellement et surtout le vent dégagent les sables et laissent en saillie les parties concrétionnées des tiges et des racines. Sur certaines dunes, les débris de concrétions sont si nombreux qu'ils recouvrent entièrement le sable et le protègent de l'érosion actuelle (figure 44).

Dans l'Adrar de Mauritanie, les dunes ont été plaquées par le vent contre les versants des cuestas (planche VII, photo 15). Elles ont aussi comblé des ravins et occupé en partie les talwegs. Ensuite, au cours des phases humides, leur sable s'est grésifié suffisamment pour présenter une certaine résistance à l'érosion par ruissellement. Les matériaux des éboulis, tombés des corniches, se sont répartis sur le sable durci. La surface de la dune a même été façonnée en glacis d'ablation, le sable devenu légèrement imperméable, par grésification, jouant le rôle d'une roche tendre au pied des escarpements.

Dans le Nord de l'Amérique du Sud, les champs de dunes fossiles sont connus depuis seulement une trentaine d'années alors qu'ils étaient déjà cartographiés au Sahara dès avant la Seconde Guerre mondiale (Tricard et Alfonsi, 1981). Il existe des champs de dunes dans les Llanos de l'Orénoque, au pied des Andes, en Colombie et au Venezuela. Les rapports entre ces formations éoliennes et les accumulations alluviales de piémont permettent de les corréler avec la dernière glaciation andine, en particulier dans les Llanos de l'Apure, à l'Ouest de San Fernando de Apure. Ces épandages se terminent sur la rive gauche de l'Orénoque vers Caicara. Il existe, par ailleurs, d'autres nappes de sable à l'Ouest du delta de l'Orénoque où il est possible de préciser leurs rapports avec les fluctuations récentes du niveau marin. Ces dépôts éoliens sont situés, eux aussi, sur la rive gauche de l'Orénoque, entre Ciudad Bolivar et Barrancas. Ils se présentent sous plusieurs formes : nappes de sable beige parfois interstratifiées de limons très fins, placages sur les versants des vallées, champs de dunes longitudinales de direction

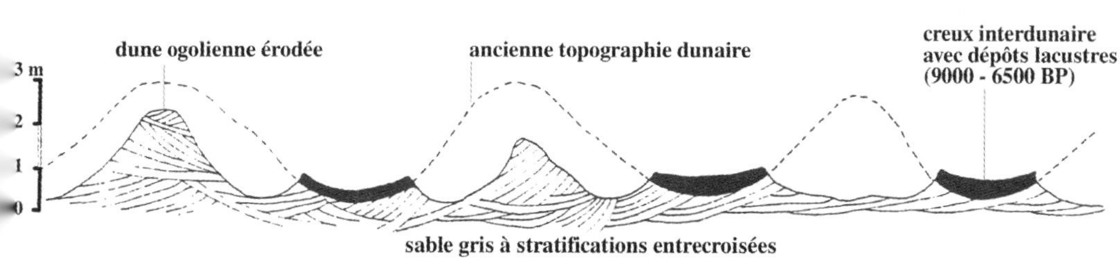

Figure 44. Schéma de l'évolution d'un système dunaire au Sahara malien (Riser, 1983).

Est-Nord-Est / Ouest-Sud-Ouest, de 2 à 3 m de hauteur. Sur le littoral enfin, les dunes sont recouvertes d'alluvions deltaïques de l'Orénoque ou de formations littorales. Cette position montre que ces éolianites se sont sédimentées au cours d'une période de bas niveau marin contemporain d'une glaciation. Ainsi, les dunes de Colombie et du Venezuela datent de la dernière glaciation pendant laquelle le climat était plus sec que de nos jours dans les Llanos et plus froid en montagne. Les alizés du Nord-Est prenaient en charge des matériaux fins déposés par les cours d'eau andins ou issus de l'altération du socle guyanais pour édifier ces dunes et ces placages sableux.

Enseignements paléoclimatiques des dunes anciennes et chronologie des phases arides dans les déserts et sur leurs marges

Les formes éoliennes, résultat de l'action du vent dans les domaines arides tropicaux ou circumpolaires, ne comportent généralement aucune trace de vie. Elles sont abiotiques et leur datation est délicate. D'une manière plus générale, ce sont les phases climatiques arides qui présentent des difficultés de localisation dans le temps.

Méthodes de datation des phases arides

La reconstitution d'une stratigraphie, au sein d'une phase sédimentaire peut se réaliser de deux manières. La plus utilisée est la datation des phases arides grâce aux périodes humides qui les entourent. Dans ces dernières, les fossiles animaux et végétaux et la présence de restes d'hominidés fossiles au Quaternaire facilitent leur localisation dans le temps par diverses méthodes. Pour mémoire, on peut citer l'évolution historique des espèces (biochronologie), la racémisation des acides aminés, les méthodes fondées sur des phénomènes radioactifs comme celle du carbone 14 ou le déséquilibre dans la famille de l'uranium. Ces différentes techniques nécessitent l'utilisation de restes fossiles contenant des éléments radioactifs ou des acides aminés.

En revanche, d'autres méthodes peuvent être utilisées pour dater des formations dunaires. Il s'agit par exemple de la thermoluminescence (TL) et de la luminescence stimulée optiquement (OSL).

La datation par thermoluminescence est fondée sur le principe suivant : les minéraux naturels, comme le quartz, la fluorine, les feldspaths ou la silice et les roches qui les contiennent, comportent des traces de radionucléides (uranium, thorium, potassium) qui émettent des rayonnements. Ces particules ionisent les atomes du minéral, libérant ainsi des électrons qui sont piégés dans les défauts du réseau cristallin. L'apport d'énergie, fourni par le chauffage du minéral en laboratoire, va libérer ces électrons, donnant ainsi naissance à une émission lumineuse. L'intensité de cette luminescence stimulée thermiquement ou thermoluminescence est proportionnelle à la quantité de radiation reçue par le minéral, c'est-à-dire proportionnelle à la durée de l'irradiation depuis le chauffage initial de l'échantillon. Ce chauffage initial peut avoir été causé par le rayonnement solaire ou un feu, par exemple. Les premières datations par cette méthode ont été pratiquées sur les minéraux de poteries chauffées sur un foyer, par les hommes de la Préhistoire. À partir des années 1985, un champ nouveau d'applications est apparu avec la datation des sédiments éoliens pour lesquels, l'éclairement solaire, au cours de leur transport et de leur sédimentation, précède leur enfouissement, et a la même action que le chauffage d'une poterie. Cependant, l'action par chauffage solaire est insuffisante pour libérer la totalité des électrons piégés dans le réseau cristallin. Cette carence se traduit par l'existence, dans l'échantillon, au moment de son enfouissement, d'un signal de thermoluminescence résiduelle qui peut entacher d'erreurs la datation. À ce premier inconvénient s'en ajoute un second, sur le terrain, qui est la contamination par mélange des sédiments au cours de leur dépôt ou de leur transport.

En 1985, une alternative à la datation des sédiments par TL a été découverte. Il a été démontré qu'un rayonnement électromagnétique pouvait remplacer le chauffage en laboratoire. Au lieu de chauffer l'échantillon, on l'illumine en lui envoyant une onde électromagnétique à l'aide d'un laser ou d'une lumière émise dans l'infrarouge ou le visible. Ce processus conduit à l'émission d'une luminescence qui est ensuite calibrée à l'aide d'une source radioactive. Il est ainsi possible de déterminer la dose de rayonnement reçue par le minéral depuis sa dernière exposition à la lumière du jour par exemple, avant son enfouissement sédimentaire (Wintle, 1998 ; Fontugne, 1999, *in* Riser 1999).

Les phases arides dans les déserts tropicaux au Quaternaire

Celles-ci sont donc plus délicates à identifier que les périodes humides qui les encadrent. Elles sont très inégalement connues d'un désert à l'autre. Le mieux étudié est le Sahara. Les jalons de l'aridité dans les déserts sont plus nombreux et cernés de plus près au Quaternaire récent (Pléistocène récent) et à l'Holocène (10 000 BP à nos jours) qu'à l'orée des temps quaternaires (Villafanchien et Pléistocène ancien).

L'aridité ne se manifeste pas seulement par l'action du vent et l'édification de dunes. D'autres critères en témoignent comme l'évaporation, phénomène où le rôle du vent est associé à celui des températures élevées. Elle engendre des dépôts salins ou carbonatés et les croûtes gypseuses formées par le transport du gypse par le vent depuis des zones de forte évaporation comme les sebkras, vers les versants qui les dominent où il s'accumule sous forme de croûte. En revanche, d'autres indices n'ont aucun rapport avec le vent et je les évoquerai seulement pour mémoire. Ce sont, par exemple, les croûtes calcaires et les dépôts argileux à smectites, témoins de climats à deux saisons contrastées, ou les formations alluviales grossières, indiquant de fortes averses espacées dans le temps, sous climat semi-aride engendrant un couvert végétal clairsemé, facilitant le ruissellement sur les versants.

Les phases arides à l'orée des temps quaternaires

Au Sahara, plusieurs modelés et formations sédimentaires fossiles témoignent des phases arides anciennes. Toutefois, pour les périodes les plus reculées, les traces sont dispersées et souvent difficiles à corréler entre elles.

Le réseau hydrographique fossile du Nord-Est du Grand erg occidental

Au Nord-Est du Grand erg occidental, sur la hamada Bet Touadjine (Sahara algérien), entre les vallées des oueds Namous et El Rharbi, une série de talwegs fossiles, de direction d'abord Nord-Nord-Ouest / Sud-Sud-Est dessinent une large courbure vers le Sud. Ces vallées courbes s'approfondissent vers le Sud et le Sud-Est. Elles sont prolongées par des chapelets de dépressions allongées qui continuent à épouser la courbure des vallées. Elles sont creusées dans la dalle encroûtée hamadienne néogène. Elles sont interprétées par Callot (1988) comme d'anciens creux interdunaires. D'après cet auteur, des séries de siouf épousant ce tracé recourbé orientaient le réseau hydrographique prenant naissance dans l'Atlas saharien entre le jbel Tamedda et la chaîne du jbel Amour. Ce réseau hydrographique a surcreusé les formations hamadiennes avant que l'encroûtement ne s'installe. L'érosion postérieure a déblayé les sables des siouf et il ne resta, de cet ensemble de siouf, que les talwegs imprimés dans les calcaires néogènes. Cette évolution originale, à partir d'un

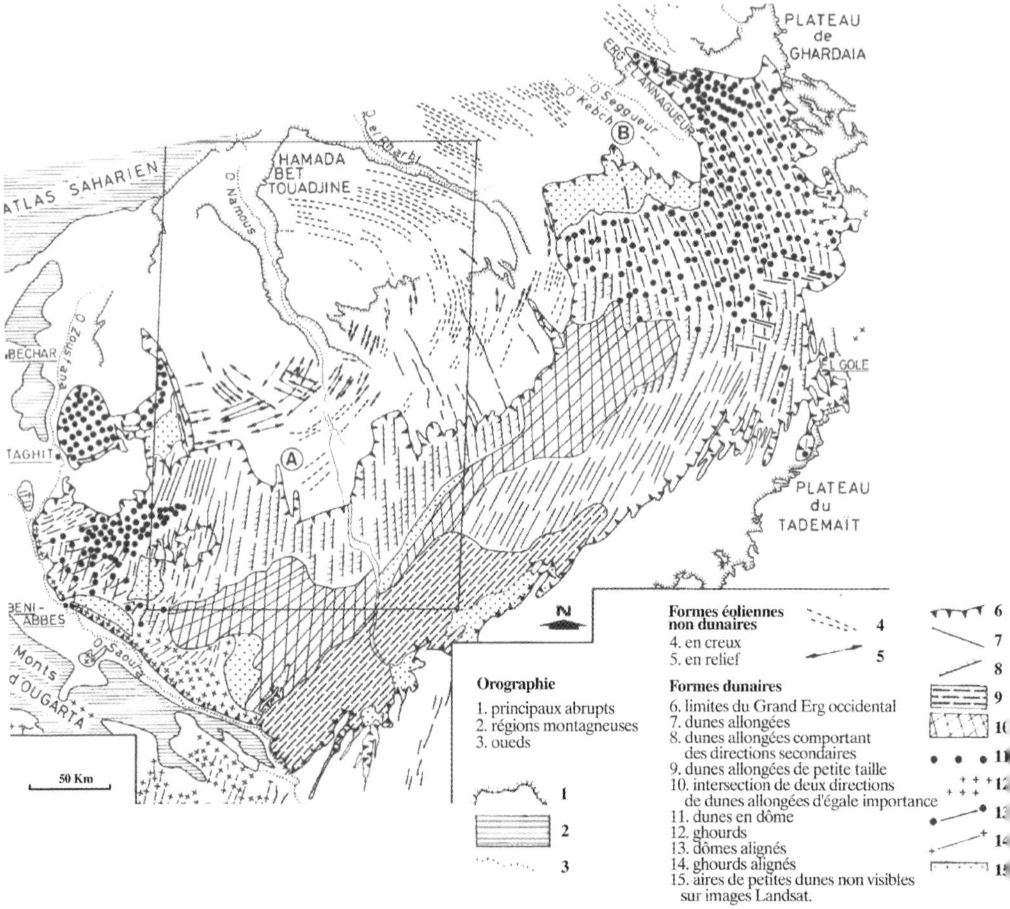

Figure 45. Esquisse de la structure des formes éoliennes du Grand Erg occidental et du piémont sud du Mont des Ksour (Callot, 1988)(d'après les images Landsat, canal 7).

ensemble dunaire, de nos jours gommé par l'érosion, se situe à la fin du Tertiaire et peut-être à l'orée du Quaternaire (figure 45 ; Callot, 1988).

Outre ces traces en négatif de dunes longitudinales inscrites dans la dalle hamadienne de la hamada Bet-Touadjine, les plus anciennes manifestations de l'aridité quaternaire se situent dans le Sahara central entre 3 Ma et 2,5 Ma. Ces marques des changements climatiques profonds sont dispersées et ne sont pas synchrones partout. Au Sahara central, le début du Quaternaire est marqué par l'alternance de phases humides et arides. Ces dernières sont matérialisées dans les coupes géologiques, par des calcaires lacustres et des dépôts argileux interstratifiés avec des formations gypseuses ou sableuses. Ces dernières sont souvent grésifiées et rubéfiées, traversées de traces de racines indiquant le retour de l'humidité sur des dunes probables. D'une manière plus générale, cette période apparaît semi-aride. L'essentiel des paysages était représenté par des lacs et marigots peu profonds, alimentés par le ruissellement descendu des montagnes du Maghreb et du Hoggar et par des nappes phréatiques. Ces étendues lacustres étaient temporaires, soumises à une forte évaporation, au cours de phases ou de saisons plus sèches.

Les forages pratiqués dans l'Atlantique, au large de la Mauritanie, du Sénégal et du Sierra Leone, confirment l'évolution précédente. Ces différents carottages révèlent l'existence de dépôts éoliens en mer. Les alizés d'Est prennent en charge, sur un continent aride, des matériaux fins qu'ils charrient à plusieurs kilomètres au large. Les phases de transport éolien se situent à trois périodes : vers 2,8 Ma, 1,7 Ma et 1 Ma (De Menocal, 1995). L'étude d'un autre forage, au large du Sierra Leone, montre l'aridification progressive du climat et l'installation du Sahara à partir de 3 Ma. À cette époque, les matériaux proviennent du Sahel et du Sahara méridional. En revanche autour de 1 Ma, les sables sont d'origine nord-occidentale. Entre 1 Ma et 0,7 Ma au cours de la période dite du Tafaritien, en Mauritanie, le climat est de type sahélien à longue saison sèche (Riser, 1999).

Dans le désert de Namibie, l'erg est constitué de trois alignements dunaires : les vieilles dunes rouges, les grandes dunes rosées et les petites dunes du littoral atlantique. Les deux premiers ensembles sont hérités des sables tertiaires du Kalahari. L'âge de l'édification de ces ergs se situe, à la fin du Tertiaire ou au début du Quaternaire.

Les paléoclimats du bassin du Tchad sont de mieux en mieux connus depuis les découvertes des hominidés Toumaï (7 Ma) et Abel (3 Ma). Au cours de ces périodes, le climat paraît être soudano-sahélien. À la fin du Pliocène, un grand lac s'individualise et des forêts galeries occupent les bords des rivières et des marigots. Cependant, les influences sèches se manifestent par la présence, en particulier, dans des sédiments datés de 4 à 5 Ma, de bois de *Tamarix* et de *Retama raetam*, une sorte de genêt qui pousse encore actuellement en bordure du Sahara. Entre 3 et 1,9 Ma, des modifications apparaissent dans la sédimentation lacustre du lac. Elles se traduisent par l'apparition de bancs calcaires et surtout par des intercalations de sable éolien dans les couches lacustres. Ces intercalations correspondent à des variations de niveau très importantes du lac. Finalement, le lac s'assèche et le vent construit les premiers massifs dunaires (Servant et Servant-Vilrady, 1980). Entre 2,2 Ma et 1,5 Ma, l'étude des diatomées du lac Tchad révèle un léger refroidissement climatique qui correspond, dans le Hoggar, à une phase d'aridification (Maley, 1980).

Des forages, réalisés au large du Yemen (golfe d'Aden et de l'émirat d'Oman), montrent les mêmes tendances climatiques qu'en Afrique de l'Ouest. L'aridité s'installe aux alentours de 3,8 Ma et deux autres phases arides apparaissent entre 3 Ma et 2,8 Ma puis vers 1,8 Ma. En revanche, celle située à 1 Ma n'est pas visible dans ces forages (De Menocal, 1995). En Australie, dans le bassin du lac Amadeus, l'aridité s'installe avec certitude vers 900 000 ans. Cependant, entre la fin du Pliocène et cette dernière date, le mode de sédimentation, dans ce bassin aujourd'hui aride, est dominé par des dépôts lacustres interstratifiés avec des lits sableux, des sols évaporitiques, des sables gypseux matérialisant une alternance entre phases arides et semi-arides pendant lesquelles se développaient de hauts niveaux lacustres accompagnés d'une faible pédogenèse, sur des surfaces dunaires en partie stabilisées par cette discrète pédogenèse et probablement par la végétation (Williams, 1984).

Les causes du refroidissement quaternaire

Quelles sont les causes du refroidissement quaternaire ayant entraîné l'apparition des glaciers, en particulier en montagne et des phases arides qui, comme nous venons de le voir, s'installent dans les régions tropicales comme l'Australie centrale ou le Sahara ? Ce sont évidemment les causes de ce second phénomène qui intéressent cet ouvrage. Toutefois, les phases de refroidissement entraînent des déplacements latitudinaux des zones bioclimatiques, ainsi que leur contraction ou leur extension, en particulier sur des ensembles continentaux massifs, dépourvus de hauts reliefs comme le Sahara ou l'Australie. La conséquence de ces variations est la modification des superficies désertiques sur la planète.

L'installation de l'inlandsis antarctique est définitivement acquise lorsque le détroit de Drake est ouvert au Sud de l'Amérique du Sud. La circulation circumpolaire des vents et des courants s'installe et isole le continent antarctique des courants chauds océaniques. L'établissement des glaciers sur l'hémisphère nord est plus difficile à expliquer.

Plusieurs facteurs ont pu entrer en jeu :
– la fermeture de l'isthme de Panama entraîne l'installation du Gulf-Stream. Ce courant chaud apporte, sur l'Eurasie, des masses d'air plus tièdes et plus humides qui engendrent des précipitations plus soutenues, transformées en neige au-dessus d'une certaine altitude ;
– les phases tectoniques qui affectent l'hémisphère nord, à l'orée du Quaternaire, achèvent d'ériger des barrières montagneuses comme l'arc alpin, les Atlas, les Rocheuses ou l'Himalaya et le plateau tibétain. La neige devient persistante sur ces sommets et les surfaces enneigées, en extension et à fort albédo, favorisent le refroidissement planétaire ;
– la barrière himalayenne qui se soulève au Quaternaire est aussi la cause de l'aridification des territoires situés au Nord privés du flux de la mousson. Les lœss de la Chine du Nord-Ouest commencent à s'accumuler à partir de 2,5 Ma ;
– la rotation de l'Afrique vers le Nord-Est, au Tertiaire, la déplace depuis les zones bioclimatiques équatoriales et tropicales humides vers des zones plus arides, créant les conditions de la naissance du Sahara.

À partir de 10 Ma sur l'Antarctique et de 2,5 Ma sur l'Arctique, l'un des effets les plus marquants de l'extension des calottes glaciaires est l'augmentation des différences de pression et de températures entre les hautes latitudes et les latitudes tropicales. Le résultat est l'accélération des alizés qui vont ainsi transporter plus de matériaux et contribuer plus efficacement à la construction des édifices dunaires.

Le Pléistocène ancien et moyen : une longue période mal connue

Dans les régions arides et semi-arides, cette période est essentiellement définie par des dépôts alluviaux, des cuirasses ferrugineuses, des croûtes calcaires difficiles à localiser dans le temps. À plus forte raison, les manifestations de l'aridité observées sont encore plus incertaines à définir et à situer dans une stratigraphie. Cette difficulté est d'autant plus grande que ces sédiments éoliens ont été remaniés d'une période aride à une autre, aux mêmes endroits. Il faut souligner que l'essentiel de l'édification des ergs sahariens, par exemple, s'est déroulé au cours d'une période aride plus récente : l'aride Ogolien entre 20 000 et 14 000 ans BP. Les analyses isotopiques, sédimentologiques et micropaléontologiques des carottes marines, prélevées dans les principaux bassins des océans Atlantique et Indien, permettent de retracer l'histoire paléoclimatique, à la fois du continent africain baigné par ces deux océans et des océans eux-mêmes. La comparaison du signal isotopique et des estimations de la température de l'eau déduite de l'analyse micropaléontologique, montre que les variations climatiques ont été approximativement synchrones dans les deux hémisphères (Duplessy, 1996).

Au Sahara, plusieurs régions comportent les traces de la manifestation ancienne du vent. Ces traces sont perceptibles dans le Sud-Ouest de la Mauritanie, dans le soubassement de l'erg Chech et aux alentours de la sebkhra Mekerrhane. Dans cette dernière, par exemple, les dépôts alluviaux ou colluviaux reposent sur des évaporites, des argiles et des sables. Il est probable aussi que le surcreusement des sebkhras de cette région soit de nature hydroéolienne, au cours de cette période.

Dans l'erg Chech, les creux interdunaires sont en inversion de relief car, pendant les phases pluvieuses, des dépôts lacustres représentés par des tufs alvéolaires, des grès calcaires, de minces niveaux de calcaire dolomitique se sont sédimentés. Par la suite (figure 43), l'érosion a dégagé le sable des dunes et laissé en relief, sous forme de fond de barque, les creux interdunaires consolidés par les formations lacustres plus résistantes que les sables. D'après Conrad (1970), certains dépôts carbonatés interdunaires sont datés de 17 000 ans BP, ce qui suppose que les sables sous-jacents sont antérieurs à cette date, sans plus de précisions.

Dans le Sud-Ouest de la Mauritanie et le Nord du Sénégal, un erg ancien a été décrit par Leprun (1971) et Barbey (1987). Il se caractérise par quatre critères, la direction et la forme des édifices dunaires, leur matériel, leurs minéraux lourds et les industries préhistoriques qui lui sont associées :
– les dunes sont orientées Nord-Sud alors que celles de l'erg actuel sont Nord-Est / Sud-Ouest. Les formes sont émoussées et comportent des traces de ravinements ;
– le matériel sableux présente un caractère fluviatile supposant un remaniement par le vent, de dépôts alluviaux de phases humides antérieures ;
– les minéraux lourds contenus dans les sables indiquent leur origine. Ils ont été charriés vers le littoral par des cours d'eau provenant de l'Amsaga (Mauritanides, région d'Akjoujt) et du Trarza ;

– enfin, ces dunes anciennes sont parsemées d'industrie atérienne. Elles sont donc antérieures à environ 40 000 ans.

D'ailleurs, la majorité de l'erg Chech est lui aussi antérieur à 40 000 ans BP. Cet âge approximatif est confirmé par l'étude des carottes marines prélevées au large des côtes mauritaniennes et sénégalaises qui indiquent une tendance prolongée à l'aridité entre 70 000 et 50 000 ans BP. L'étude des pollens contenus dans ces carottes permet encore d'affiner les variations climatiques pendant l'interglaciaire Eemien et le début de la phase aride vers 70 000 BP. Ainsi, à chaque pic de réchauffement planétaire, les pollens de la forêt tropicale augmentent aux dépens de ceux du Sahel et du désert. Entre 128 000 et 118 000 et entre 110 000 et 98 000 ans BP, le désert a reculé vers le Nord. En revanche, lors des périodes plus fraîches de cet interglaciaire, entre 118 000 et 110 000 et entre 98 000 et 84 000 ans, les pollens enregistrent une progression du désert vers le Sud. C'est aussi vers 90 000 ans que le lac du Wadi-Shati, en Libye, s'assèche (Petit-Maire, 1982). D'ailleurs, vers 70 000 ans, lorsque le climat présente des tendances de plus en plus froides, l'augmentation des pollens d'espèces de milieux de plus en plus arides est encore plus nette.

Grâce aux recherches sur les variations d'extension des pluies de mousson, les changements climatiques, le long d'une zone de transition s'étendant des marges sahéliennes du Sahara à la Chine du Nord, sont de mieux en mieux connus. Dans la péninsule arabique, une période aride se termine avec le début de l'Eemien vers 140 000 BP. Une phase de sécheresse, déjà décrite au Sahara, se place durant le stade isotopique 4 et le début du stade 3, c'est-à-dire entre 75 000 et 50 000 BP. Sur le piémont occidental de la chaîne d'Oman, la période sèche se situe approximativement à la même époque. Des dunes se mettent en place entre 75 000 et 35 000 BP environ (Dalongeville *et al.,* 1991). Dans le désert de Thar, à cheval sur le Pakistan et l'Inde, les dunes anciennes, datées par l'outillage préhistorique et leur position stratigraphique par rapport aux formations alluviales, sont du Paléolithique ancien. Elles se présentent sous diverses formes : placages sableux épais de plusieurs mètres contre des obstacles, dunes paraboliques et siouf émoussés par les ravinements postérieurs. Ces dunes sont incisées par des ravines et recoupées par le réseau hydrographique actuel. Des sols et des altérites se sont développés à leur surface. Les sables calcaires de certaines dunes sont transformés en croûte calcaire ou consolidés en nodules autour d'anciennes racines.

Le Pléistocène récent et l'Holocène : périodes de mise en place des formes éoliennes actuelles

Entre 40 000 BP et 21 000 BP, le Sahara est de superficie plus réduite que de nos jours. Il voit l'extension de la civilisation atérienne qui laisse supposer un effacement de l'aridité (Tillet, 1993).

À partir de 20 000 et jusqu'à 12 000 BP, s'étend une période aride qui s'observe aussi dans d'autres déserts du monde et qui, au Sahara méridional, porte le nom d'Ogolien. Dès 20 000 BP, l'extension méridionale du Sahara est régie par deux phénomènes :

– dans l'hémisphère nord, les glaciers recouvrent une grande partie des vastes continents émergés. Les anticyclones mobiles polaires se renforcent et ils repoussent le front polaire vers le Sud ainsi que les zones désertiques sahariennes ;
– au Sud, la mousson perd de sa puissance et ne remonte plus au-delà du 12e parallèle.

Le Sahara s'étend vers le Sud tandis qu'une humidité relative, consécutive à la position plus méridionale du front polaire, s'installe au Sud des chaînes atlasiques.

C'est au cours de la période ogolienne que les principaux ergs se mettent définitivement en place avec leur cortège varié de dunes, que les regs, balayés par les vents, s'étendent sur les reliefs et les vallées alluviales, et que le creusement hydroéolien des sebkhras présente son activité maximum. Cette période a été mise en évidence dans les régions sahéliennes, au Nord du lac Tchad où le Kaménien, équivalent de l'Ogolien, est représenté par un erg. Ailleurs, sur toute la bordure sahélienne, des ergs, actuellement fossiles, témoignent de la persistance de cette phase aride. L'un des ensembles dunaires ogoliens les plus méridionaux se situe à Bonghor, sous climat actuel soudano-sahélien, à 10° de latitude Nord.

Dans la vallée du Nil, le Nil blanc devient saisonnier et intermittent entre 26 000 et 12 500 BP. Il en est de même de son principal affluent, l'Atbara. C'est seulement à partir de 12 500 BP que des crues puissantes parcourent à nouveau la vallée du Nil.

Toutefois, cette activité éolienne intense doit être nuancée. Par exemple, dans l'Aïr, la phase aride responsable du développement des dunes rubéfiées se situe postérieurement à 35 000 BP, alors que l'aridité ogolienne se marque seulement par des dépôts éoliens remaniant les dunes plus anciennes et par un climat aux saisons contrastées de type sahélien (Morel, 1985).

Cependant, dans de nombreuses régions semi-désertiques et désertiques actuelles, la période 20 000-10 000 BP se présente comme très aride. Par exemple, dans l'île aride de Fuerteventura, les vents d'Ouest qui soufflent sur une plateforme littorale étendue, à cause de la baisse du niveau marin, édifient des dunes qui se déplacent vers l'intérieur de l'île. Vers 14 000-13 000 BP, la composition granulométrique de ces dunes marque un changement paléoclimatique : des limons bruns s'accumulent. Ils contiennent une part importante de poussières sahariennes. Cette présence indique une modification capitale dans la circulation atmosphérique. D'Ouest avant 14 000-13 000 BP, elle devient méridienne avec renforcement de l'alizé du Nord-Est et d'Est. Ces conditions perdurent pendant tout l'Holocène et actuellement (Rognon *et al.,* 1989).

Dans l'Inde du Nord-Est comme dans la péninsule arabique, se retrouve cette période d'intense activité éolienne.

Dans la région de Palmyre (Syrie), la période froide 26 000-12 000 BP correspond à une phase sèche qui se divise en deux parties entre 26 000 et 19 000 BP, d'une part, et 18 000 et 15 000 BP d'autre part. Ces deux phases arides sont séparées par un épisode plus humide qui dure un millénaire environ (Besançon *et al.,* 1996).

Sur le piémont de la chaîne d'Oman, l'erg se constitue essentiellement entre 20 000 et 10 000 ans BP. Sur le littoral chilien, les dunes les plus récentes recouvrant un sol, sont probablement aussi de la même époque.

En Australie, après une phase humide située entre 30 000 et 24 000 à 23 000 ans BP, le climat devient aride. Les lacs se transforment en sebkhras et les fluctuations de leur niveau entraînent leur assèchement temporaire. Des dunes d'argile (lunette) s'édifient grâce aux sédiments pris en charge par le vent sur ces étendues lacustres asséchées. Par exemple, le lac Keilambete, dans la province de Victoria, est à sec entre 17 000 et 12 000 BP. D'ailleurs, dans les déserts australiens, la période sèche coïncide avec celle du Sahara et du Sahel (William, 1984 et 1994).

Au fond du golfe de Californie, au cours de la dernière poussée glaciaire, le vent construit des ergs dans les déserts de Sonoran et Mohave recouverts par une végétation semblable à celle d'aujourd'hui.

À partir de 10 000 BP, l'Holocène se caractérise par une recrudescence de l'humidité qui accompagne l'essor des civilisations néolithiques au Sahara. Cependant, certains affleurements, toujours au Sahara, montrent une légère recrudescence de l'aridité entre 6 000 et 5 000 ans BP. Au cours de ce millénaire, des sables se déposent, les vents balaient les argiles sur les fonds lacustres asséchés partiellement ou en totalité et des dunes d'argile s'édifient (Petit-Maire et Riser, 1983 ; Riser, 1985).

Dans le golfe de Californie, l'humidité, après une phase sèche vers 11 000 ans, se matérialise, à partir de 10 000 ans BP, par l'apparition des arbres. Au cours des dix derniers millénaires, des périodes d'activité éolienne se situent entre 7 500 et 7 000 BP et entre 6 000 et 4 500 BP (Lioubimtseva, 2004). C'est à partir de cette date que les climats actuels se mettent en place et que les formes éoliennes observées de nos jours s'élaborent progressivement.

Poussières ou lœss ?

Sur le pourtour de certains déserts, et en particulier du Sahara, s'observent des accumulations de poussières éoliennes qui ont été souvent qualifiées de lœss pré-désertiques. Je préfèrerais, pour éviter des confusions avec les lœss des régions froides, conserver, pour ces dépôts, le terme de poussières. Elles sont fréquemment remaniées par le ruissellement. Elles s'accumulent alors dans les fonds de talwegs et sur les bas de versants. Leur âge est récent (Pléistocène récent). Elles sont localisées au Nord du Sahara, en particulier dans les vallées et les ravins des plateaux calcaires des Matmata (Sud-tunisien). Elles sont présentes aussi dans le Neguev, le Sinaï, en Tripolitaine, dans le Sahara libyen et en Arabie centrale.

Au Sud du Sahara, des limons éoliens, assimilables à des lœss ont été mentionnés, au Sénégal et au Nord-Cameroun. Toutefois, mes observations personnelles laissent penser que ces limons sont, en réalité, des dunes fossiles d'âge ogolien qui se rencontrent aussi en Mauritanie (plateau du Tagant) et au Sahara malien. Les recherches les plus poussées ont concerné les poussières piégées dans les monts de Matmata. Elles proviennent de la déflation sur le Grand erg occidental et sur le Chott Djerid. Il semble qu'elles aient été déposées sous un climat légèrement plus humide que le climat actuel. Les pluies humectaient et alourdissaient les poussières charriées par le vent. Celles-ci tombaient sur le sol où elles étaient piégées par une végétation steppique dense. Elles se sont déposées entre 32 000 et 10 000 ans BP, à une époque où les anticyclones mobiles polaires, dynamisés par le puissant englacement de

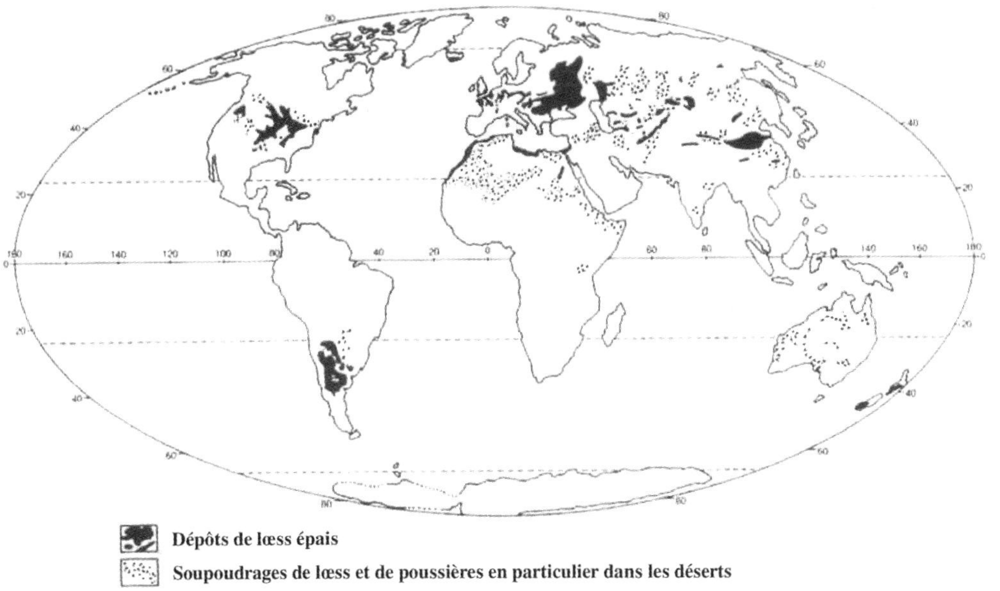

Figure 46. Répartition actuelle des lœss dans le Monde.

l'hémisphère nord, engendraient des vents violents qui soulevaient et transportaient des poussières le long du front polaire situé, à cette époque, entre le 36e et le 32e de latitude Nord.

Les lœss des déserts froids

Les lœss sont des dépôts de couleur jaunâtre, limoneux et sableux fins, non lités, homométriques, suffisamment cohérents pour conserver, sous l'effet du ruissellement, des abrupts verticaux. Ils se rencontrent sous des épaisseurs de quelques mètres à plusieurs dizaines de mètres, dans une large bande zonale s'étendant des grandes plaines américaines à la Chine du Nord-Ouest en passant par les limons des plateaux de l'Europe occidentale, la plaine germano-polonaise, l'Europe danubienne, les déserts d'Asie centrale. Dans l'hémisphère sud où les étendues continentales sont plus faibles, ils sont signalés au pied des Andes, en Argentine (figure 46).

Les lœss ont été déposés par le vent, au cours des phases glaciaires du Quaternaire, l'érosion éolienne prenant en charge des matériaux fins sur les marges des glaciers et des inlandsis, et dans les alluvions fines des cours d'eau proglaciaires. Ces matériaux fins, transportés en suspension, sont piégés par une végétation steppique herbacée, dense, de toundras qui repousse ensuite au-dessus des sédiments, au fur et à mesure de leur dépôt. Les lœss recouvrent ainsi toutes les roches d'un manteau continu, plus ou moins épais : quelques mètres dans le Bassin parisien et jusqu'à 600 mètres en Chine. Ils contiennent des argiles, des sables, des lits alluviaux ou colluviaux lorsqu'ils sont remaniés par le ruissellement, du calcaire. Ils sont à l'origine de sols

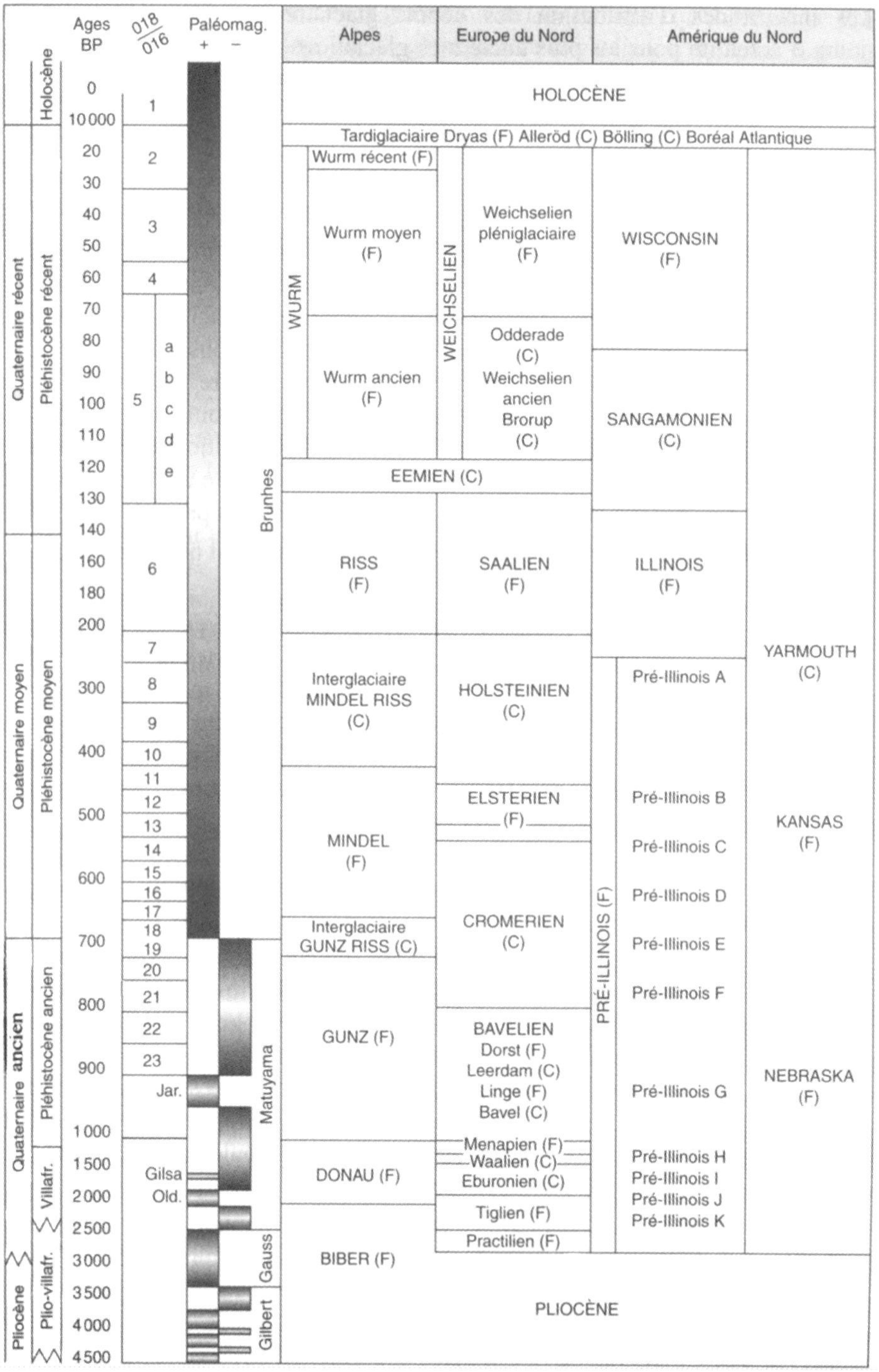

Tableau 5. Corrélations entre les glaciations, les stades isotopiques et les âges paléomagnétiques en Europe et en Amérique du Nord.

fertiles dans les régions qu'ils recouvrent. En surface, le calcaire est dissous par les eaux d'infiltration. Il concrétionne sous forme de « poupées calcaires ». Le lœss décalcifié est appelé lehm.

Exemples de lœss en France et dans le Bassin méditerranéen : héritages essentiels de la dernière glaciation

En France, les lœss occupent le Nord et l'Est du Bassin parisien et la plaine d'Alsace. Au Sud de la Loire, ils s'étendent sur le piémont des Pyrénées, la basse vallée de la Garonne et la moyenne et basse vallée du Rhône. Les datations effectuées sur ces formations (tableau 5) les situent toutes dans la dernière glaciation (Weichselien ou Wurmien), entre l'interglaciaire éemien (stade isotopique 5) et la fin du Wurm (stade isotopique 2).

Les formations lœssiques couvrent presque toute la Normandie et leur épaisseur mesure de 4 à 10 m mais elles s'étendent aussi plus au Nord et à l'Est, dans l'Artois et la Picardie. Dans ces régions, s'observent au cours de la glaciation weichselienne, deux séquences, l'une au Pléniglaciaire supérieur, entre 30 000 et 15 000 ans BP, et l'autre au Pléniglaciaire inférieur, entre 65 000 et 50 000 ans BP. Elles sont interstratifiées avec des formations de sol steppique et de prairie arctique comportant des horizons cryoturbés, c'est-à-dire affectés par le gel de l'eau dans le sol, accompagnés de langues de gélifluxion et de niveaux accidentés de fentes en coin. Ces formations interstratifiées témoignent de la rigueur des conditions climatiques. Dans certains secteurs de ces régions, la sédimentation lœssique s'est pousuivie jusqu'à 10 000 BP environ.

Une étude réalisée sur la commune de Villiers-Adam, à 32 km au Nord de Paris et à la limite méridionale de la zone des lœss, montre que les unités lœssiques sont représentées par trois séquences principales attribuables au Pléistocène moyen et récent entre 173 Ma et 23,5 Ma, c'est-à-dire pendant toute la durée de la glaciation du Weichselien où les inlandsis occupaient le Nord de l'Europe et les glaciers de vallée, l'ensemble du massif alpin et des Pyrénées centrales.

À Saint-Pierre-les-Elbeuf, dans la vallée de la Seine, en amont de Rouen, la coupe des lœss de 18 m d'épaisseur, dans une carrière (Cliquet et *al.* 2009), révèle une séquence beaucoup plus longue. En effet, quatre lœss anciens se superposent, intercalés avec quatre sols interglaciaires. Le plus récent est daté de l'interglaciaire Eemien (150 000 ans avant le présent) et le plus ancien remonte à environ 400 000 ans avant le présent.

Au Sud de la Loire, ils ont été étudiés, par exemple, dans la région de Toulouse où leur séquence représente deux séries de lœss de la glaciation du Weichselien. La plus ancienne se situe dans le stade isotopique 4 (70 Ma à 60 Ma) et la plus récente vers 20 Ma.

Sur les bords de l'étang de Berre, en particulier sur le versant nord de la chaîne de la Nerthe, les ravins sont comblés par des limons sableux assimilables à des lœss. Une partie de cette formation est remaniée par le ruissellement. Elle est séparée en deux ensembles par des colluvions et des éboulis. Le plus ancien repose sur un sable coquillier littoral daté de 35 000 BP. Ces dépôts lœssiques ont pour origine les molasses tertiaires. Elles étaient soumises à la cryoclastie et réduites en sable sur l'emplacement de l'étang de Berre alors sec à cause de la rétention glaciaire entre 20 000 et 17 000 BP. Après avoir été pris en charge par les vents violents soufflant dans le couloir rhodanien, ces matériaux fins se sont déposés dans les ravins de la chaîne de la Nerthe.

D'ailleurs, plusieurs dépôts de lœss de la vallée du Rhône proviennent de l'érosion éolienne des molasses tertiaires sous climat périglaciaire : Lédenon dans le Gard, banlieue de Carpentras dans le Vaucluse.

Sur le littoral oriental de la Méditerranée, d'importants affleurements ont été étudiés (Faugères, 1977) dans le golfe Thermaïque. Sur son rivage occidental, sept épandages de lœss ont été identifiés. Ils sont séparés, les uns des autres, par des paléosols. L'extension considérable de ces formations s'explique pour trois raisons : secteur abrité au cœur d'un cadre montagneux où les vents ont déposé leur charge, situation dans l'axe de la bora qui emprunte le couloir du Vardar, enfin nature molassique des roches du substratum, facilement triturées et délitées par le gel. Ces lœss sont datés de la dernière phase froide entre 20 000 et 17 000 ans. Certains seraient même holocènes. En revanche, dans des conditions identiques, sur le rivage oriental du golfe, autour d'Épanome, les dépôts sont plus anciens et sont attribués à une glaciation antérieure à l'Eemien.

Les lœss en Europe du Nord et de l'Est

En Allemagne, la couverture lœssique, bien que discontinue, est très étendue. Les lœss, contemporains de la dernière glaciation, sont subdivisés en plusieurs séquences par des paléosols indiquant des interstades moins froids.

Dans la plaine germano-polonaise, l'étude des formations éoliennes révèle que le climat, entre 25 000 et 18 000 ans, est périglaciaire, accompagné d'hivers très rigoureux. À la fonte des neiges et des glaces, au printemps et en été, les dépôts lœssiques sont remaniés par le ruissellement et accumulés dans les vallées. Entre 18 000 et 14 000 ans, des placages de sable se déposent sous un climat sec encore froid en hiver, avec une tendance au réchauffement. À la fin de cette période, de petites dunes s'édifient aux Pays-Bas. À partir de 13 000 ans et jusqu'à l'orée de l'Holocène, le climat a tendance à se réchauffer. Toutefois, le retour brutal du froid et de l'aridité se manifeste à 12 000 BP, surtout au début de l'Holocène à 10 500 BP (Dryas) ; il favorise, de nouveau, la construction de petites dunes (Kasse, 2002).

Un épais manteau de lœss recouvre les plaines d'Ukraine et de Russie occidentale. Les plus anciens datent de la fin du Pliocène. Les séquences plus récentes se situent à la limite de la période de Matuyama et de Brunhes vers 700 Ma. Ces datations sont confirmées par la présence de faunes fossiles. La séquence la plus récente, datée par le carbone 14, se situe entre 32 000 et 26 000 ans.

Les lœss de l'Europe danubienne

Dans l'Europe danubienne et en particulier en Pannonie, les coupes dans les lœss présentent des paléosols et des passées sableuses sur des épaisseurs de 50 à 100 mètres.

Le site de Miseluk, sur la rive gauche du Danube, à 100 km au Nord de Belgrade, est représentatif des dépôts de ces régions. À la base, la coupe commence par des lœss du Pléistocène moyen. Ils sont recouverts d'un sol épais de 2 mètres puis viennent trois séquences séparées par des sols peu évolués (Markovic *et al.,* 2004).

Dans l'Est des Carpates, trois sites ont permis de définir une séquence sédimentaire et paléoclimatique précise couvrant une large part de la période comprise entre 50 000 ans et l'Holocène. Ces trois sites sont Molodova en Ukraine, Cosautsi en Moldavie sur le Dniestr et Mitoc Malu Galben sur le Prut en amont de Iasi.

Sur les coupes de ces trois sites, les dépôts de lœss et de sables correspondent à des phases de climat périglaciaire, en particulier vers 34 Ma, 32 Ma et surtout entre 26 Ma et 14 Ma. Pendant cette dernière période, et malgré quelques retours timides à des climats plus tempérés, les lœss et les sables lœssiques dominent dans les coupes et témoignent d'un froid sec accompagné de sols de toundras et du permafrost (Heasaerts *et al.,* 2003).

Les grandes étendues et les fortes accumulations de lœss en Asie centrale, en Sibérie et en Chine

En Asie centrale, les lœss occupent de vastes superficies et couvrent les plaines et les vallées au pied des montagnes du Tian-Shan, du Pamir, de l'Altaï, du Kopet Dag, dans la région de Samarkande, la dépression du Ferghana. Cette grande quantité de lœss et de sable s'explique par la violence des vents issus des inlandsis sibériens et des vallées glaciaires de l'Altaï et du Pamir.

Ces vents s'engouffraient par le couloir de Tourgaï et répandaient ainsi des lœss sur tous les déserts de l'Asie centrale. Il faut ajouter que l'Amou Daria, pendant de longues périodes du Quaternaire, se jetait directement dans la mer Caspienne. Pour cette raison, la mer d'Aral était de taille restreinte et le vent prenait en charge, sur ses rivages, sables, limons et argiles.

Les variations de volume de l'inlandsis et des glaciers de vallées qui libèrent, pour un temps, d'immenses superficies désertiques couvertes de matériaux de toutes tailles et les apports d'alluvions considérables, en relation avec la fonte épisodique des glaciers, donnent aux vents des masses importantes de matériaux à charrier (Mainguet et Letolle, 1994 et 1997).

Dans la région de Samarkande et la vallée du Zerafchan, les lœss proviennent du remaniement des alluvions fines charriées par le Zerafchan et ses affluents jusque sur les plaines de piémont. Ce lœss est poreux et pulvérulent, c'est le *thoprak*, caractérisé par une absence de stratification, une structure meuble et une forte teneur en carbonate. Son épaisseur peut atteindre 30 à 40 mètres (Bensidoun, 1997).

La succession pédosédimentaire de Kurtak, sur le versant occidental de la vallée du Ienisseï, à 120 km en amont de Krasnoyarsk, constitue l'une des séquences les plus représentatives du Pléistocène supérieur de Sibérie. La séquence débute vers 118 000 ans BP par des sols riches en humus représentant l'interglaciaire Emien. À partir de 70 000 ans, le froid s'installe. Des lœss s'accumulent en lits successifs de 1 à 2 m de puissance, séparés les uns des autres par des sols de toundra où s'observent des traces de fentes en coin. Cet ensemble témoigne d'un climat périglaciaire

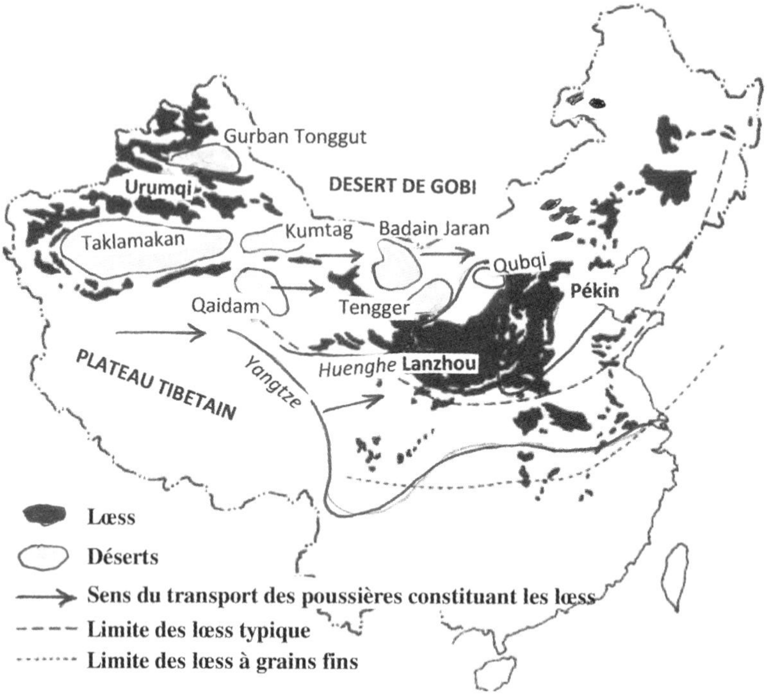

Figure 47. Distribution actuelle des lœss et des déserts en Chine.

froid et sec. Au cours de cette période, un retour à des conditions climatiques plus clémentes interrompt la sédimentation lœssique. Il s'agit du stade de Karga entre 45 000 ans et 30 000 ans (Haesaerts *et al.,* 2005).

C'est en Chine du Nord que l'extension des dépôts lœssiques est la plus spectaculaire. Ils se présentent sous forme de plateaux tabulaires entaillés de profonds ravins aux rebords escarpés dont les versants sont le siège de glissements de terrain. Par 30° à 40° de latitude Nord et 102° de longitude Est (figure 47), entre le désert de l'Ordos au Nord et la chaîne montagneuse du Quinling, au Sud, le plateau des lœss couvre, dans le bassin du Fleuve Jaune, toute la partie méridionale de la grande boucle que décrit le fleuve en descendant du Tibet. Cette région constitue, actuellement, une zone climatique de transition entre la Chine humide du Sud et de l'Est, sous le régime de la mousson et les déserts froids du Nord et de l'Ouest. Le long de la bordure nord-occidentale du plateau des lœss s'opère le passage des recouvrements lœssiques aux sables dunaires des déserts de l'Ordos et de l'Ala-Shan. Les coupes présentent des intercalations de sables et de lœss, témoignant des oscillations spatio-temporelles, à la limite du désert (Billard, 1993). Ce plateau, vaste de 275 000 km^2, est localisé sur le passage des vents générés par l'anticyclone sibérien. Ils soufflent en tempête, surtout à la fin de l'hiver, et charrient des poussières jusque sur la capitale chinoise. Ces poussières sont le produit de la désagrégation actuelle et passée, par thermo et cryoclastie, par broyage glaciaire et par l'alluvionnement, dans les bassins endoréiques, de tous les matériaux transportés par les glaciers, les fleuves et le vent, depuis le Tibet. Les épaisseurs fortement contrastées des lœss, sur le plateau, dépendent étroitement des conditions topographiques antérieures à leur sédimentation. Ils recouvrent des interfluves et comblent les talwegs où ils sont plus épais. Si bien que leur épaisseur varie de quelques mètres à plusieurs centaines de mètres. Dans les secteurs où ils sont les plus épais, ils représentent une période de 2,5 Ma et reposent sur des argiles pliocènes.

Il est admis que, malgré un ralentissement de la sédimentation éolienne pendant les phases de pédogenèse où le climat était plus humide et la végétation steppique, l'accumulation a été continue pendant tout le Quaternaire. Les sols témoignent de l'avancée de la mousson et les sables ou les lœss de la progression, vers le Sud et l'Est de l'anticyclone sibérien.

Ainsi, l'étude des dépôts montre, au Pléistocène inférieur, entre 1,15 Ma et 800 000 ans, l'existence de séquences lœssiques épaisses, interprétées comme la conséquence d'une forte avancée du désert vers le Sud.

Par exemple, à Luochuan, la séquence de 130 m de puissance, comporte des lœss du Pléistocène ancien antérieurs à 600 000 ans et ensuite deux séries, l'une qui recouvre la période 600 000-200 000 ans et l'autre, plus récente, la dernière glaciation.

À Belyuan, dans la province de Henan, située à l'Est du Shanxi, les lœss se sont déposés de manière très continue, au cours des 150 000 dernières années et les interstades tempérés paraissent plus courts mais toujours localisés au stade 5 et au stade 3. Ainsi, la partie supérieure de la formation du plateau des lœss représente la dernière glaciation. Elle se caractérise par des lœss grossiers, témoignant de la forte compétence des vents et, compte tenu de l'épaisseur importante de la formation et de la durée relativement courte de sédimentation, il est possible d'en déduire la fréquence de violentes tempêtes.

Cet accroissement de l'action du vent et de l'aridité, au cours du Quaternaire, est lié au développement du volume montagneux de l'Himalaya et du Tibet qui, au fil des millénaires, devient une barrière de plus en plus infranchissable au flux de la mousson.

En Amérique du Nord, des similitudes avec l'Europe du Nord

Plusieurs régions sont couvertes de dépôts lœssiques.

La première région, dans les montagnes Rocheuses (États de Washington, Oregon et Idaho), est caractérisée par de vastes bassins intérieurs où des sédiments fins ont été déposés par les cours d'eau descendus des hauts reliefs avoisinants. Ces alluvions ont été ensuite remaniées par le vent. Une autre se trouve en Alaska où l'épaisseur des lœss est d'environ 60 m autour de Fairbanks, par exemple. Certaines coupes contiennent des lits fossilifères qui montrent que ces lœss se sont sédimentés tout au long du Quaternaire.

L'aire la plus étendue occupe le centre de l'Amérique du Nord, depuis les montagnes Rocheuses, à travers les grandes plaines, les basses terres de l'Ouest de la Pennsylvanie, pour s'étendre ensuite en une large bande Nord-Sud, le long de la rive est du Mississippi jusqu'à son delta. Ces étendues couvertes de lœss, loin au Sud et à l'Ouest des régions englacées au Quaternaire, recouvrent les formations pré-wisconsiniennes et sont, dans leur majorité du Wisconsin.

Les lœss de ces régions ont des origines variées. Ceux du Nébraska et du Kansas proviennent des alluvions de la Platte River et secondairement de la vallée du Missouri. Toutefois, en particulier dans le Kansas, ils peuvent provenir aussi des formations glaciaires des montagnes Rocheuses. Enfin, la majeure partie d'entre eux sont issus des moraines abandonnées par les inlandsis canadiens au cours de leurs différentes fluctuations. Une partie de ces lœss est ensuite remaniée par les cours d'eau comme le Missouri et le Mississippi, ce qui explique leur extension vers le Sud.

Variété de l'action du vent sur les continents

Ainsi, d'une manière générale, les dépôts principaux des lœss ont commencé vers 70 000 ans BP pour s'arrêter autour de 16 000 – 15 000 ans BP. Cette période est marquée par deux phases principales de dépôts lœssiques centrées autour de 60 000 ±5 000 et 23 000 ±8 000 BP, séparées entre elles par une période où le taux de sédimentation s'est fortement réduit, en particulier entre 55 000 et 30 000 ans BP.

Les vents sont la conséquence essentielle des changements de pression et des mouvements des masses d'air. Dans les espaces atmosphériques, océaniques ou littoraux, le vent agit comme un fluide et son action est instantanée, changeante et pérenne.

On pourrait penser que sur les continents, l'action du vent est moins présente. Certes, dans bien des régions tempérées ou équatoriales actuelles, le vent n'a qu'un rôle secondaire à cause de la présence d'une végétation dense, de vastes régions agricoles ou de nombreuses constructions faisant obstacle à son flux et freinant sa vitesse. Cependant, son activité est multiple dans les déserts tropicaux, les toundras et les déserts froids actuels. Dans ces différents milieux géographiques, son originalité se marque par la présence de formes et de sédiments qui ne s'expliquent que par l'existence de paléovents sous des paléoclimats quaternaires, essentiellement. Dans le passé lointain de la planète, les traces du vent sont rares et ponctuelles. En revanche, au cours du Quaternaire, les manifestations éoliennes recouvrent d'immenses territoires, tant aux latitudes tropicales qu'aux latitudes tempérées et circumpolaires.

Le vent intéresse donc tous les milieux géographiques de la planète et seul le milieu océanique profond ne ressent pas ses influences.

Chapitre IV

L'Homme et le vent dans les espaces continentaux

Une nuit, le vent accéléra sa course à travers la campagne, creusa sournoisement autour des petites racines de maïs et le maïs résista au vent avec ses feuilles affaiblies jusqu'au moment où libérées par le vent coulis, les racines lâchèrent prise. Alors chaque pied s'affaissa de côté, épuisé, pointant dans la direction du vent.

John Steinbeck, *Les Raisins de la colère*

▸▸ L'homme et le vent dans les déserts et les steppes des régions chaudes

Dans ces régions, le vent peut être considéré comme un facteur secondaire de l'aridité. L'absence de précipitations et les températures élevées, pendant la majeure partie de l'année, sont les deux facteurs naturels que les cultivateurs et les éleveurs prennent en compte dans leurs activités quotidiennes. Dans ces étendues, le vent érode les sols mal protégés par une végétation clairsemée défrichée par les paysans pour étendre leurs cultures ou détruite par les troupeaux trop nombreux. Il remobilise le sable et les argiles qui menacent ensuite les parcelles agricoles des oasis, les infrastructures routières, ferroviaires, certains aéroports comme celui de Nouakchott où d'ailleurs, des quartiers urbains entiers, sont menacés par la progression des dunes. L'ensablement menace aussi des localités plus petites comme Boumdeïd, au Sud du Tagant ou Moudjéria à l'Est du même massif (Mauritanie).

L'action du vent s'est rapidement propagée dans les régions désertiques et steppiques tropicales depuis quelques décennies car leur environnement a subi de nombreuses atteintes. L'érosion éolienne s'est engouffrée, le mot n'est pas trop fort, dans les brèches créées par ces dysfonctionnements environnementaux.

Il est possible de distinguer deux types d'action du vent préjudiciables aux hommes : l'érosion des sols qui se manifeste surtout sur les marges des déserts et la remobilisation du sable, favorisant la progression et l'envahissement des installations humaines par les dunes.

L'érosion des sols, des causes surtout anthropiques

Dans les régions arides et semi-arides du globe, comme la zone sahélienne d'Afrique, les deux caractéristiques du climat sont : une longue saison sèche de plus de six mois et une pluviosité variable dans le temps et l'espace. Les sols de ces régions sont souvent sableux et d'origine éolienne, à cause des variations d'étendue des déserts et en particulier du Sahara, au cours du Pléistocène. Actuellement, la reprise en charge de ces sols par le vent met en péril l'exploitation durable des terres. Cette érosion éolienne fait suite à une diminution de la couverture végétale liée, en partie, à la sécheresse qui a sévi, par exemple, au Sahel entre 1970 et 1985, mais surtout à la surexploitation des ressources végétales, à l'extension des surfaces cultivées et au surpâturage (photo ci-dessous). Ces trois facteurs sont à corréler avec l'accroissement démographique. Dans le Sud-marocain, certaines vallées désertiques comme celle de l'oued Mird, ont été mises en valeur depuis les années 2000 grâce à une campagne intensive de forages. L'eau irrigue des jardins et de jeunes palmeraies. Les pistes ont été améliorées, des écoles ouvertes, mais les vents descendus de l'Atlas et de l'Anti-Atlas balaient cette vallée et les particules des sols sableux, ameublis par les labours et par des sarclages répétés, sont emportées par le vent au pied des escarpements des Kem-Kem qui constituent un obstacle majeur. Sur les Hauts Plateaux du Rekam (Maroc oriental), les nomades, en voie de sédentarisation, ont défriché la steppe alfatière pour pratiquer des cultures irriguées à partir de puits et de barrages collinaires (B. Tag, communication orale). La dégradation de l'environnement, conséquence de ces atteintes au milieu naturel, s'est traduite par un accroissement de la charge atmosphérique en poussières au cours des dernières décennies (Valentin, 1994).

Cour d'une concession, Burkina Faso. Le sol sableux est remanié par le vent à chaque tempête. Dans le lointain, haies protégeant les cultures de la divagation des troupeaux et de l'action du vent.

Par exemple, en Afrique subsaharienne, aussi bien dans la zone sahélienne qu'au Nord de la zone soudanienne, la destruction des steppes et de la savane et leur conversion en terres de culture, le raccourcissement des périodes de jachère de 5 à 3 ans, le surpâturage et la baisse de fertilité des sols, trop souvent sollicités par des cultures de profit comme le coton, favorisent l'action du vent. La teneur en nutriments des sols sableux du Sahel est très faible et essentiellement concentrée en surface dans la matière organique, elle-même en petite quantité à cause d'un couvert végétal en majorité herbacé et clairsemé. Les pertes, en terre arable, par érosion éolienne, peuvent, dans ces conditions médiocres, entraîner un déficit en nutriments très élevé, en proportion du stock disponible (Bielders, *et al.*, 2004).

L'érosion des sols, en Afrique sahélienne, se produit au cours de la saison sèche, lorsque souffle l'harmattan mais aussi pendant l'hivernage. En effet, les grains sont toujours précédés de violentes bourrasques de vent qui charrient de grandes quantités de poussière, d'esquilles d'argile et de sable. Cette ablation s'arrête dès les premières gouttes de pluie qui humectent le sol. Les manifestations de cette ablation dans les champs se présentent sous la forme de loupes d'érosion, c'est-à-dire de légères dépressions, de quelques mètres carrés où les sables meubles superficiels et les argiles ont été dégagés. Cette déflation laisse affleurer, comme au Sud du lac Tchad et à l'Est du lac Fitri, des étendues argilo-sableuses nues, les nagas. On assiste aussi à l'ensevelissement, par le sable, des plantules de berbéré dans les champs de culture de décrue, à tel point que les paysans surveillent leurs plantations et dégagent, à la main, le sable qui risque d'étouffer ces jeunes plants (lac Faguibine).

Les pratiques culturales favorisent, elles aussi, l'action éolienne. Elles sont dépendantes de l'essor démographique qui caractérise les régions sahéliennes. À titre d'exemple, au Niger, dans le finage du village de Banizoumbou, il a été démontré qu'en l'espace d'un demi-siècle, les surfaces cultivées sont passées de 12 à 71 % de la surface du finage. Elles occupent de nos jours la quasi-totalité des sols cultivables (Bielders *et al.,* 2004).

La technique de la jachère reste prédominante pour assurer la restauration de la fertilité des sols. Sur ces jachères pâturent les troupeaux. Ils broutent aussi, dans les champs, les tiges de mil après la récolte, les broussailles de défrichement et les mauvaises herbes entassées, une fois arrachées par sarclage. Le piétinement de ces animaux ameublit la couche superficielle des sols sableux sur environ 5 cm et cette pellicule superficielle est rapidement la proie du vent. Au cours du cycle cultural, la rugosité du sol et donc sa plus ou moins grande propension à l'érosion éolienne, varie d'un mois à l'autre. Le semis de mil en poquet, c'est-à-dire par petites poignées, dans chaque trou pratiqué à la houe, augmente la rugosité du sol au cours du développement de la plante et freine l'action du vent. À partir de début juillet, les mauvaises herbes qui prospèrent dans les champs, provoquent le même phénomène. En revanche, le sarclage de fin juillet va diminuer cette rugosité qui ne redeviendra efficace qu'à la fin août, lorsque les épis seront suffisamment grands. Après la moisson, les chaumes protègent les sols, mais les troupeaux piétinent le terrain. Des mesures de perte en matériaux, réalisées sur 3 à 5 ans, montrent que les champs cultivés plusieurs années consécutives, avec déchaussage des racines et des arbustes, sarclage régulier des mauvaises herbes, brûlis, deviennent, au fil du temps, de plus en plus vulnérables. Les feux de brousse, en détruisant jusqu'à 80 % de la végétation, stimulent aussi l'action du vent.

Ainsi, le vent transporte les particules des sols, essentiellement par saltation. Le seuil de déplacement des matériaux se situe entre 7 et 8 m / s mais la rugosité variable de la surface pédologique joue un rôle essentiel : les mottes, les adventices, les végétaux secs coupés par sarclage freinent la saltation. Celle-ci est maximum en début d'hivernage lorsque, après les travaux de préparation des sols, les plantations viennent d'être réalisées et que surviennent les premiers coups de vent de mousson. Dès le mois de juillet, le fléchissement de l'érosion éolienne correspond à l'augmentation du couvert végétal et à l'affaiblissement des vents de mousson. L'humidité du sol est un facteur secondaire car sur sols sableux, elle s'évapore rapidement entre deux épisodes pluvieux.

Les agriculteurs sahéliens ne considèrent pas l'érosion éolienne comme une contrainte primordiale par rapport aux sécheresses récurrentes et même à l'érosion hydrique. De manière générale, l'action du vent est perçue comme la conséquence de la baisse de fertilité des sols, des défrichements et du surpâturage.

Le nombre de jours à forte charge de poussière a augmenté au cours des dernières décennies. Ce phénomène entraîne des problèmes de santé : toux sèche, maux d'yeux et de gorge, fièvre, encéphalite. Ces atteintes à la santé sont liées directement, pour les habitants de ces régions, à l'érosion éolienne.

Face à la dégradation progressive des sols, surtout steppiques, plusieurs méthodes de lutte se pratiquent depuis les années soixante, par exemple, au Niger.

Les méthodes de protection des sols en Afrique sahélienne et saharienne

Les techniques de lutte contre l'érosion éolienne des sols peuvent être classées selon leur nature : gestion des cultures et des résidus de culture, travail du sol, protection des cultures. La défense contre l'ensablement sera évoquée ensuite.

Gestion des cultures

La gestion des cultures et des résidus de culture comporte six techniques principales :
– le paillage est de loin la plus répandue. Elle consiste à appliquer sur le sol de la paille de mil sur environ 10 % de la surface des champs, ce qui réduit de 40 % l'ablation éolienne. Une efficacité semblable est obtenue en paillant des bandes de sol de 30 cm de large, espacées de 1,50 m, et disposées perpendiculairement aux vents dominants. Malgré son efficacité et sa simplicité, le paillage présente quelques limites d'utilisation. La disponibilité en paille est un obstacle insurmontable car la productivité des champs est trop faible et la paille est utilisée à d'autres fins comme la nourriture du bétail, les matériaux de construction ou le chauffage qui sont, pour les paysans, tout aussi vitaux que la lutte contre la dégradation des sols ;
– le développement d'une couverture herbacée qui se transforme petit à petit en matière organique est une autre solution ;

– la jachère permet de réduire fortement la prise en charge des particules par le vent ;
– la mise en place de bandes enherbées en alternance avec des bandes cultivées, est une technique anti-érosive, mais elle prive le paysan d'une partie non négligeable de la superficie de son champ. Pour pallier cet inconvénient, les bandes enherbées peuvent être remplacées par des cultures dont la taille et le développement sont différents de celui des céréales, mais cette organisation des champs présente un autre inconvénient, il est en effet difficile de récolter l'une des deux cultures sans abîmer l'autre ;
– le maintien, dans les champs, d'arbres et arbustes isolés comme par exemple *Acacia albida* dans les champs de coton autour de Léré (Sud du Tchad), est recommandé car les arbres et arbustes constituent des îlots de fertilité, ils contribuent à briser la course du vent, enfin ils fournissent bois et fourrage et de surcroît, les acacias qui sont des légumineuses apportent de l'azote aux sols (communication orale de J. Mathez) ;
– les brise-vent permettent de réduire la vitesse du vent au niveau du sol et de piéger les sédiments éoliens. Ils sont constitués de bandes de végétation naturelle de 5 m de large. Les arbustes utilisés sont *Galago senegalensis*, *Bauhinia rufescens* et une herbacée pérenne, *Andropogon gayanus* qui peuvent, en même temps, jouer le rôle de haie. L'implantation de brise-vent requiert la disponibilité de plants, une protection contre le broutage par les animaux domestiques, la nécessité d'arrosage pendant la première année d'installation et ensuite un entretien régulier. C'est donc une technique qui nécessite un soutien financier et institutionnel (Bielders *et al.*, 2004).

Vallée au pied du plateau du Tagant (Mauritanie). Tentative de protection des cultures par des haies. Ensablement grave des jardins. Emondage des arbres pour nourrir le bétail.

Travail du sol

Le travail du sol rend à celui-ci la rugosité nécessaire pour freiner l'action du vent. Trois techniques sont utilisées : le labour, le billonnage et le scarifiage.

Le labour permet le creusement de sillons qui sont, malheureusement, rapidement nivelés par l'impact brutal des averses. Il en est de même pour le scarifiage qui est un travail superficiel du sol, à la houe, pour briser la croûte superficielle dont l'origine est la légère grésification des particules sableuses, par dessiccation, entre les averses.

Le billonnage est l'édification de buttes rectilignes (billons), d'une vingtaine de centimètres de hauteur sur lesquelles sont semées les cultures. Les billons doivent être perpendiculaires aux vents dominants et à la pente pour éviter de favoriser le ruissellement. Cette technique a permis de réduire sur des parcelles témoins de 90 % et 30 %, en moyenne, les pertes en terre au cours de quatre tempêtes, pour des billons écartés, respectivement de 75 cm (90 %) et de 150 cm (30 %). Cependant, comme pour les techniques précédentes, les fortes averses ont tendance à affaisser les billons. Pour ralentir ce phénomène et réduire d'éventuels ruissellements, de la paille peut être enfouie dans les billons ou dans les sillons qui les séparent.

Les agriculteurs sahéliens mettent en œuvre des combinaisons de ces différentes techniques. Ils associent par exemple : brise-vent, haies, clôtures de branchages secs, gestion de la végétation naturelle, maintien de la paille de mil sur le sol. Ce sont toujours les méthodes les plus simples et les moins coûteuses qui sont, évidemment, les plus utilisées.

Les méthodes de lutte contre l'ensablement

Pour lutter contre le déficit pluviométrique et la forte évaporation dans les régions arides, les agriculteurs sédentaires pratiquent l'irrigation dans les oasis à partir de puits ou de barrages sur les oueds. Les parcelles irriguées sont cultivées en fourrage ou en céréales, les diguettes qui les séparent sont rehaussées de plantations de figuiers, oliviers, abricotiers et amandiers, les chemins sont bordés de murets en pisé. Enfin cet ensemble, harmonieusement agencé par l'homme depuis des siècles, est dominé par les cimes des palmiers. Ce milieu artificiel est un havre de verdure au cœur d'un monde minéral. Le vent, freiné par les strates de végétation, dispersé en filets d'air multiples par l'organisation complexe des arbres, des haies, des murs et des constructions, perd de sa vigueur et il est courant d'observer, face au vent dominant, des murs ou des haies ennoyés dans des amoncellements sableux édifiés par le vent aux limites de l'oasis.

Les dunes deviennent un handicap économique lorsque, en se déplaçant, elles menacent des secteurs fortement anthropisés comme les oasis, les périmètres de culture, les quartiers de certaines villes (Nouakchott, Moudjéria, Mauritanie, photo ci-contre), les infrastructures : routes, voies ferrées, aéroports. Il est donc nécessaire de tenter, par plusieurs techniques, de fixer le sable ou de l'exporter.
Celles-ci sont de deux types : soit elles sont destinées à fixer le sable temporairement ou définitivement, soit elles ont pour but, en utilisant la dynamique du vent, d'exporter le sable au-delà des zones qu'il menace d'ensevelir.

Vue du village de Moudjéria en partie ensablé, Sud du Tagant, Sahel mauritanien.

Les causes de l'ensablement sont à la fois naturelles et anthropiques.

Les causes naturelles

Certaines installations humaines sont édifiées à proximité d'ergs. C'est le cas :
– en Mauritanie, des villes de Nouakchott, aux abords immédiats du Trarza, de Moudjéria coincée entre l'escarpement du Tagant et l'erg Agâne, de Boumdeïd et de Tichitt cernées par l'Aouker, de Chinguetti à l'Ouest de l'erg de Ouadane ;
– de la route du défi entre Nouadhibou et Nouakchott, de celle de l'espoir entre la capitale et Aleg ou Rosso, au Sénégal ;
– des oasis du Tafilalt et de Mhamid, dans le Sud-marocain ;
– en Algérie, d'El Oued au milieu du Grand erg oriental, de Béni-Abbès sur la limite ouest de Grand erg occidental, de Reggane à la limite du Tidikelt et de l'erg Chech.

Les vents peuvent aussi accumuler des sables le long de grandes vallées alluviales comme dans le Fezouata, au Sud de Zagora (vallée du Dra, Sud-marocain), sur la Saoura entre Beni-Abbès et Kerzaz (Sahara algérien), dans le Wadi-Shati à l'Ouest de Brach (Sahara libyen). La source de ces sables peut, d'ailleurs, se trouver dans les formations sablo-limoneuses actuelles ou quaternaires et en particulier holocènes (Tafilalt).

Les conditions climatiques, évidemment, sont responsables de la mobilité des sables : Les longues sécheresses, comme celles de 1752 et 1776 au Maroc, les années 1880 et, au XXe siècle, toujours au Maroc (1913-1918, 1927-1931, 1933-1939, 1945-1947, 1955-1957, 1973-1976, 1979-1984), l'année 1987 et plus récemment 1993-1995 sont responsables, en partie, de la lente dégradation du couvert végétal naturel a cours des temps historiques (Benmohammadi *et al.,* 2000).

Les causes anthropiques

À ces causes naturelles se superposent des causes anthropiques qui prennent, actuellement, le pas sur les précédentes.

La pression démographique est de plus en plus forte. Dans le Tafilalt, le taux d'accroissement de la population a été de 2,5 % pendant les deux dernières décennies du XXe siècle. Cet accroissement conduit à une surexploitation des terres cultivables, à des pratiques agricoles inadaptées, à l'extension, souvent anarchique, des surfaces cultivées sur des sols sableux fragiles, accompagnée de la destruction des steppes comme dans le Rekam (Maroc oriental), au surpâturage et à l'utilisation incontrôlée, pour le bois de chauffe, des espèces ligneuses, mais aussi à la construction d'infrastructures lourdes comme l'extension de périmètres irrigués, les routes, les canaux d'irrigation et les barrages.

D'après Benmohammadi (2000), dans la vallée du Dra et le Tafilalt (Sud-marocain), mais aussi dans les régions saheliennes, la destruction systématique de la végétation est consécutive à une dégradation des traditions communautaires. Celles-ci permettaient, grâce à une réglementation coutumière stricte, la protection des arbres et des pâturages steppiques. Par exemple, en deçà d'une certaine distance des habitations, le cheptel était rigoureusement limité en nombre et surveillé. Les périodes de ramassage du bois étaient fixées chaque année. Aujourd'hui, aussi bien dans le Sud-marocain que dans les pays du Sahel, les sociétés paysannes connaissent une affirmation des intérêts individuels aux dépens des communautés traditionnelles. Par exemple, dans la vallée du Dra, la quantité de bois prélevée annuellement par une population d'environ 45 000 habitants est estimée à 350 kg par habitant et par an, soit environ 1 kg par habitant et par jour. Les espèces les plus menacées sont *Acacia raddiana* et surtout les espèces des steppes sahariennes qui, sans fournir de bois véritable, donnent un combustible, comme : *Panicum turgitum, Stipa tenacissima, Launea arborescens* et *acanthoclada, Artemisia herba alba* (armoise), *Salsola vermiculata*. Ces prélèvements sont considérables à cause de l'augmentation des besoins en bois de chauffage destinés aux activités domestiques. Le bois est récolté de plus en plus loin des villages et jusqu'à 50 km autour de Zagora, Tagounit, Rissani ou Erfoud. La même situation se retrouve autour du lac Faguibine où les femmes vont chercher du bois à plus de trois heures de marche des villages. À cette consommation domestique, il faut ajouter le bois utilisé dans les fours à céramique, comme à Tagounit (Sud-marocain, vallée du Dra) ou celui, brûlé dans les fours à briques. En 1993, la consommation annuelle en combustible, pour la fabrication des céramiques de Tagounit, s'élevait à 96,25 t de buisson provenant de la vaste plaine des Feija, située à l'Ouest du village.

L'aggravation de l'ensablement est aussi liée à l'introduction, dans ces milieux naturellement fragiles, de pratiques agressives telles que les cultures industrielles. C'est le cas dans les oliveraies de la région de Sfax, en Tunisie (Fehri, 2003). Les vents dominants, au printemps et en été, soufflent de l'Est tandis qu'en hiver, ils sont d'origine continentale et de secteur nord et nord-ouest. Les vents de sable constituent un élément non négligeable du climat de ces régions, en particulier au mois de mars. Enfin, toute cette contrée est balayée, en été et en automne par le sirocco, appelé ici *chehili*, d'origine saharienne, très chaud et très sec.

L'action du vent est favorisée par plusieurs causes essentiellement anthropiques.

La première est historique. Par décret du 8 février 1892 et grâce à l'initiative du directeur de l'Agriculture et du Commerce de l'époque, Paul Bourde, commence la conquête des basses steppes tunisiennes par les plantations d'oliviers. Les opérations de plantation sont réalisées par des associations de capitaux français et sfaxiens. Dès les premières années de l'indépendance, les colons ont commencé à céder leurs fermes aux grands propriétaires autochtones dont certains avaient, par défrichement, agrandi leur domaine personnel.

La seconde présente un rapport direct avec le travail du sol. Les défrichements ont commencé avec la conquête coloniale. L'essentiel de la destruction de la steppe est déjà réalisé en 1957. Après l'indépendance, et grâce à des moyens mécaniques de plus en plus puissants, les défrichements se sont poursuivis sur des sols de plus en plus fragiles et de moins en moins adaptés à la culture de l'olivier, au rythme de quelques centaines d'hectares par an, jusqu'aux années 1970. Ces défrichements ont provoqué la disparition totale de la végétation naturelle steppique au profit des plantations d'oliviers qui n'assurent pas une bonne protection des sols. Les arbres sont, en effet plantés avec un écartement de 24 m soit 16 à 17 pieds à l'hectare.

Outre ces défrichements historiques et le mode d'occupation du sol par les oliveraies, le travail du sol est, lui aussi, favorable à l'action du vent. Depuis les années 1930, de puissants tracteurs équipés de charrues à disques ou à socs multiples ont, évidemment, remplacé les instruments aratoires traditionnels. Ces labours se pratiquent deux fois par an et sont accompagnés de trois à six sarclages. L'objectif majeur de ces travaux est d'exterminer les mauvaises herbes et en particulier le chiendent. Ils favorisent aussi la bonne fructification des oliviers. Ils maintiennent une terre meuble qui emmagasine le maximum de précipitation et de rosée et freine le ruissellement. Cependant, la surface du sol prend une structure poudreuse, en particulier en saison sèche, qui la rend vulnérable à l'érosion éolienne. Celle-ci est d'autant plus active que les rangées d'oliviers qui se prolongent à perte de vue, canalisent les courants éoliens. L'action du vent s'étend au-delà des oliveraies car elles contribuent à la réduction des terrains de parcours pour le bétail et en particulier pour les ovins qui, toujours aussi nombreux, paissent sur des surfaces plus réduites. Le surpâturage sévit sur des terrains impropres à la culture de l'olivier et qui sont soumis à l'agression du vent.

L'action du vent donne naissance à des formes dunaires. Entre les rangées d'oliviers qui canalisent le vent, s'érigent des dunes allongées souvent colonisées, à leur sommet, par le sbot *(Stipagrostis pungens)*.

Des barkhanes se développent aussi, perpendiculaires aux vents dominants de Nord-Ouest et de Nord-Est. Elles sont souvent défigurées par les labours ou fixées par des plantations de figuiers de Berbérie. Les voiles éoliens, appelés aussi placages de sable, s'étendant sur plusieurs centaines d'hectares, sont certainement les formes les plus présentes dans la région de Sfax. Le sable de ces formations, d'origine hydrique, a été répandu après les grandes crues de 1969 puis remobilisé par le vent. L'origine de ces accumulations sableuses est donc hydroéolienne. Outre les dunes longitudinales, les barkhanes et les voiles éoliens, des nebkhas s'observent aussi. Elles sont détruites par les labours et les sarclages, mais se reconstituent rapidement après une période venteuse de quelques heures. Elles mesurent de 40 à 60 cm de hauteur et n'excèdent pas 1 m de long. Les rebdous sont plus rares. Ils sont généralement colonisés par les jujubiers qui ont été épargnés par les défrichements, les figuiers et parfois la vigne. Enfin, dans les lits des oueds, le sable s'accumule le long des berges sous le vent, perpendiculairement aux vents dominants.

Il existe aussi des formes d'ablation. En effet, si le vent accumule le sable entre les rangées d'oliviers, il le prend aussi en charge dans les mêmes secteurs et de petits yardangs se creusent, dont les matériaux sont retenus par les racines des arbres. Cet exemple de l'action de l'érosion éolienne, dans la région oléicole de Sfax, montre le rôle de l'homme dans la remobilisation des sables par les travaux agricoles et par le type de culture.

Les infrastructures économiques modernes, installées dans les pays en voie de développement sont souvent menacées par l'ensablement. Les solutions pour freiner ses effets sont nombreuses, mais aucune n'est pleinement satisfaisante, ni dans l'espace ni dans le temps.

Le développement des puits et forages et l'accroissement de leur débit depuis les années 50 favorisent l'augmentation du cheptel, en particulier dans les régions sahéliennes. Les zones situées à proximité des puits et sur les trajets des troupeaux qui s'y rendent, sont marquées par le piétinement incessant des animaux et par la destruction rapide du couvert végétal si bien que le vent reprend en charge les sables dans ces secteurs préférentiels. Pour freiner ce processus de désertification, trois mesures sont envisageables : contrôler le développement du cheptel autour de chaque forage ou puits, placer des pâturages en défens, favoriser l'introduction de cultures fourragères (Reichelt, 1988).

Les méthodes de défense contre l'ensablement

Il est possible de les classer en trois catégories : le suivi des déplacements du sable, la protection par fixation des dunes ou du sable dans son transit par le vent et enfin l'évacuation du sable des lieux où il est susceptible de se sédimenter.

Le suivi des déplacements du sable

Le suivi se réalise à plusieurs échelles. À l'échelle du Sahel et du Sahara méridional, par exemple, l'observation des vents de sable et de poussière est possible grâce aux images satellitales de Météosat. Les images obtenues par satellite montrent, au cours d'une journée, le déplacement et l'évolution spatiale des nuages de poussière et de sable au-dessus du Sahara malien, du Sahel mauritanien et du littoral atlantique. Il est ainsi possible d'en déterminer l'origine et d'en suivre la trajectoire.

À plus grande échelle, des images satellitales prises à plusieurs périodes ou au cours de plusieurs années consécutives permettent de suivre l'évolution de l'ensablement, la source du sable, les zones de déplacement privilégiées et la sédimentation locale et passagère des matériaux.

Une étude a été réalisée sur photographies aériennes et images satellitales, dans la palmeraie du Tafilalt (Sud-marocain), dans le secteur d'Hannabou (Desjardin *et al.*, 2005). Elle a d'abord permis d'apprécier l'efficacité des vents dans le transport des sables. Entre 1964 et 1980, la rose des vents efficaces, pour des vitesses supérieures à 6 m / s, montre une grande variété de directions. À partir de 1980, les vents efficaces du Sud-Ouest sont dominants et déterminent le cheminement des sables dans la palmeraie. Les barkhanes se déplacent, de 1980 à 1986 entre 0° et 19° Nord, de 40 à 140 m, de 1986 à 1995, leurs déplacements s'orientent Nord-Est essentiellement et entre 1995 et 2003, Nord-Nord-Est avec des déplacements compris entre 80 et 160 m. Ainsi, l'observation montre que, dans les années 1995-2003, l'influence des vents de Sud-Sud-Est permet un déplacement annuel des barkhanes de 15 m / an, la moyenne, sur 40 ans est de 14 m.

Toutes les barkhanes de ces ergs ne se déplacent pas de la même manière. Les plus petites progressent plus vite que les grandes. Les reliefs freinent ou modifient leur trajectoire. Celles qui sont situées au cœur des champs de barkhanes et se trouvent protégées, se déplacent moins vite. Par exemple, des barhkanes situées au milieu d'un ensemble dunaire ne se déplacent que de 7 m / an tandis que d'autres, placées à la périphérie, ont parcouru plus de 18 m / an car le vent ne rencontre pas d'obstacles. Grâce aux images satellitales, il est possible de prévoir le sens et la vitesse de déplacement des sables et de protéger les installations humaines, éventuellement menacées. Les mêmes images permettent aussi de distinguer les sources de matériaux pris en charge par le vent. Dans l'exemple du Tafilalt, l'essentiel du sable provient des alluvions des fleuves Rheris, Ziz et Guir mais aussi des arènes arrachées aux parois gréseuses et des limons des terrasses holocènes.

La protection

Plusieurs méthodes permettent de fixer les dunes. Les procédés chimiques sont onéreux et ne peuvent être utilisés que sur de faibles superficies. Il s'agit des huiles minérales ou des dérivés du pétrole qui, répandus sur les dunes, agglomèrent le sable ou le recouvrent d'une pellicule protectrice.

La stabilisation synthétique est aussi coûteuse que le procédé précédent. Le produit est dilué dans l'eau, puis pulvérisé ou étalé sur la surface dunaire. Il imprègne seulement les premiers millimètres, formant une croûte gréseuse qui résiste temporairement au vent. Cette fixation du sable permet souvent à la végétation de prendre racine et de se substituer ensuite à la stabilisation synthétique.

Le long de la route Nouakchott-Rosso, dans certains secteurs où le sable est très mobile, des pierres et du gravier ont été répandus sur les dunes et protègent le sable sous-jacent.

L'implantation de végétaux permet aussi de fixer le sable. Ces végétaux peuvent être des espèces locales vivaces, adaptées aux conditions édaphiques et climatiques difficiles des déserts. L'aménagement est simple et consiste à développer cette végétation naturelle ou à la mettre en défens. On peut citer les formations à *Panicum turgidum*, *Leptadenia pyrotechnica,* le bouturage d'*Euphorbia balsamifera* ou de *Commiphora africana* en Mauritanie, *Aristida pungens* sur les petites dunes du Sahara marocain (route Errachidia-Erfoud), *Calotropis procera* sur les dunes sahéliennes.

Le reboisement par la technique de la cylindrée est très efficace. Elle est utilisée autour de Nouakchott et dans le Tafilalt par exemple. Le jeune plant est installé dans un cylindre en plastique qui est enfoncé dans le sable jusqu'à rencontrer l'humidité naturelle de la dune, ensuite, l'arrosage du plant est destiné à maintenir la jonction entre l'eau apportée par arrosage et l'eau résiduelle contenue dans la dune. Les végétaux sont des eucalyptus

(Maroc), des *Prosopis africana* et *Prosopis juliflora* autour de Nouakchott. Cette technique est aussi utilisée pour restaurer des palmeraies (Tafilalt).

L'utilisation de branchages secs est aussi très répandue. Elle consiste à fabriquer des palissades en palmes, branches d'euphorbe ou d'acacia perpendiculaires au vent dominant. Le sable s'accumule le long de ces obstacles en formant une dune. Lorsque celle-ci ennoie entièrement la palissade, il suffit de la rehausser à l'aide d'autres branchages. Cette technique est en pratique actuellement le long de la nouvelle route Nouakchott-Nouadhibou. Les palissades sont, dans ce cas, érigées avec des branches d'*Euphorbia balsamifera*. Elles se substituent à une autre technique qui avait consisté à tendre, entre des piquets, de grandes bandes de plastique noir délimitant des casiers et faisant office de palissades. Il semble que les vents violents qui soufflent sur le littoral et à quelques kilomètres à l'intérieur des terres aient eu raison de ces bandes de plastique aujourd'hui en lambeaux. Cependant, cette technique devait être couplée avec une tentative de reboisement des casiers. Par endroits, cette recolonisation végétale n'a pas complètement échoué et quelques acacias ont résisté en bordure de la route.

Les ganivelles du même type que celles implantées sur les littoraux permettent de piéger le sable dans leur carroyage de branchages secs. Elles ont été installées le long de la ligne de chemin de fer Taza-Guercif, ou pour protéger le village de Boumdeïd et la ville de Tidjikja dans le Tagant, en Mauritanie.

L'évacuation du sable

L'évacuation du sable a pour principe d'accroître la vitesse du vent qui empêche les formations éoliennes de se sédimenter dans des secteurs où leur présence est préjudiciable. La technique la plus usitée est celle des pierres à turbulence (figure 48). Elle consiste à placer sur des dunes qu'il est souhaitable de voir disparaître de gros blocs de pierre espacés entre eux d'environ un mètre. Le vent, en s'engouffrant entre ces obstacles, prend de la vitesse et chasse le sable. Peu à peu, les blocs de pierre s'abaissent, au fur et à mesure que le sable est balayé, jusqu'à ce qu'ils reposent sur le substratum. À ce stade, le sable qui arrive, prend de la vitesse et ne se sédimente plus. En revanche, des nebkhas peuvent s'édifier à l'abri des pierres. Une méthode proche est utilisée sur la route Nouakchott à Rosso. Dans les tronçons menacés par l'ensablement, des murs en béton parallèles au vent délimitent des couloirs. Le vent souffle sur les dunes puis se trouve canalisé avec sa charge entre les murs. Il prend de la vitesse et transporte le sable des dunes au-delà de la route. Ce système évite la formation des nebkhas, mais pour des raisons mal élucidées, le sable à tendance à se sédimenter dans les couloirs et la soufflerie perd alors de son efficacité.

Enfin, une dernière méthode a été expérimentée, toujours en Mauritanie. Pour freiner le déplacement des barkhanes, une tranchée est creusée avec un engin dans les cornes de celles-ci, afin de séparer les pointes du corps des dunes. Dans cette configuration, le vent entraîne avec lui le sable des deux pointes de la barkhane et un temps assez long est ensuite nécessaire à celle-ci pour les reconstituer et poursuivre sa progression.

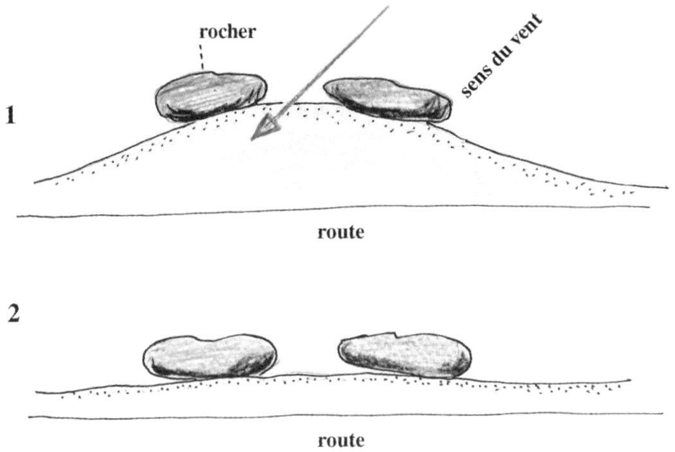

Figure 48. Evolution d'une dune, en bordure d'une route, sous l'effet des pierres à turbulences. Celles-ci sont des blocs de rocher d'environ 1 m^3.

Le vent et la désertisation

L'extension des zones désertiques liées à l'action des hommes à cause du surpâturage ou de l'extension inconsidérée des cultures a été désignée, par certains chercheurs (Le Houérou 1976, par exemple) sous le terme de "désertisation". Celle-ci est définie comme l'extension de paysages désertiques dans des zones arides ou semi-arides qui, naguère, n'en présentaient pas les caractères : primauté de l'érosion éolienne, apparition des dunes, déflation sur de nouveaux regs, dégradation de la steppe, contraction de la végétation le long des cours d'eau. Ces zones sont rendues presque stériles ou, du moins, ont perdu la majeure partie de leur production par rapport à leur état primitif.

▸▸ L'Homme et le vent dans les espaces continentaux tempérés et froids

Dans ces régions, l'influence pernicieuse du vent est moins flagrante. Les hommes ont techniquement domestiqué le vent pour fabriquer de l'énergie ou pour l'utiliser à des fins scientifiques ou ludiques.

Les protections contre le vent, dans le milieu rural

Les haies coupe-vent

Dans les vallées et les plaines parcourues épisodiquement par des vents violents, les cultures sont protégées par des haies. Toutefois, celles-ci n'existent que dans les régions où le sol est suffisamment fertile car cette protection grève la superficie cultivable. Elles sont donc répandues dans les terroirs où elles protègent des productions agricoles à forte valeur ajoutée comme les cultures horticoles, maraîchères et fruitières. L'un des exemples les plus représentatifs de ce type de mise en valeur se trouve dans la basse vallée du Rhône et dans les plaines provençales. Les barrières végétales sont constituées par la canne de Provence, le cyprès, le peuplier et plus rarement, l'aubépine ou le cognassier (Livet, 1962).

La canne de Provence dont les tiges nombreuses et serrées mesurent jusqu'à 4 ou 5 m de hauteur ne prospère qu'en terrain humide. Les hommes l'ont multipliée par bouture à proximité des cours d'eau et le long des canaux d'arrosage. C'est une plante envahissante, à croissance rapide si bien qu'elle est utilisée, le plus souvent sèche. Les tiges coupées sont reliées entre elles par des liens en fil de fer. Les haies de cannes sèches sont surtout répandues dans les plaines entre La Ciotat et Hyères, dans la plaine du Beausset, la vallée inférieure de l'Argens, le delta de l'Arc. Avec la déprise agricole actuelle, les haies en canne de Provence ont tendance à disparaître.

Le cyprès est rattaché à la culture maraîchère comtadine où il fait partie des paysages depuis le Premier Empire (Livet, 1962). Ses haies s'étendent, au Sud, jusqu'aux Alpilles, elles franchissent le seuil de Lamanon pour barrer l'horizon dans le pays salonnais. Au Sud-Ouest, elles viennent buter contre les larges parcelles céréalières des pays de Tarascon et d'Arles. Au Nord, elles atteignent le Tricastin. Actuellement, en bordure de nombreuses parcelles abandonnées, les haies de cyprès dépérissent et ne dressent plus vers le ciel que des squelettes ébranchés. Les arbres, aux fûts rectilignes et parallèles, aux feuillages ténus, rompent les brusques et violentes rafales de mistral. Leur protection est efficace à condition d'espacer les haies méthodiquement par un intervalle de 20 à 30 m. Cet espace est nécessaire pour empêcher les remous du vent sur la parcelle. Dans certaines d'entre elles, des protections secondaires de cannes de Provence sèches sont édifiées pour accentuer l'effet coupe-vent et pour briser efficacement les rafales rabattues vers le sol par l'obstacle des cyprès. Ce parcellaire, qui n'a jamais une vocation de clôture, ne correspond pas aux plans cadastraux et présente un paysage de bocage. Les casiers déterminés par les haies de cyprès et de cannes, abrités du vent et copieusement arrosés, constituent autant de cellules où règne un microclimat favorable aux cultures. Cependant, la présence de haies détermine un adret et un ubac. Les cultures, au Sud de la rangée d'arbres, profitent pleinement du soleil ; en revanche, au Nord, l'éclairement est parcimonieux si bien que les melons, les aubergines, les fraisiers sont exposés au Sud tandis que l'ubac est occupé souvent par un chemin de desserte ou de la prairie artificielle. L'utilisation d'autres arbustes coupe-vent est plus ancienne dans l'histoire du Comtat Venaissin et a, actuellement, presque complètement disparu : les aubépines de la plaine de l'Isle-sur-la-Sorgue et de Pernes-les-Fontaines, les cognassiers autour de Châteaurenard.

Architecture du village et des fermes isolées

Toujours en Provence, de nombreux villages sont perchés sur des promontoires rocheux ou édifiés à l'adret d'une colline. Dans ces sites, le mistral se fait toujours sentir dans les ruelles et les placettes. Cet inconvénient est, en définitive, recherché par les habitants qui préfèrent des rues ventilées où l'air se renouvelle et atténue la chaleur estivale à un village construit en plaine, humide et brumeuse, froide en hiver à cause des inversions nocturnes des températures. La préoccupation première des habitants était, jusqu'à une période récente (deuxième moitié du xxe siècle), la recherche du soleil. Ainsi, le village, perché ou à l'adret d'une colline, est tourné vers le Sud et le Sud-Est. Cette position le met aussi à l'abri du mistral et comme l'écrit R. Livet : « en cherchant le soleil, le village échappe, la plupart du temps, au vent ». Le vent, en terre provençale, est le grand ennemi de l'homme. Il cherche à le freiner mais surtout à lui échapper et R. Livet de poursuivre : « comme le mistral surgit d'entre Nord et Ouest, il suffit de tourner la façade des maisons entre Sud et Est pour bénéficier du soleil et s'abriter du vent ». Dans le Var, les villages d'Entrecasteaux, Cotignac ou Montfort-sur-Argens sont dans cette situation ; dans le Vaucluse, on peut citer Bédoin, Crillon-le-Brave ou Saint-Hippolyte-de-Craveson.

Cette disposition de l'habitat se retrouve dans l'agencement des fermes isolées (figure 49). Comme les habitations villageoises, elles recherchent le soleil, en s'abritant du vent. Sur le plan cadastral de Châteaurenard, le parallélisme des bâtiments ruraux atteint la géométrie. Ici, l'habitat de la plaine comtadine est son propre abri et « la violence du Mistral oriente invariablement toutes les constructions de façon identique ». R. Livet décrit la ferme comtadine : « Vers le soleil, s'ouvrent la porte, les fenêtres, l'écurie, l'étable, le jas, les loges à cochons, le pigeonnier, les hangars. C'est là qu'aboutit le chemin assez souvent bordé de lignes d'arbres (marronniers ou platanes séculaires). Vers l'arrière, les grands murs nus et sombres se dressent, percés d'ouvertures rares et étroites : la lucarne de la laverie, les bouches d'aération

Figure 49. Châteaurenard, lieu-dit le Grand Quartier, d'après le plan cadastral de 1833. Dispersion ancienne de l'habitat. Maisons-blocs de toutes tailles, systématiquement orientées par rapport au mistral (Livet, 1962).

du cellier, le petit fenestron qui éclaire l'escalier intérieur. Encore faut-il ajouter que le mas totalement aveugle vers l'ubac n'est pas rare. Souvent, le toit lui-même est dissymétrique par rapport au vent. Le mur d'arrière, plus haut de 1 à 2 m que le mur de façade, soutient le poids d'une charpente construite en un seul plan incliné, le long duquel déferlent les masses d'air, comme par-dessus un barrage ». À cette description très suggestive, il faut ajouter quelques détails. Souvent, à l'ubac de la maison, sont édifiés des remises et des hangars qui font écran au corps principal du bâtiment. En Camargue, l'arrière du bâtiment principal est parfois enterré et le toit, au Nord et au Nord-Ouest frôle le remblai qui masque le mur.

Les bastides, demeures bourgeoises de la fin du XIXe siècle, n'échappent pas à la règle de protection contre le vent. La façade principale, où les portes, baies et fenêtres sont harmonieusement disposées, est tournée vers le Sud, dominant de quelques degrés, une terrasse ombragée de tilleuls et de platanes que le corps de la maison abrite du mistral.

Organisation de la lutte contre la désertification dans les déserts chinois et en Mongolie

La dégradation des sols par l'action du vent présente les mêmes causes et les mêmes effets que dans d'autres déserts. La destruction du tapis végétal est causée par le surpâturage, l'utilisation abusive des ligneux comme bois de chauffe et matière première de l'artisanat.

Les déserts froids sont, dans tous les cas, des régions continentales abritées ou éloignées des influences maritimes. Le vent y joue le même rôle que dans les déserts tropicaux. Si bien que les formes d'érosion sont comparables. Toutefois, l'existence de vastes étendues steppiques gêne le développement des grandes dunes comme les ghourds ou les siouf longs de plusieurs kilomètres, si fréquents au Sahara. Cependant, les grandes surfaces dunaires ne sont pas absentes de ces déserts et le Taklamakan, par exemple, comporte des massifs de dunes étendus et volumineux.

Les déserts chinois présentent la particularité d'être cernés de piémonts quaternaires étendus, aux formes d'accumulations alluviales variées, en fonction des hautes chaînes de montagnes qui les dominent. Les cônes de déjection, épandages de piémont, terrasses, sont des regs immenses où le vent prend en charge, par vannage, des matériaux fins qu'il accumule ensuite dans les bassins endoréiques.

La lutte contre la désertification et la progression des sables présente, en particulier dans les déserts chinois, des dispositifs à grande échelle qui paraissent efficaces comme, par exemple, dans la dépression de Turfan. Dans celle-ci, située à l'extrémité de la chaîne du Tian-Chan, au Sud-Est d'Urumqi, plusieurs techniques ont été mises en pratique. À partir de puits creusés dans les secteurs déjà ensablés, l'irrigation a permis le développement de barrages verts constitués de forêts de 300 à 500 m de large, précédées de zones enherbées steppiques formant écran entre la forêt et les étendues sableuses. Cette végétation, de type steppique crée des nebkhas et de petits rebdous artificiels qui sont peu à peu colonisés par la végétation arbustive qui s'étend ainsi de proche en proche. Les arbres qui ont été choisis sont des espèces à croissance rapide, les principales sont des ormes et des peupliers (peuplier du

Sinkiang et *Populus nigra*). Ces forêts en lanières sont complétées par des plantations de mûriers et d'abricotiers sur une largeur de 4 à 8 rangs séparés de 6 à 8 mètres.

Une fois la végétation herbacée installée sur 85 % de la surface, la vitesse du vent est réduite de 49 %. Les barrages verts arbustifs accroissent la rugosité de la surface du sol, freinent la vitesse du vent et piègent les sables. Enfin, dans les fermes, les parcelles sont entourées de haies vives qui ralentissent et dispersent la force du vent. Actuellement, ces aménagements modifient sensiblement le climat local en abaissant les températures estivales, en diminuant, avec la vitesse du vent, l'importance de l'évapotranspiration et en accroissant l'humidité. Ces modifications améliorent les conditions culturales et la vigne, par exemple, se développe sur les gobis de cette région.

Dans ces régions, et en particulier en Mongolie, les activités humaines, dès le VIIe siècle sont responsables de l'extension des déserts. L'accroissement de la population a influencé, de tous temps, l'état des pâturages. D'après Kharin (1997), dès 1883, toutes les terres utiles de Mongolie étaient déjà défrichées et tous les prés surchargés de bétail. Actuellement encore, le pastoralisme nomade est l'activité économique dominante. Les pasteurs et leurs troupeaux changent de pâturages tous les deux ou trois mois et le bétail est au pré toute l'année. Cette situation explique la forte déflation des sols, même si ceux-ci sont recouverts en partie par la steppe.

▸▸ L'énergie éolienne : des progrès fulgurants

Les éoliennes captent l'énergie cinétique du vent pour la transformer en énergie mécanique utilisée directement (moulin à vent) ou en énergie électrique.

Depuis la nuit des temps, les hommes ont utilisé l'énergie éolienne. Des roues éoliennes rudimentaires furent utilisées en Perse (Iran actuel) dès le VIIe siècle de notre ère. Elles servaient à irriguer les terres et écraser du grain. Les moulins à vent ont connu un grand développement, en Europe, dès le Moyen Âge. Nous avons vu qu'aux Pays-Bas, ils étaient utilisés pour pomper l'eau des polders. Ailleurs, ils servaient au broyage du grain, des olives, au sciage du bois, à l'action des piles pour la fabrication du papier. Sous Vauban, 16 000 moulins à vent fonctionnaient en France. Au début du XXe siècle, des éoliennes furent installées sur certaines communes pour pomper, dans un puits, l'eau destinée à la population villageoise. C'était par exemple le cas dans le village de Blevaincourt, en Bassigny, où une grande éolienne fonctionnait encore dans les années cinquante.

Il faut distinguer la petite éolienne traditionnelle et l'énergie éolienne en plein essor, destinée, dans le cadre des énergies renouvelables, à la production d'électricité. Afin de faciliter la lecture, nous parlerons, dans les paragraphes consacrés à cette énergie, des installations littorales ou off-shore.

La petite énergie éolienne

Dans les pâtures des régions d'élevage d'embouche ou laitier, des éoliennes sont installées pour pomper l'eau utilisée à abreuver les animaux. Ces engins, d'une dizaine de mètres de haut, virevoltent jour et nuit et déversent l'eau dans des abreuvoirs dont le trop plein retourne au puits. Leur nombre est considérable car chaque parcelle de prairie en est équipée. Elles font désormais partie du paysage des régions d'élevage comme le Charolais, le Mâconnais et, en Lorraine : Barrois à l'Ouest des côtes de Meuse, Bassigny au Sud autour de Chaumont et de Neufchâteau, Xaintois au pied de la côte de Moselle et enfin la Woëvre au Nord.

Cette petite éolienne est utilisée aussi pour recharger les batteries d'une alimentation électrique de base (éclairage, radio, petit téléviseur). Ces éoliennes de 2 m de diamètre, sont très répandues dans les campagnes chinoises et mongoles où l'on compte plusieurs centaines de milliers de ces équipements.

Cette petite éolienne de 10 à 100 kW de puissance est aussi destinée à alimenter en partie, des réseaux électriques hybrides, éolien-diesel, dans des régions isolées comme les îles (exemple à la Désirade).

L'ère des aérogénérateurs

Des tentatives d'utilisation de l'énergie éolienne pour la production d'électricité ont vu le jour dès la fin du XIXe siècle avec un certain succès, dans des régions très ventées. Ainsi, au Danemark, en 1918, 3 MW produits par des éoliennes participaient à l'électrification rurale. Le succès des énergies fossiles a entraîné l'abandon, pendant plus d'un demi-siècle, de l'énergie éolienne. Après le premier choc pétrolier, des efforts pour développer à nouveau l'éolien, ont été consentis, en particulier aux États-Unis et en Europe du Nord.

La révolution énergétique actuelle est celle de l'éolien destiné à la production d'électricité. D'ailleurs, ce n'est pas la quantité d'énergie produite par un champ d'éoliennes qui crée l'événement car sa puissance (366 MW pour la production française totale en 2005) est sans commune mesure avec celle fournie par une centrale thermique traditionnelle ou nucléaire et même par une centrale hydroélectrique importante. Par exemple, la centrale de Gravelines a une puissance de 5 460 MW, celle de Chooz de 2 900 MW ; la totalité des centrales des Charbonnages de France, 2 474 MW. Celle de Vernon-la-Celle (Montereau), lorsqu'elle tournait à plein régime, de 1 000 MW. Les usines hydroélectriques sont de puissance plus faible (Génissiat, 396 MW ; Pierre-Bénite, 80 MW). L'événement est créé, depuis quelques années, par l'impact régional des éoliennes sur les paysages. Cette signature paysagère, parfois controversée, est certainement l'une des causes essentielles de la prise de conscience des citoyens, dans les sociétés industrielles, de la nécessité de prendre en compte les énergies renouvelables.

Les éoliennes actuelles captent l'énergie cinétique du vent pour la transformer en énergie électrique à l'aide d'un générateur. Ainsi apparaît l'aérogénérateur. Plusieurs aérogénérateurs regroupés sur un même site constituent un « parc » ou une centrale éolienne appelée aussi « ferme éolienne » (photo ci-contre).

Les aérogénérateurs qui dominent le marché actuel sont à rotor horizontal d'une puissance nominale entre 500 et 1 500 kW. Leurs caractéristiques sont un compromis entre de multiples facteurs aérodynamiques qui aboutit aux deux caractères suivants : rotor à trois pales disposé face au vent. Le fonctionnement des éoliennes à axe horizontal est voisin de celui des hélices. La différence provient du comportement de l'éolienne. Elle ralentit l'écoulement de l'air qui la traverse. La vitesse, à l'aval du rotor, est égale à un tiers de la vitesse du vent pour un fonctionnement optimal. En pratique, la puissance récupérée ne dépasse pas, en général, 60 à 70 % de la puissance maximale théorique, du fait des pertes aérodynamiques et mécaniques.

L'énergie éolienne, sous forme d'électricité, est actuellement la source d'énergie primaire dont la croissance est la plus rapide dans le monde. En effet, la puissance installée a été multipliée par cinq depuis 1990, pour atteindre 10 GW (1 gigawatt, GW=1 000 MW). En 1998, le chiffre d'affaire, des nouvelles installations éoliennes est de plus de 3 milliards d'euros et cette nouvelle activité a mobilisé 50 000 emplois directs et indirects à plein temps.

Les impacts de la production d'électricité éolienne sur l'environnement sont très faibles et uniquement locaux : visibilité dans le paysage et perception auditive limitée à une distance de 300 à 800 mètres selon la puissance des aérogénérateurs. Les bénéfices, pour l'environnement local, régional ou planétaire, sont très sensibles puisqu'un parc d'aérogénérateurs n'émet ni polluant ni gaz à effet de serre et qu'il ne génère aucun déchet. En outre, les aérogénérateurs en fin de vie peuvent être démontés, recyclés et le site restauré dans son état naturel ou agricole sans surcoût notable puisque l'impact au sol d'une ferme éolienne ne représente que 1 à 2 % de sa surface.

Le gisement éolien

Les applications de l'énergie éolienne doivent prendre en compte les spécificités du gisement éolien. En effet, comme nous l'avons vu précédemment, le vent présente des caractéristiques extrêmement variables :

Ferme éolienne.

– sa direction et sa vitesse varient d'un site à un autre et pour un site donné, sa vitesse dépend de l'altitude, des perturbations locales engendrées par la rugosité du sol, la présence de masques de tailles variables (haies, forêts, constructions diverses) ;
– les caractéristiques du vent varient aussi dans le temps. Sa vitesse dépend des phénomènes de turbulence, des effets de la température journalière ou mensuelle et du climat en général.

La production d'une ferme éolienne est fonction de la qualité du gisement sur lequel elle a été implantée ; le paramètre essentiel étant la vitesse annuelle moyenne du vent. Un soin particulier doit être apporté au choix du site d'implantation et à la détermination précise de ses potentialités aérologiques. Pour déterminer la valeur d'un site, plusieurs outils sont à la disposition des industriels : atlas éolien à grande échelle, examen des mesures du vent sur une longue période dans une station météorologique proche du site, campagnes de mesures locales pendant au moins six mois sur l'emplacement choisi.

Cadre juridique et nouvelles caractéristiques techniques des aérogénérateurs

L'aérogénérateur actuel doit être robuste, sophistiqué et attirant :
– robuste car il doit être construit pour une durée de vie de 20 ans dans les pires conditions d'exploitation ; c'est-à-dire sur les sites les plus ventés possibles comme sur les littoraux où sévit aussi la menace des embruns salés sur les infrastructures des engins ;
– sophistiqué car il doit produire avec le meilleur rendement possible, se mettre en sécurité automatiquement et sans surveillance locale, quelles que soient les conditions de vent ;
– attirant enfin car, installé sur un mât d'environ 40 m de hauteur, son insertion dans le paysage doit être facilitée par un aspect visuel élégant et même majestueux, par un fonctionnement silencieux et par l'absence d'infrastructures connexes (transformateurs, locaux techniques, lignes électriques, clôtures).

Des voix s'élèvent contre l'implantation abusive des parcs d'éoliennes, si bien qu'un cadre juridique a vu le jour. La France, par exemple, gère leur implantation grâce à une enquête publique et à l'obtention d'un permis de construire pour les éoliennes d'une hauteur supérieure à 12 m, à une étude d'impact pour les fermes excédant 2,5 MW. Cette dernière prend en compte le paysage, l'environnement rural et urbain, la distance par rapport aux habitations les plus proches. La réglementation impose que le dépassement de bruit dû à la présence d'un parc éolien n'excède pas 3 décibels pendant la nuit. Cette condition doit être respectée lorsque les habitations se trouvent à plus de 300 à 500 m des éoliennes. L'étude d'impact se préoccupe aussi de l'avifaune pour éviter de renouveler, par exemple, la calamiteuse implantation des éoliennes de Tarifa, dans l'extrême Sud de l'Espagne qui forment barrage sur la voie de migration de milliers d'oiseaux entre l'Europe et l'Afrique.

Au fil des ans, les aérogénérateurs sont devenus de plus en plus grands, leur puissance s'est accrue et leur nombre, par ferme, a diminué. Ces machines très puissantes tournent lentement donnant ainsi une impression de majesté et de quiétude à leur fonctionnement. Outre leur force, leur disponibilité, c'est-à-dire la proportion de temps pendant laquelle elles tournent quand le vent souffle, est actuellement de

98 à 99 % en moyenne annuelle. Leur productivité a doublé en 20 ans, passant de 500 kW / h / an / m^2 balayé en 1980 au Danemark à 1 000 kW /h / an / m^2 actuellement. La nuisance sonore a considérablement diminué par suppression des bruits mécaniques et par réduction de ceux d'origine aérodynamiques, en particulier en soignant la forme des pales pour éviter les tourbillons qui se formaient aux extrémités de celles-ci.

Tableau 6. Évolution de deux des principaux caractères des aérogénérateurs actuels.

Année	Puissance	Taille des pales
1991	300 kW	30 m de diamètre
1995	600 kW	44 m
2005	750 kW	50 m
2006-2007	1 à 1,7 MW	60 à 66 m

L'essor du parc éolien mondial

Plus de 10 000 MW ont été installés dans le monde en 2005, portant la puissance éolienne mondiale à 57 837 MW. Si le marché européen est toujours en augmentation, ce sont les marchés d'Amérique du Nord et surtout d'Asie qui connaissent les taux de croissance les plus forts. Le ralentissement des investissements allemands et espagnols n'a pas empêché les pays de l'Union européenne d'atteindre leur objectif commun de 40 000 MW avec 5 ans d'avance. La croissance annuelle du taux de l'énergie éolienne est de 28 % depuis 10 ans. L'Europe ne représente plus que 60,3 % du marché mondial contre 71,6 % en 2004. Cette croissance mondiale jusqu'en 2004, s'explique par une forte augmentation des installations aux États-Unis et par un essor rapide du marché asiatique et en particulier indien. Au 1er janvier 2007, la puissance éolienne totale installée dans le Monde s'élevait à 75 000 MW. La capacité ajoutée sur la période 2005-2006 représente un taux de croissance de 26 % ; il s'élevait déjà à 25 % sur la période 2004-2005 (figure 50). D'après les prévisions 2006 du Global Wind Energy Council, la capacité mondiale devrait s'élever à 130 000 MW en 2008-2009. En 2010, le scénario modéré prévoit 136 500 MW et le scénario optimiste 154 000 MW. Les pays ayant connu les taux de croissance les plus élevés sur la période 2005-2007 sont le Brésil et le Canada.

Quelques exemples dans les pays émergents

L'Inde est un géant de l'éolien. Elle possède deux parcs énormes. Celui de Vankusawade est le plus grand, avec 900 éoliennes réparties sur 150 km^2. Il est situé à 40 km de la ville de Satara, dans l'état du Maharashtra, dans l'ouest de la péninsule. L'ensemble dispose d'une capacité installée de 400 MW représentant environ 10 % de la puissance totale indienne qui, fin 2005, est de 3 250 MW. Ce parc gigantesque a été dépassé, en 2006, par celui de Sankaneri situé près de Kanyakumari, dans l'État de Tamil-Nadu, à l'extrême pointe sud de la péninsule ; 800 éoliennes sont déjà érigées, conférant à l'ensemble une capacité de 428 MW. L'Inde est le premier

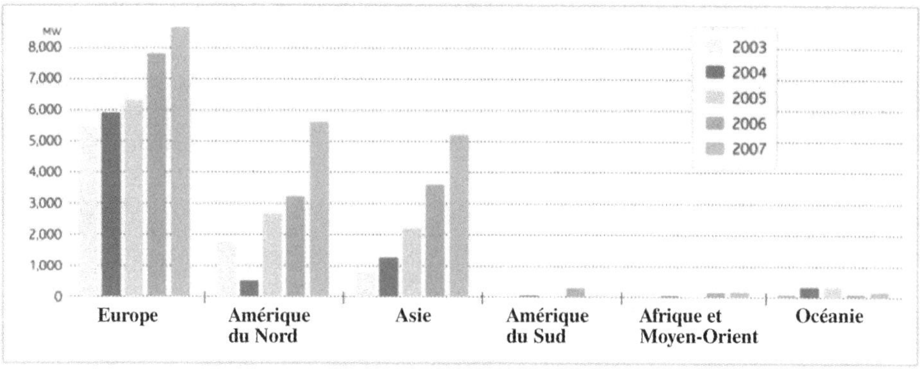

Figure 50. Capacité annuelle (en MW) de l'énergie éolienne, par continent, de 2003 à 2007.

pays producteur d'énergie éolienne d'Asie devant la Chine (740 MW) et le Japon (700 MW). Elle se place en 2006 au quatrième rang mondial, devançant le grand précurseur qu'était le Danemark.

La totalité de la capacité installée appartient au secteur privé. Il s'agit généralement de groupes industriels qui cherchent à réduire le coût de leur consommation d'électricité et à s'assurer un approvisionnement régulier. La construction de ces parcs induit des avantages économiques et sociaux collatéraux. Par exemple à Vankusawade, les paysans de la région bénéficient de nouvelles infrastructures routières, de liaisons par bus, d'électricité, de travail sur les chantiers, de dispensaires. Les investisseurs ont associé les populations locales au développement de l'éolien, condition indispensable à la progression de cette filière.

À Taïwan, l'entreprise Vestas va implanter 23 générateurs de 2 MW sur le projet de Chenkong. Les machines sont livrées actuellement. Le donneur d'ordre est l'agence d'électricité nationale « Taïwan Power Corporation » déjà cliente de Vestas pour d'autres fermes.

Au Maroc, la même compagnie installe un parc à Tétouan sur le détroit de Gibraltar.

Certains pays se heurtent cependant à de nombreuses difficultés pour installer des parcs d'aérogénérateurs. C'est le cas du Mexique. L'isthme de Tehuantepec est une des régions les plus ventée du monde. En effet, le vent souffle des côtes du golfe du Mexique, où l'air descendu du continent américain est frais et même froid en hiver vers l'océan Pacifique, plus chaud. Depuis plus de dix ans, les vents maudits par les paysans pauvres de l'État de Oaxaca sont à vendre. Un atlas de cette région, établi par le Laboratoire national des énergies renouvelables (NREL) aux États-Unis, montre que cet isthme connaît des vents d'un potentiel excellent de 16 000 MW. La première centrale éolienne du Mexique, la Venta I est créée en 1994 par la Commission fédérale d'électricité (CFE). Les sept générateurs de la Venta produisent 5 500 MW/h/an. Pourtant ce site exceptionnel n'a pas reçu d'autres équipements depuis sa création. Quels sont les obstacles qui empêchent l'essor industriel de cette région pauvre du Mexique ? On en dénombre trois principaux :

– l'obstacle foncier. Les Ejidos, équivalents des terres communales et les propriétaires privés ne possèdent pas de cadastre ni de titre foncier ;

– l'obstacle politique. Le gouvernement ne dispose pas de la majorité au Congrès et a échoué par deux fois pour faire voter une réforme du secteur énergétique qui faciliterait les investissements privés ;
– l'obstacle lié au monopole que représente la Commission fédérale d'électricité qui voit d'un mauvais œil l'installation de producteurs privés, propriétaires de parc d'éoliennes.

Pourtant, le développement de l'énergie éolienne dans l'isthme de Tehuantepec améliorerait, comme en Inde, les conditions de vie des habitants par l'achat de terres pauvres aux paysans, par la création d'emplois dans la construction des éoliennes et dans les industries qui en découleraient, par la création d'infrastructures routières pour acheminer le matériel, et enfin par l'alimentation en électricité de la région.

L'énergie éolienne dans l'Union européenne

Dans l'Union européenne, les deux marchés espagnol et allemand sont en baisse, mais ils sont compensés par l'essor rapide de ceux du Danemark, du Royaume-Uni, du Portugal, de l'Italie et même de la France (figures 51, 52, 53).

Pour la troisième année consécutive, la capacité d'installation du marché allemand est en diminution (1 800 MW en 2005, 2 000 en 2004, 2 650 en 2003, 3 240 en 2002). Cette évolution ralentie est causée d'une part, par la nouvelle loi sur la construction qui autorise les autorités locales à ralentir ou à ajourner un projet lorsqu'il nécessite une modification du plan d'occupation des sols et, d'autre part, par une extension trop lente du réseau d'électricité dans des régions riches en gisements.

L'Espagne est, en 2005, le deuxième producteur après l'Allemagne. Le pays a installé 1 765 nouveaux MW en 2005 contre 2 300 en 2004. Cette diminution s'explique par le retard pris dans de nombreux projets en 2003 qui ont amplifié le volume d'installation l'année suivante. Le nouveau plan d'énergie renouvelable prévoit, pour l'éolien, un objectif de 20 000 MW en 2011, ce qui va relancer les investissements et la construction.

Le Danemark reste le premier pays au rang européen et mondial si l'on tient compte de la puissance par habitant. En effet, 2 MW ont été installés en 2005 et 18 ont été mis en service, ce qui correspond à un accroissement du parc national de 128 éoliennes. Le développement de ce parc est surtout off-shore.

En Italie, 452 nouveaux MW ont été installés en 2005 (contre 357 en 2004). Le pays conforte ainsi sa quatrième place européenne avec une puissance cumulée de 1 717 MW.

La même tendance se retrouve au Royaume-Uni qui a installé 447 MW en 2005. Cet essor est en partie dû à la construction d'une ferme off-shore au large du Kent, d'une puissance de 90 MW.

Le Portugal est devenu le septième producteur européen. Le pays a doublé la taille de son parc en une année, ajoutant d'un seul coup 500 MW. Ces bons résultats sont liés à la levée de barrières administratives et à un système de tarif d'achat très attractif.

Parmi les nouveaux pays membres de l'Union, seuls deux d'entre eux ont augmenté leur capacité de production : l'Estonie qui progresse de 26 MW en 2005 sur un total de 32 MW et la Hongrie qui avec 14 MW de plus, porte sa production à 17,5 MW.

Figure 51. Puissance éolienne (en MW) installée en Europe (statistiques fin 2007).

L'électricité venue de la mer prend elle aussi une place grandissante. Ces installations off-shore se développent en particulier au Danemark où deux nouveaux projets sont en cours de construction et seront opérationnels en 2009 et 2010, au Royaume-Uni avec sept nouveaux projets, il est vrai, peu avancés, aux Pays-Bas, en Suède et en Irlande où quatre projets sont en cours de réalisation.

Le retard français se comble

Le gouvernement français, obnubilé par l'énergie nucléaire, n'a pas cru bon, pendant de nombreuses années, de développer le parc éolien. Actuellement, les nouvelles sont un peu plus rassurantes grâce à l'installation de 373 MW supplémentaires. Le quasi-doublement du parc français ne doit pas faire oublier que la situation reste difficile comme le montrent les résultats des appels d'offre pour des installations de plus de 12 MW. Ainsi, sept projets terrestres et seulement un projet off-shore ont été retenus alors que les appels d'offre étaient ouverts pour 500 MW terrestres et autant off-shore. La croissance rapide du parc français : 66 % entre 2000 et 2005 cache mal sa faiblesse, 1,9 % de la puissance européenne et 5,9 % du marché.

Dans la répartition géographique des parcs d'éoliennes, la première et deuxième place sont prises respectivement par la région Centre (315 MW), Lorraine (305 MW), Bretagne (296 MW) ; 22 régions sur 26 bénéficiaient de l'énergie éolienne en 2004. En 2008, toutes les régions posèdent une ou plusieurs fermes éoliennes.

La Camargue devient un producteur important avec l'installation de la ferme de Port Saint-Louis-du-Rhône (photo ci-dessus). Deux éoliennes étaient déjà en service en

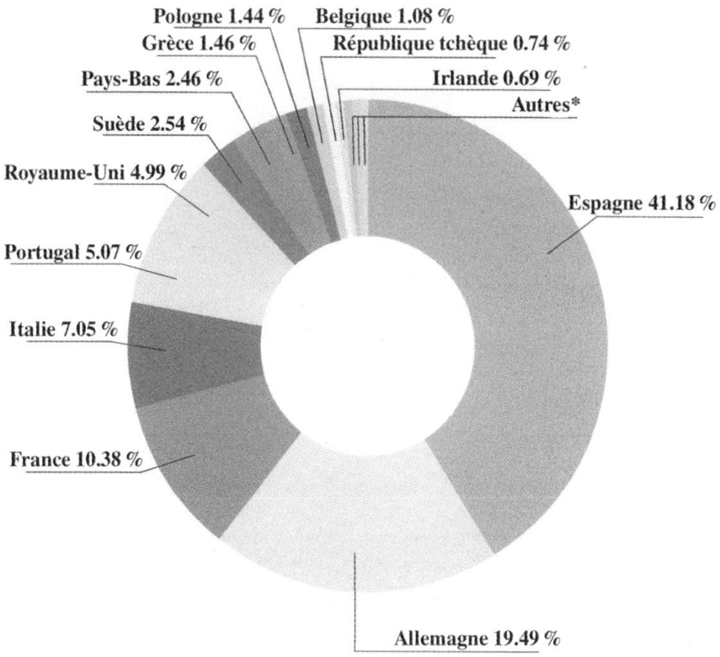

La Bulgarie, l'Estonie, la Finlande, l'Autriche, la Lituanie, la Roumanie, la Hongrie et le Danemark représentent moins de 0,5 % de la nouvelle capacité installée. Chypre, la Lettonie, le Luxembourg, Malte, la Slovaquie et la Slovénie n'ont pas de nouvelles installations, fin 2007.

Figure 52. Capacité nouvelle des 27 membres de l'Union européenne, fin 2007.

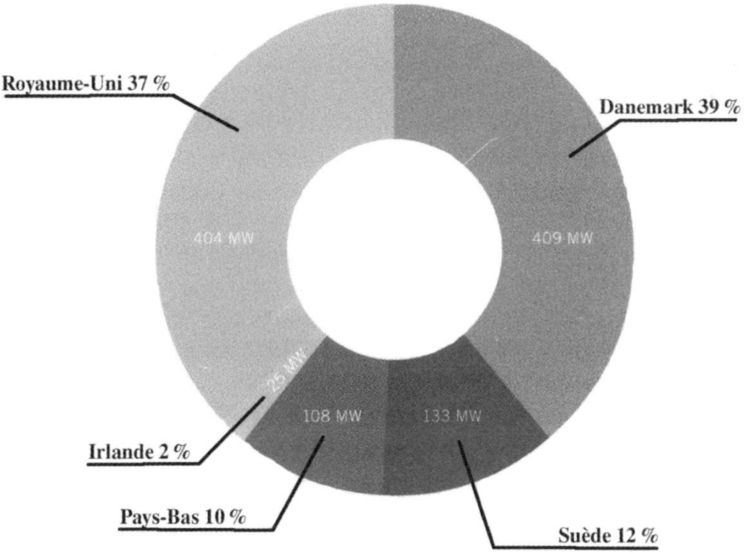

Figure 53. Énergie éolienne offshore installée fin 2007.

Ferme éolienne de Port Saint-Louis-du-Rhône.

2002 et 2003, douze autres ont été construites en 2005 et mises en service le 20 avril. Au total, 25 éoliennes de 850 kW chacune, tournent le long du canal du Rhône à Fos-sur-Mer. Mistral-Énergie a déposé une demande de permis de construire pour onze nouveaux aérogénérateurs identiques aux précédents. La puissance de cette ferme de 36 éoliennes serait de 31,45 MW.

En 2005, la barre du milliard de kWh a été franchie. En effet, la production de 2005 (803 GWh ajoutée à celle estimée des parcs installés courant 2005 (257 GWh) s'élève à 1 060 GWh contre 600 GWh en 2004. Au 1er janvier 2008, la France totalise 2 455 Mw de puissance installée. Cela représente environ 2 000 éoliennes réparties dans 340 parcs éoliens. La France a ainsi connu une forte augmentation de la puissance installée même si elle accuse encore un sérieux retard par rapport à nos voisins allemands (22 000 MW) et espagnols (15 000 MW) alors que grâce à sa situation géographique, à la longueur de ses littoraux, à l'importance des volumes montagneux, elle bénéficie du deuxième gisement éolien d'Europe après le Royaume-Uni. Ainsi, la France, cinquème pays européen en terme de puissance installée totale, s'est hissée à la troisième place avec sa puissance ajoutée annuelle en 2007, 888 MW.

L'implantation des parcs d'éoliennes, petits ou grands, est soumise, depuis le 14 juillet 2005 à une nouvelle loi qui stipule que toutes les fermes, quelle que soit leur taille, sont concernées par l'obligation d'achat de l'électricité par EDF, à condition que ces fermes soient situées dans une Zone de développement de l'éolien (ZDE).

L'énergie éolienne paraît, comme le souligne Hubert Reeves (*La Recherche*, 2009), garantir un peu moins de gaz carbonique dans l'atmosphère ou un peu moins de déchets nucléaires à gérer pour les générations futures. Pourtant, les détracteurs de cette source d'énergie ont des arguments de poids.

Ils l'accusent, en particulier en France, de défigurer certains sites et d'occuper des surfaces importantes sur le terrain. La réponse serait l'implantation plus massive d'éoliennes off-shore, moins visibles et potentiellement plus grandes et plus puissantes. La question essentielle posée par les adversaires est de savoir si l'éolien réduit vraiment les émissions de gaz à effet de serre. Au premier abord, la réponse paraît positive. L'énergie cinétique fournie par le vent ne génère évidemment aucun gaz à effet de serre. Pourtant, pour construire des éoliennes, il faut prendre en compte, comme d'ailleurs pour d'autres énergies renouvelables, la fabrication de l'acier, du béton, avec lesquels elles sont construites, leur transport jusqu'au site, parfois d'accès difficile, leur assemblage, leur entretien et finalement leur démantèlement. Toutes opérations qui nécessitent une production d'énergie autre qu'éolienne. Par ailleurs, l'énergie éolienne n'est ni constante, ni disponible à la demande et l'électricité ne se stocke pas facilement en grande quantité. Il faut donc pallier les déficiences de l'énergie éolienne par une autre énergie qui peut répondre aux besoins immédiats. Le nucléaire étant peu souple, il faut faire appel à l'énergie hydroélectrique ou thermique. Dans ce deuxième cas, les centrales fonctionnent au gaz, au fuel ou au charbon et ces combustibles fossiles rejettent des gaz à effet de serre dans l'atmosphère lorsque les éoliennes ne tournent pas, faute de vent.

Cependant, pour atténuer ce grave handicap on peut opposer un argument de plus en plus convainquant au fur et à mesure que l'énergie éolienne prend de l'importance. Par exemple, en France, les sources d'énergie éolienne peuvent être complémentaires entre les littoraux de la Manche, ceux de l'Atlantique, les hauteurs du Massif central et les régions méditerranéennes. D'autant plus que les entreprises gérant des éoliennes sont en constante collaboration avec la Météorologie nationale qui peut prévoir les types de temps venteux au moins vingt-quatre heures à l'avance. Enfin, il est possible aussi d'interconnecter les réseaux d'électricité alimentés par l'énergie éolienne entre les différents pays européens.

Il faudra, dans quelques décennies, si le développement des énergies renouvelables se poursuit, adapter les réseaux à une proportion de plus en plus importante de production d'électricité variable et surtout diversifier et déconcentraliser les installations à la différence des barrages hydroélectriques, des centrales thermiques ou nucléaires.

▸▸ Le souffle du vent artificiel

Les constructions sont souvent aménagées pour favoriser l'évaporation grâce au souffle du vent ou pour se protéger de celui-ci. Dans l'Égypte pharaonique, les ouvertures des maisons étaient déjà situées au Nord car, dans la vallée du Nil, les vents frais soufflent de cette direction et autorisent l'évaporation pendant les chaudes nuits estivales. De même, toujours à cette époque, les rues Nord-Sud étaient, dans les villes, plus nombreuses que les autres, pour faciliter la ventilation.

En Iran, les maisons sont munies de tourelles de prise d'air situées sur les terrasses. Elles permettent d'envoyer un courant d'air frais dans les maisons. Elles sont répandues, de nos jours, sous le nom de *badguir* dans l'Iran méridional et central et sur le Golfe Persique.

Autour de Koussané (Mali occidental), nous avons découvert les fourneaux de métallurgistes datant d'environ 2 500 ans BP. Ces constructions en briques avaient toutes la particularité de présenter, orientée dans le sens de l'alizé, une tuyère qui permettait d'attiser le foyer afin de faciliter la réduction du minerai.

Dès l'Antiquité, renouveler l'air, en particulier dans les mines, s'est avéré une nécessité vitale. Les traces de systèmes de soufflerie ou de courant d'air sont rares. Cependant, les archéologues et les géologues explorant actuellement les mines argentifères du Laurion, près d'Athènes, – exploitées dès le VIIe siècle av. JC et qui firent la fortune de la cité athénienne – se sont demandé comment les mineurs, à 100 m de profondeur, parvenaient à respirer alors qu'actuellement, à partir de 30 m, les chercheurs sont contraints de s'équiper d'appareils respiratoires isolants.

Trois procédés étaient, semble-t-il, utilisés :
– le premier consistait à compartimenter le puits en deux colonnes. Un foyer était disposé à la base de la première (l'air chauffé remontait et créait un appel d'air dans l'autre colonne) ;
– dans certains puits, de petites canalisations diffusaient de l'eau captée à la surface. Ce procédé permettait de modifier la stabilité de l'air et d'en améliorer la circulation ;
– enfin, des puits jumeaux, espacés d'une dizaine de mètres, et reliés entre eux par une petite galerie, constituaient un autre moyen d'aération en créant un courant d'air.

Les souffleries

Pour les besoins de l'industrie des transports, les ingénieurs ont imaginé, depuis un siècle, des souffleries destinées à modeler des engins de plus en plus aérodynamiques : matériel ferroviaire, carlingues d'avions civils et militaires, missiles, hélicoptères, automobiles de toutes sortes. Les souffleries sont utilisées aussi dans les sports de vitesse comme le ski de compétition ou le cyclisme, pour définir la forme des casques, la position de l'athlète, l'aérodynamisme du vélo. Elles sont aussi appliquées à des objets fixes subissant les effets du vent atmosphérique : ponts, bâtiments, panneaux de signalisation. Elles permettent aussi de renouveler l'air dans les mines ou les garages souterrains.

Le principe de la soufflerie a été inventé par Léonard de Vinci. Les premières souffleries fonctionnaient par injection d'air comprimé, mais à partir des années 1900, un ventilateur est utilisé pour produire l'écoulement de l'air soit en soufflant sur le corps situé à l'extrémité du tunnel de la soufflerie, soit en aspirant sur l'objet à tester. L'aspiration s'est révélée rapidement préférable au soufflage car l'écoulement de l'air y est plus régulier dans l'espace et le temps. C'est Gustave Eiffel qui, dès 1909, a utilisé dans la soufflerie du Champ de Mars à Paris, les deux organes essentiels qui se retrouvent dans toutes les souffleries : le ventilateur et le tunnel. Plusieurs centaines de souffleries dont la puissance varie de quelques dizaines de kilowatts pour les plus modestes, à plus de 100 MW pour les plus puissantes sont installées dans le monde.

La centrale solaire thermique : un projet de science-fiction

Le principe est d'une simplicité déconcertante. L'air des régions arides chaudes est surchauffé par des panneaux solaires puis dirigé vers une immense cheminée. En vertu des lois de la thermodynamique, l'air surchauffé s'élève en créant dans la cheminée un courant d'air permanent de 35 à 50 km / h qui sera d'autant plus rapide que l'air extérieur sera plus frais. Ce courant d'air permet de faire tourner des turbines construites à la base de la cheminée, au plus fort du débit.

Le projet de centrale solaire thermique devrait prendre forme en 2005 à Buronga, à 625 km au Sud-Ouest de Sydney, en plein cœur du bush australien. Il est absolument pharaonique. Le coût initial est de 380 milliards d'euros et comporte une immense cheminée de 130 m de diamètre et de 1 000 m de haut. Elle sera le plus haut édifice de la planète puisque la tour Petronas à Kuala Lumpur en Malaisie atteint 452 m et la tour CN à Toronto, au Canada, ne dépasse pas 552 m. Cette tour, visible à 80 km à la ronde, sera entourée de panneaux solaires sur une superficie de 5 km^2 soit un diamètre de 7 km et devrait fournir une puissance maximale de 200 MW, l'équivalent des besoins d'une ville de 200 000 habitants (Nodet, *Aérial n° 28*). Cette centrale n'est pas la première de ce type construite dans le monde. Il existe, en effet, un prototype édifié à Manzanarès dans la province de la Mancha, en Espagne. Il s'agit d'une petite tour de 194 m, entourée d'un champ de capteurs de 6 000 m^2 et produisant 50 kW. Actuellement, la construction de la tour australienne a été retardée, faute d'un budget suffisant. En revanche, une autre tour de 750 m de haut devrait voir le jour d'ici 2010, près de Tolède.

Des solutions sont recherchées pour capter le vent, non plus au sol où il souffle souvent en rafales, mais en altitude où sa puissance est plus constante.

Des projets s'approchant souvent des rêves de Jules Verne sont à l'étude. Le Kit Wind Generator est une invention d'un expert turinois en avionique, Maximo Ippolito. Il pourrait fournir autant de puissance qu'une centrale nucléaire grâce aux vents soufflant à plusieurs centaines de mètres d'altitude. Sa conception est très originale. Un manège porte des bras pivotants sur lesquels sont accrochés des câbles reliés à des cerfs-volants. Chaque cerf-volant est équipé d'un terminal d'ordinateur piloté par un ordinateur central qui optimise, en temps réel, la position des cerfs-volants par rapport à la direction et à la force du vent. L'ensemble des cerfs-volants fait tourner le manège qui anime une turbine. Pour que l'ensemble fonctionne, les dimensions du manège doivent être importantes, au minimum 100 m de diamètre, mais la puissance augmente d'une manière exponentielle avec le diamètre de la roue (0,5 MW pour 100 m, 500 MW pour 1 000 m). Pour un même rendement énergétique, une ferme éolienne traditionnelle occuperait 50 fois plus de surface au sol. Porté par une société italienne, Sequoi Automation, ce projet est soutenu par de très nombreux scientifiques internationaux qui n'hésitent pas à le qualifier de révolutionnaire. Actuellement, cette invention est entrée dans sa phase active avec la réalisation de deux prototypes.

Magen Power, une entreprise américaine spécialisée dans la conception de ballons, vient de mettre au point un curieux engin. Baptisé Mars (Magen Air Power Rotor System), ce ballon captif, gonflé à l'hélium, est relié au sol par un câble de 300 m de long. Il est muni de quatre grosses pales et se comporte ainsi comme un rotor horizontal tournant avec le vent et produisant de l'électricité. La sustentation du ballon est assurée grâce à l'hélium mais aussi par la force de portance induite par la rotation du rotor. D'après ses concepteurs, le Mars commencerait à produire de l'électricité avec un vent de 1 m / s capté en altitude. L'autre intérêt de l'engin est qu'il pourrait se décliner en petite taille et offrirait, à bas coût, une énergie complètement décentralisée.

▸▸ Le vent et les activités ludiques

Ces activités présentent toutes le même principe de base : utiliser le vent pour voler ou faire voler un engin en toute quiétude, sans l'aide d'un moteur thermique, exception faite pour le dirigeable.

Elles sont au nombre de cinq, mais ne nécessitent pas les mêmes besoins et ne génèrent pas des activités touristiques identiques. Il s'agit du parapente et du delta-plane, du vol à voile et du vol en montgolfière et en dirigeable, et enfin du maniement des cerfs-volants.

Les deux premières activités sportives requièrent un site d'envol pour décoller et un emplacement balisé pour atterrir. Les deux suivantes ont besoin, soit d'une piste sur un aérodrome, soit d'un site plan où décolle et se pose la nacelle de la montgolfière, la nacelle et son moteur pour le dirigeable. Ces différents lieux génèrent des infrastructures touristiques : hôtels, chambres d'hôtes, restaurants, campings. En revanche, les cerfvolanistes, qui peuvent d'ailleurs pratiquer leurs jeux sur les plages aussi bien que dans les champs et les prairies, n'ont besoin d'aucune installation particulière.

Les hommes-oiseaux du parapente et du deltaplane

Ces deux sports nécessitent un site d'envol perché au-dessus des plaines environnantes pour pouvoir s'élancer et prendre ensuite les vents ascendants qui leur permettent de se mouvoir au gré des brises et des courants, le long des crêtes, des versants et au-dessus des vallées.

Deux exemples illustrent les types de vols et les activités nées de ces sports : le site de la Trièves, dans le Haut-Atlas marocain.

Les planeurs et le vol à voile

Le vol à voile nécessite un aérodrome pour faire décoller le planeur et lui permettre, en fin de vol, d'atterrir. Nous citerons pour exemple les aérodromes de Vinon sur Verdon, de La Désirade, de Tallard, d'Aspres sur Buech, du Riou Bourdou (à l'Ouest de Barcelonnette, dans les Alpes du Sud), de Challes-les-Eaux, en Savoie ou encore d'Eyguières, au pied des Alpilles.

Le site de la Trièves

La Trièves est un jardin de vent entre Vercors et Dévoluy (Nodet et Bigillon, *Aérial* n° 35). Cette petite région, dominée à l'Ouest par l'escarpement est du Vercors, entre le mont Aiguille et le col de l'Arzelin, bordée au Nord par la vallée du Drac et au-delà par le Taillefer et fermée au Sud par le Dévoluy, est soumise aux vents du Sud, venus de la Méditerranée et qui s'écoulent par le col de Luce-la-Croix-Haute, ainsi qu'aux vents du Nord qui franchissent le col de Fau. En revanche, le Vercors la protège des vents d'Ouest. Les plaines qui s'étagent au pied des massifs présentent de nombreux replats morainiques qui constituent des sites d'envol et d'atterrissage favorables. La muraille Est du Vercors, véritable rail pour les parapentistes, le tour de Trièves, l'aller et retour vers Laragne, les vols en direction de la Grande Chartreuse présentent une belle palette de possibilités. Les principaux sites d'envol sont Conest, près de Notre-Dame de Vaux, Serpaton directement au Sud de Gresse en Vercors, le Senepy, à 1773 m entre La Mure et Le Monestier-de-Clermont et enfin Le Châtel, au Nord-Est de Mens et Courtet, à 1400 m, près de la Tête de Lapros (2 565 m) au Sud de Mens. Le développement du vol libre permet l'essor de nombreux refuges et chambres d'hôtes, en paticulier à Cordéac, Treminis et Mens.

Sites de parapente dans le Haut-Atlas marocain

Dans le Haut-Atlas de Marrakech et sur ses contreforts, les sites de parapente sont nombreux, au cœur de paysages escarpés sous des cieux lumineux. On peut citer : Aguergour et le plateau de Kik, les murailles minérales des escarpements d'Ait-Ourir ou les sites à plus de 3000 m dans le massif du Toubkal, avec, « cerise sur le gâteau », le départ par beau temps depuis le Toubkal, à 4167 m d'altitude.

Ce sport a généré, dans ces montagnes arides et pauvres, quelques activités : guides, muletiers, aubergiste à Imlil, gîtes à Timichi, Ouaneskra, refuges à l'Oukaîmeden et au pied du Toubkal, refuge Neltner.

Voyage en planeur de Challes-les-Eaux à Davos

Un décollage de Challes-les-Eaux (Givois) permet, par beau temps, d'accomplir, en une journée, le survol des Alpes centrales : chaîne des Aravis, désert de Platée, Aiguilles Rouges, remontée de la vallée du Rhône à partir de Martigny, Alpes bernoises, le Lotschental et pour les plus aguerris, descente du glacier d'Aletsch, col de la Furka, lac des Quatre Cantons, franchissement des Alpes de Glaris jusqu'à Chur et Davos, en prime une petite incursion en Autriche dans le Klostertal et retour, l'après-midi par le même itinéraire, mais, à partir du col de la Furka, direction Zermatt, contournement du Cervin, versant ouest du Mont Blanc au coucher du soleil et retour à Challes-les-Eaux. Pour réaliser un tel vol, il faut utiliser les ascendances et les brises. Par exemple, dans le Valais, il est préférable de remonter la vallée du Rhône en rive droite, exposée au Sud-Est, le matin, en utilisant les ascendances des petites vallées affluentes du fleuve. En revanche, l'après-midi, le choix de la rive gauche s'impose car le planeur évolue alors au vent des reliefs. Il s'appuie donc sur les crêtes qui hérissent le Nord du massif du Mont-Blanc, au Sud du col de Balme, en évitant le survol de Martigny car la brise souffle très fort et un atterrissage peut s'avérer délicat au milieu des vignobles et des vergers. En revanche, en amont, les risques sont plus mesurés car une demi-douzaine de terrains s'égrène, le long de la vallée jusqu'au col de la Furka. En conditions anticycloniques, la vallée du Rhône bénéficie d'un air assez sec et les reliefs qui la bordent engendrent des ascendances thermiques qui oscillent fréquemment entre 3000 et 4000 m. Jusqu'au col du Simplon, la rive gauche du Rhône est sillonnée de nombreuses vallées affluentes, perpendiculaires à celle du Rhône : val de Nandaz, d'Hérémence, d'Hérens, d'Anniviers, de Zermatt et de Saas Fee. Plus l'itinéraire s'oriente au Nord, plus les brises de la vallée du Rhône sont puissantes. En revanche, en longeant les crêtes, au Nord du Cervin et du Mont Rose, la progression ressemble à une partie de saute-mouton où le planeur passe d'interfluves en interfluves avec reprise d'altitude sur de grandes pentes convectives, en particulier l'après-midi. Les exemples des vols au-dessus de la Trièves d'une part, et du Valais d'autre part, soulignent le rôle des vents ascendants, des brises et des flux régionaux, sur les itinéraires journaliers des parapentistes et des planeurs.

Montgolfières et dirigeables

C'est en 1783 que le premier ballon des frères Montgolfier prend son envol. Deux ans plus tard, le Français Jean-Pierre Blanchard et l'Américain John Jeffries effectuent le premier voyage international en ballon entre Douvres et Calais. Pour alléger leur nacelle au maximum, les deux aéronautes finissent leur périple presque nus !

Les montgolfières sont des ballons qui peuvent monter ou descendre soit en larguant du lest, soit en jouant sur la température du gaz contenu dans leur enveloppe. Elles dérivent au gré capricieux du vent, dans un silence absolu et permettent d'observer, dans le calme, la majesté des paysages qu'elles survolent. Leur succès touristique est grandissant, bien que les conditions de vol soient limitées aux périodes de temps où le vent souffle à moins de 10 km / h sans précipitations ni turbulences. Si le décollage se pratique depuis une base réservée aux prestataires des vols en montgolfière, l'atterrissage s'effectue dans un champ, sur une route peu fréquentée, et peut être plus ou moins chahuté. L'équipe au sol, qui a suivi le vol du ballon, est chargée de le récupérer et, suivant le prix de la prestation, un dîner au champagne est offert aux passagers !

La montgolfière est, depuis 1985, utilisée aussi par les scientifiques et en particulier par les botanistes et les entomologistes pour étudier le milieu naturel de la canopée des forêts équatoriales. Une nacelle en toile et filets tendus entre des éléments rigides est suspendue à une montgolfière équipée d'un moteur. Il permet de la diriger et de la poser délicatement sur la cime des arbres. Les chercheurs peuvent alors entreprendre des observations et des prélèvements d'échantillons végétaux et des insectes qui évoluent dans un milieu difficile à atteindre depuis le sol à cause de la densité de la végétation et de la hauteur des arbres.

Actuellement, un nouvel engin a été mis en service, il s'agit de l'arboglisseur. Cette montgolfière ne peut se déplacer que dans des conditions météorologiques stables et dépourvues de vent. Le 29 novembre 2006, l'arboglisseur subit, sur l'île Espirito Santo (archipel du Vanuatu, Mélanésie), un coup de vent qui, par convection le propulsa de 200 m d'un coup, avant de le plaquer au sol. Le pilote et inventeur de l'engin eut toutes les peines du monde pour le poser, en évitant de tomber dans une rivière.

Un autre prototype, le photoglobe a été créé en 2002 pour effectuer des missions semblables à celles de l'arboglisseur. Le photoglobe participe, actuellement à une étude sur l'écosystème méditerranéen. L'engin a permis la réalisation de films documentaires sur les gorges de l'Ardèche. Il a contribué au recensement, par les botanistes, d'espèces rares en stations dispersées comme le genévrier de Phénicie.

Ces engins sont des ballons dirigeables qui, à cause de leur faible puissance motorisée, doivent tenir compte de la force du vent. En revanche, la dépendance par rapport au vent est moins contraignante pour les gros dirigeables comme les zeppelins qui pouvaient, au début du xxe siècle, traverser l'Atlantique. Toutefois, lorsqu'on observe leur route au-dessus de l'océan, on se rend compte qu'ils utilisaient les alizés pour se rendre en Amérique et les vents d'Ouest de l'hémisphère nord pour en revenir, à la manière des grands voiliers.

Formes variées et couleurs éclatantes des cerfs-volants

Deux douzaines de cerfs-volants flottaient déjà dans le ciel, semblables à des requins de papier, à l'affût d'une proie. Moins d'une heure plus tard, leur nombre avait doublé, rouges, bleus, jaunes, ils glissaient et tournoyaient au-dessus de nos têtes.

Khaled Hosseini, *Les Cerfs-volants de Kaboul*

Le cerf-volant est un jouet composé d'une carcasse légère en bois, aluminium ou roseau sur laquelle est tendue une toile ou du papier colorés. En s'appuyant sur le vent au sol, le cerf-volant s'élève progressivement et évolue grâce aux deux ficelles que tire ou relâche le cerfvolaniste. Il est possible de faire évoluer un cerf-volant sur une plage mais aussi dans une prairie ou un champ, en ayant soin de rester éloigné des haies et des forêts. Les formes des cerfs-volants et leur décoration sont très variées et laissées à l'imagination de leurs concepteurs : ils sont triangulaires et la toile est décorée de nuages, d'une tortue, d'un poisson. Ils peuvent prendre la forme d'une pieuvre, d'un dragon, d'un dauphin, d'un avion biplan, d'une libellule ou de la tête grimaçante d'un samouraï, d'une aile delta de toutes les couleurs. Certains étaient utilisés pendant la première guerre pour prendre des photos des lignes ennemies lorsque le vent, trop fort, interdisait l'utilisation d'un ballon captif.

Des compétitions de cerfs-volants sont organisées et le jury doit statuer sur l'originalité des formes, la vertuosité des concurrents, la technicité des engins. Les Chinois sont passés, depuis des temps immémoriaux, maîtres dans l'art du cerf-volant. En traversant l'immense place Tien-Anmen, il est courant d'admirer des Pékinois en train de faire évoluer leurs cerfs-volants en soie ou papier multicolore représentant justement des oiseaux fabuleux, des chenilles, des dragons ou des serpents. Ils évoluent en se tordant, en se dandinant, en s'élevant lentement dans le ciel sous les savantes impulsions des cerfvolanistes.

⏩ Les risques causés par le vent et les conséquences

Dans les espaces continentaux, les risques engendrés par la force du vent sont multiples. Ils ont déjà été évoqués dans le chapitre I qui traite des tempêtes violentes comme celle des 25 et 29 décembre 1999 : toitures arrachées ou endommagées, arbres déracinés, panneaux d'affichage couchés, portiques d'autoroute détruits. Cependant, deux types de risques présentent un impact plus durable sur le milieu naturel. Il s'agit des incendies, en particulier dans les régions méditerranéennes et des chablis dans les forêts équatoriales ombrophiles.

Les incendies de forêts

Les causes de mise à feu sont très variées. Elles sont rarement naturelles comme la foudre, mais essentiellement humaines et attribuables à des imprudences ou des accidents : travaux en forêt, mégot jeté d'une voiture ou d'un wagon, étincelles sur la voix ferrée, décharge d'ordures mal maîtrisée, barbecue imprudemment allumé en lisière d'un bois ou malveillance criminelle.

Ensuite, le feu se propage à cause de l'état de sécheresse de la végétation et du vent. Ce dernier est déterminé par les conditions météorologiques au moment de l'incendie et par la topographie. En apportant de l'oxygène, il active la combustion et transporte des particules incandescentes. Dans les montagnes, le vent est souvent plus violent en altitude et le feu se propage plus rapidement sur les pentes montantes que sur les versants en pente descendante, il est ralenti dans les secteurs topographiques abrités et sous le vent tandis que le feu est activé dans les vallées et les ravins qui le canalisent (Beltrando, 2004). En France, les statistiques montrent que depuis quelques années, le total des surfaces incendiées est en régression. Malheureusement, l'année 2003 présente le plus lourd bilan depuis 1973 avec plus de 61 500 ha de surface incendiée. La quasi-totalité des incendies de forêt a lieu en été sur le pourtour du littoral méditerranéen, en Corse et dans les Landes, des régions où sévit la sécheresse estivale accompagnée de vent et d'une forte pression touristique.

Cependant, les incendies de forêts existent depuis que l'homme s'est sédentarisé et a entrepris de cultiver la terre. Il s'est mis alors à livrer une guerre incessante à la forêt pour étendre les surfaces cultivables et, dans ce combat, l'un de ses meilleurs alliés a été le feu, seul capable, à peu de frais, de dégager rapidement de vastes espaces. Dès le Néolithique, par exemple, dans le bassin de Barcelonette, vers 6 000 BP, des feux se sont propagés sur les versants, certainement pour étendre les surfaces cultivables et les pâtures, à cause de la pression démographique. Actuellement, dans les régions soudaniennes et sahéliennes, les feux de brousse sont la survivance active de cette pratique. Ensuite, une fois le feu allumé, l'état de sécheresse du tapis végétal et la force du vent sont les causes de sa propagation.

Pour analyser les causes et les conséquences des incendies de forêts, je prendrai l'exemple de l'incendie du 27 juillet 2004, analysé par les écologistes de l'Euzière dans leur ouvrage sur *Les Garrigues* (2006).

Le 27 juillet 2004, à 13 h, l'incendie se déclare sur la commune de Cabrières, au Nord-Est de Nîmes. À l'arrivée des pompiers, un hectare est la proie des flammes, mais un mistral soutenu à 50 km / h avec des pointes de 70 km / h et la sécheresse de la végétation, au cœur de l'été, attisent le feu en direction du village de Marguerittes. Le lendemain, 600 ha sont incendiés dont 440 de forêt et 160 de garrigue. L'autoroute A9 est coupée entre Remoulins et Nîmes. Plus de 900 pompiers, dix avions, quarante camions sont mobilisés.

Le feu et l'accroissement de la biodiversité

L'examen objectif des conséquences de l'incendie montre qu'elles ne sont pas toutes néfastes. D'abord, le feu augmente temporairement la biodiversité végétale. Certes, les pins d'Alep sont bien morts et leurs squelettes calcinés se dressent pour longtemps sur les versants, mais ils sont une aubaine pour les insectes xylophages dont bien des oiseaux se régalent. Les chênes, les genévriers, les pistachiers, les buis, les arbousiers vont rejeter de souche. Presque toutes les espèces herbacées vivaces repoussent dès le printemps suivant. Les études réalisées dans la garrigue de Montpellier montrent que le nombre d'espèces présentes sur un site incendié, dans les années qui suivent le sinistre, peut atteindre le double de l'effectif initial. Au bout de cinq ans, toutes les espèces représentées avant l'incendie ont retrouvé leur place. L'augmentation brutale de la biodiversité, après le passage du feu, est liée à l'ouverture du milieu qui permet à tout un cortège de plantes annuelles, bisannuelles et même vivaces de se développer alors qu'elles n'avaient pas leur place sous la forêt, lorsque la concurrence y était trop forte.

La faune est tributaire de la végétation. Elle connaît des variations de nature et d'effectifs au gré de ses modifications. Les oiseaux des milieux ouverts comme les alouettes ou les traquets fréquentent les zones incendiées. En revanche, pour quelques années, les espèces vivant dans les buissons, comme la fauvette mélanocéphale sont pénalisées. Elles ne reviennent que lorsque la strate buissonnante est régénérée. Les espèces des milieux forestiers : roitelet, rouge-gorge, disparaissent pour de plus longues périodes. Les espèces d'animaux terrestres sont elles aussi pénalisées, en particulier, les tortues.

Protections contre les incendies

Les cultures comme la vigne ou les oliviers empêchent le feu de se propager. Il en est de même des haies de cyprès qui, par la densité de leur feuillage, freinent la circulation de l'air. Ainsi, les cultures situées sous le vent des haies sont souvent sauvées de l'incendie.

Des aménagements sont mis en place pour protéger les massifs forestiers. Certains sont indispensables comme les pistes forestières et les routes accessibles aux lourds engins des pompiers. Les pare-feux où l'incendie vient mourir, doivent être entretenus, car s'ils sont envahis par des broussailles, ils sont franchis par les flammes, surtout par vent violent. Il faut aussi accroître le nombre de patrouilles de surveillance, équipées de véhicules rapides munis d'une petite réserve d'eau pour attaquer les départs de feux et multiplier les citernes fixes toujours approvisionnées en eau.

Le sous-bois doit être nettoyé pour empêcher le feu de gagner la cime des arbres et de se propager ensuite de houppiers en houppiers où le vent est plus actif. Pour entretenir le sous-bois, le pâturage par des ovins, des bovins ou des chevaux est une solution possible.

Une autre proposition à développer est l'extension, dans les forêts, des essences tolérantes au feu : le cèdre, et à un moindre degré, le pin pignon, le pin noir d'Autriche et les chênes.

Les chablis

Les chablis se produisent dans les forêts, lors des tempêtes. Par exemple, en lisière de forêt exposée aux intempéries, le vent couche quelques arbres qui, en s'appuyant sur d'autres, les entraînent dans leur chute. Les chablis constituent ainsi des trouées ou des clairières encombrées par l'entrelacs des arbres abattus.

Dans les forêts équatoriales ombrophiles, les chablis ont pour conséquence de détruire, sur quelques hectares, la forêt primaire. Dans l'espace soudain libéré, les graines d'une même espèce peuvent rapidement créer un couvert végétal et constituer un peuplement homogène. La forêt primaire, caractérisée par une très grande diversité des espèces rassemblées en un même lieu, cède la place à une forêt secondaire, moins riche. Dans les chablis de faible superficie, ce sont les petits plants qui végétaient dans le sous-bois qui se mettent à prospérer et à occuper l'espace. Ils sont tolérants à l'ombrage des grands arbres dominant le chablis. En revanche, dans les grandes trouées, apparaissent d'autres espèces qui, elles, sont héliophiles, exigeant un fort ensoleillement pour leur croissance. Ces espèces sont considérées comme cicatricielles des chablis et qui constituent l'essentiel de la forêt secondaire (Alexandre, 1992).

Sur les escarpements ou les versants exposés aux vents, les chablis provoquent la chute des arbres qui, en se déracinant, arrachent des blocs de caillou et le sol, favorisant ensuite la création d'éboulements ou de ravinements.

▸▸ Diversifications dans l'utilisation de l'énergie éolienne

Sur les continents, le vent est à la fois moins présent puisqu'il existe de nombreux jours calmes, situation plus rare sur les océans et sur les littoraux, et plus capricieux à cause des accidents qu'il rencontre sur son passage : relief, forêts, constructions et aménagements humains et plus contraignant, de telle sorte que les hommes ont dû s'en protéger ou le domestiquer.

Son rôle est aussi plus varié. Il transporte des matériaux fins sur de grandes distances, érode, par corrasion, les roches tendres et les roches dures des escarpements en les mitraillant de sable.

Les hommes ont utilisé, sur terre, la force du vent grâce à des moulins destinés à tirer l'eau des puits, à broyer les grains et les olives, mais ils se sont aussi, par commodité ou par nécessité, protégés des vents violents et froids comme le mistral, en édifiant des haies, des murs de maison aveugles, en orientant, à l'abri des rafales, les façades et les cours de ferme.

De nos jours, la force du vent prend une importance considérable dans le cadre du développement des énergies renouvelables. Les fermes éoliennes occupent de plus en plus d'espaces et deviennent communes dans les paysages ruraux qui en étaient jusqu'ici dépourvus. Des inventions dignes de Jules Verne voient aussi le jour. Les unes, pour fabriquer du vent artificiel en chauffant l'air à la base d'une tour, les autres en allant chercher dans l'atmosphère, l'énergie constante des vents d'altitude.

Sur les continents, le vent provoque de graves dommages : arbres arrachés, chablis, installations électriques détruites, toitures abîmées. Il propage, à cause de la sécheresse du couvert végétal, des incendies de forêts, en particulier dans les régions semi-arides et méditerranéennes.

Enfin le vent est devenu, comme la neige et les vagues dont il est la cause, le support de nombreuses activités ludiques qui complètent celles pratiquées sur les plages : delta-planes et parapentes, planeurs, montgolfières de toutes sortes utilisées à des fins touristiques ou scientifiques, cerfs-volants.

Actuellement, il est fondé de se demander, dans l'évolution historique du climat depuis environ un millénaire, quel est le rôle du vent et, dans la perspective du réchauffement climatique, comment va évoluer la répartition des vents sur la planète en même temps que les autres composantes du climat.

Éoliennes orientées plein Nord, par temps de mistral sur le port autonome de Marseille.

Conclusion générale

Modifications des espaces du vent et changements climatiques

La Terre est une : nous n'avons qu'une seule et unique biosphère pour nous faire vivre. Et pourtant, chaque communauté, chaque pays poursuit son petit bonhomme de chemin, soucieux de survivre et de prospérer, sans tenir compte des éventuelles conséquences de ses actes sur autrui.

A. Berger, 1992

Au terme de cet ouvrage, il m'a semblé nécessaire de faire modestement le point sur l'évolution actuelle du climat et sur le réchauffement de la planète. Le propos de la conclusion élargit donc le thème principal de notre livre tout en essayant de définir la place du vent dans cette évolution. La tentative n'est pas facile car l'action du vent est fugace, changeante, sauf en ce qui concerne les vents planétaires comme les alizés ou la mousson. D'une manière générale, les vents restent une donnée délicate à intégrer dans les modèles climatiques élaborés actuellement pour réaliser des prévisions à moyen et long terme.

Au cours de l'histoire quaternaire de la planète, l'étude des paléoclimats s'est surtout fondée sur les indices laissés par les phases humides et les variations de températures : dépôts alluviaux et colluviaux, extension et régression des glaciers et des milieux périglaciaires, dépôts lœssiques, renseignements des faunes et des flores. Ces indices encadrent, dans les déserts, les phases arides représentées par des accumulations dunaires abiotiques. Si bien que le vent, comme élément des paléoclimats, est difficile à localiser et à cerner dans la durée d'une phase climatique, d'autant plus qu'il peut poursuivre son action aux marges de la période, à condition, par exemple, que la réaction de la végétation, au retour de l'humidité, ne soit pas immédiate.

Le réchauffement climatique (environ 0,5 °C depuis un siècle) est un des thèmes graves qui, depuis quelques années, préoccupent scientifiques et politiques. S'il paraît inéluctable, et les études actuelles le prouvent, de nombreuses incertitudes demeurent et la compréhension des climats du passé permet peut-être de fournir quelques éléments de réponse.

Les variations climatiques quaternaires et anté-quaternaires s'expliquent, en grande partie, grâce à la théorie astronomique des climats de M. Milankovitch. Elle fait appel aux changements du rayonnement solaire incident pendant la saison calorique d'été aux hautes latitudes de l'hémisphère nord où la proportion de terres émergées est la plus élevée. Si le rayonnement solaire est insuffisant, en été, pour faire fondre la neige accumulée en hiver, les surfaces englacées et enneigées augmentent en superficie, entraînant l'accroissement de l'albedo qui renvoie, dans l'atmosphère, les radiations lumineuses réfléchies par des surfaces à fort albédo comme justement, la neige ou la glace. Ce mécanisme conduit à une extension progressive des surfaces couvertes de neige et de glace. Trois paramètres astronomiques jouent un rôle essentiel dans la distribution saisonnière et en latitude de cette insolation : l'excentricité de l'orbite terrestre, l'obliquité de l'axe de la Terre par rapport au plan de l'écliptique et la précession des équinoxes (Berger, 1992). Ces paramètres évoluent dans le temps car la Terre est soumise à l'attraction gravitationnelle d'autres corps célestes comme la lune, les planètes et le soleil lui-même.

L'excentricité de l'orbite terrestre est la variation de forme de celle-ci au cours du temps. Elle passe, en effet, d'un cercle presque parfait, comme actuellement, à une ellipse légèrement aplatie. Dans cette configuration, la Terre s'éloigne du Soleil. Si cet éloignement se produit en été, ce dernier sera frais et humide, en particulier aux latitudes tempérées. La périodicité de ce phénomène est d'environ 100 000 ans.

L'axe de rotation de la Terre est plus ou moins incliné par rapport au plan de l'écliptique. Cet angle varie entre 22° et 25°, il est actuellement de 23°27'. Lorsque l'inclinaison est faible, les rayons solaires sont rasants aux hautes latitudes et les étés sont frais ou froids. La périodicité de ce second paramètre est de 41 000 ans.

Enfin, la position de la Terre sur l'ellipse, à un moment précis de l'année, les équinoxes par exemple, évolue dans le temps. Ce phénomène est appelé précession des équinoxes. Aujourd'hui, la Terre est loin du soleil en été et près de celui-ci en décembre et janvier. Il y a 11 000 ans, elle était loin du soleil en décembre : les hivers étaient très froids et inversement, les étés très chauds si bien qu'une forte énergie solaire était emmagasinée par la Terre, entraînant le début de la déglaciation. Ce troisième paramètre a une périodicité de 23 000 ans (Berger, 1992 ; Joussaume, 1993).

Le rappel rapide de cette théorie nous éloigne du sujet de ce livre. Il convient cependant de rappeler qu'un fort englacement des régions polaires favorise la dynamique des anticyclones mobiles polaires, renforce les contrastes de température entre les cellules anticycloniques tropicales et polaires et accentue la puissance des vents planétaires comme les westerlies, les alizés ou la mousson. Ces oscillations climatiques, à l'échelle géologique, ne doivent pas gommer des variations plus rapides du climat dont les causes sont plus difficiles à distinguer, par exemple en utilisant les données historiques. Celles-ci relatent les conséquences des changements climatiques à l'échelle de l'année, de la décennie ou du siècle mais n'en dégagent pas les causes (Leroy-Ladurie, 1983, 2005, 2006, 2007).

▸▸ L'action du vent, en filigrane, dans la description du climat depuis l'an mil

Les sources, pour étudier les climats du passé dans un cadre historique, sont variées : dendrochronologie, variation du volume des glaces basée sur l'étude de leurs moraines, des arbres fossiles datés au carbone 14 qu'elles contiennent, des gravures de différentes époques et des récits des voyageurs, dates des vendanges et des moissons, chroniques rurales et urbaines, découvertes archéologiques. Ces sources ne font que très rarement référence à l'action du vent. Il est donc nécessaire d'extrapoler, d'émettre des hypothèses sur sa présence ou son rôle dans certaines situations météorologiques décrites dans les sources en notre possession.

Au cours du dernier millénaire, quatre grandes phases peuvent être isolées : IXe et Xe siècles froids ou frais, XIe et XIIe caractérisés par un optimum climatique (optimum médiéval que certains étendent de 800 à 1300, Brœcker, 2001), du XIVe au XIXe siècle, extension du Petit Âge Glaciaire et enfin au XXe siècle, réchauffement climatique lié à l'effet de serre.

Je m'attacherai à décrire quelques jalons climatiques qui illustrent les conditions du Petit Âge Glaciaire. Cette période, historiquement longue, présente des séquences froides ou fraîches mais aussi des phases plus clémentes. Néanmoins, la somme de ces variations favorise un bilan positif des glaciers et leur progression jusqu'aux années 1860.

Au cours de l'optimum climatique médiéval, les étés chauds sont ceux de 1205, 1206, 1217, 1222, 1236, 1237, 1241, accompagnés de longues sécheresses. Dans cette succession d'années prospères à cause de la chaleur estivale, quelques exceptions frappent la société sensible aux aléas climatiques et à leurs conséquences : années humides de 1150 à 1169 et de 1190 à 1199, années pluvieuses et de disette de 1146 ou 1151, caractérisées par une mauvaise récolte de fruits, des vendanges tardives, l'âcreté du vin, des inondations et des automnes venteux accompagnés de pluies continuelles, conditions difficiles qui seront monnaie courante aux siècles suivants.

La clémence du temps se termine en 1303, année considérée par E. Leroy-Ladurie comme celle de départ du Petit Âge Glaciaire. Ensuite, les hivers froids ou glacials, les étés humides, les printemps calamiteux, les automnes venteux, vont se succéder au cours des cinq siècles suivants, accompagnés de phases de récession et de périodes calamiteuses.

Au XIVe siècle, les années calamiteuses sont, par exemple : 1305, 1306, hiver 1315-1316, hiver 1322-1323, ce dernier noté 8 sur l'échelle de Van Engelen (1709, l'hiver le plus froid des cinq siècles est noté 9 sur la même échelle). L'année 1330 se remarque par de fortes gelées de printemps et un été pluvieux. Les fortes pluies de l'hiver 1342-1343 provoquent des inondations dans toute l'Europe. Les années 1325, 1346, 1347 présentent des étés humides et frais qui favorisent l'avancée des glaciers alpins.

L'année 1370 ne déroge pas à la règle : printemps sec, été froid, pluvieux et venteux, gel dès octobre. En revanche, les étés 1350, 1351, 1360, 1361 sont chauds et secs.

La litanie des années froides se poursuit d'ailleurs au XVe siècle. L'hiver 1407-1408 est très rigoureux. Les températures sont si basses qu'elles détruisent les vignes et les arbres fruitiers, mêmes calamités au cours de l'hiver 1431-1432 et 1480-1481 où l'Escaut est gelé de janvier à mars, le froid est sec, accompagné d'un vent du Nord persistant (noté 8 sur l'échelle de Van Engelen).

Le XVIe siècle, en revanche, est plus clément, en particulier dans sa première moitié et surtout au cours des années 1534-1559, sans pour autant, au passage, qu'un quelconque effet de serre puisse intervenir. Les quarante dernières années caractérisent de nouveau le Petit Âge Glaciaire. En particulier l'hiver 1564-1565, comparable, dans ses rigueurs, à celui de 1709. Il en est de même de la mauvaise saison 1572-1573. L'année 1586-1587 est noyée sous la pluie et un froid persistant. En cette fin de siècle, on assiste à une crue glaciaire qui commence vers 1600.

Le XVIIe siècle, entre 1608 et 1665, présente de nombreux hivers neigeux sans être aussi rigoureux que celui de 1564-1565. Les étés sont frais et humides, conditions idéales pour la croissance des glaciers alpins. Ainsi, les foins se noient et les blés pourrissent, au cours de l'année 1648, soumise à un mois de mars hivernal et à un été pluvieux. Les chroniqueurs de cette période relatent un violent orage le 8 août 1648 à l'Ouest de Maastricht et une tempête le 30 septembre, sur la Hollande. La fin du XVIIe siècle comporte plusieurs années noires comme 1658, 1661, 1675, l'hiver 1683-1684 aussi rigoureux que celui de 1709, de référence. La dernière décennie du siècle est particulièrement calamiteuse. Dans ce concert de disettes, de famines et de crises, une décennie apparaît plus clémente entre 1676 et 1686, chaude et sèche en particulier en Provence et Languedoc. Hélas, des vents venus du Sud apportent des sauterelles tandis que mulots, souris et escargots prolifèrent dans les champs et s'associent aux criquets pour dévorer les récoltes !

Après l'hiver 1709 qui clôture, approximativement, ces temps de crise et de misère, la période 1717-1733 présente des printemps et des étés chauds, favorables aux cultures, même si les hivers restent rigoureux dans l'ensemble, à l'exception de l'année 1725, froide et humide. Les étés de 1726 à 1730 peuvent être comparés, sans intervention évidemment de l'effet de serre, à ceux de 1992 à 1999. L'année 1740 est une des années les plus sombres de tout le Petit Âge Glaciaire, l'indice 8 caractérise l'hiver, le printemps est froid, l'été frais et pluvieux et enfin l'automne est désastreux, ponctué d'inondations et de gels, dès le 7 octobre.

L'année 1771 est catastrophique dans toute l'Europe occidentale avec 196 jours de pluie dans le Bassin parisien. Elle précède, entre décembre 1773 et novembre 1774, un léger record : 197 jours de pluie ! Après une accalmie marquée par les années sèches entre 1778 et 1781, le froid se réinstalle en force en 1783, certainement à cause, en partie, de l'explosion du volcan Laki en Islande. Les années médiocres de 1788 et 1789 préparent la Révolution.

Le XIXe siècle commence par l'hiver rigoureux et humide de 1801-1802 puis par les années froides de 1815 à 1817 à cause de l'éruption de Tambora. Après l'embellie de 1825, se placent les années difficiles des trois glorieuses, caractérisées par des pluies abondantes, par exemple à Paris. Les années 1838-1840 sont, elles aussi, très arrosées sur l'ensemble de la France. L'année 1845 est une année froide. En Suisse, le déficit de température d'août est de 3 °C. Cette année médiocre est suivie, en 1846 d'une année caniculaire : l'hiver est très doux (indice 2, échelle de Van Engelen). À partir de la mi-mai, la sécheresse s'installe jusqu'en septembre. Elle est doublée d'une canicule qui détruit les récoltes. Enfin, entre 1850 et 1860, le Petit Âge Glaciaire rend ses derniers soupirs (Leroy-Ladurie, 2006).

Et le vent, dans cette litanie de calamités et de misères ?

Il est difficile de replacer l'action du vent au cours des vicissitudes climatiques du xe au xixe siècle. Cependant, en filigrane, les conditions climatiques impliquent souvent son rôle.

Les causes du refroidissement peuvent être le ralentissement de la dérive nord-atlantique, l'absence de taches solaires, les aérosols des éruptions volcaniques. Ces paramètres influent ensuite sur la météorologie et le climat qui impliquent l'action du vent.

L'optimum climatique médiéval est peut-être lié à une activité solaire importante, en liaison avec de nombreuses taches solaires. Ce réchauffement de type Dansgaard-Œschger pourrait avoir provoqué la dérive d'un nombre conséquent d'icebergs dans l'Atlantique nord qui, par leur apport d'eau douce, auraient entraîné un ralentissement de la dérive nord-atlantique dont la conséquence finale serait le refroidissement de l'Europe à partir du xive siècle à rattacher, quant à lui, à un événement de Heinrich. Ce refroidissement a pour résultat une extension des glaces polaires continentales et marines, des glaciers norvégiens et de leurs homologues alpins. Cette situation favorise l'activité des anticyclones mobiles polaires qui lancent sur l'Europe des offensives glaciales accompagnées de bises durables expliquant les hivers rudes du Petit Âge Glaciaire, mais surtout les étés frais et pluvieux de cette période. En effet, les AMP génèrent, sur leurs flancs sud, des dépressions entraînées sur l'Europe par les vents d'Ouest. Celles-ci, au lieu de circuler, comme actuellement, entre 55° et 65° Nord, une grande partie de l'année, étaient repoussées plus au Sud, entre 45° et 55° Nord, par la puissance des AMP et déversaient sur l'Europe occidentale et centrale, les pluies abondantes des étés désastreux du Petit Âge Glaciaire. Les quelques étés chauds manifestent la remontée aléatoire des masses d'air tropicales de l'anticyclone des Açores vers le Nord. Sur la trame de ces situations météorologiques se greffent des phénomènes particuliers qui aggravent, de quelques dixièmes de degrés, les températures saisonnières et annuelles.

Le premier est l'absence de taches solaires pendant le Petit Âge Glaciaire. Elles dénotent une activité faible du soleil et une diminution de son irradiation. Ce sont les minima de Wolf, (1280-1350), de Spörer, (1416-1534) de Maunder, (1645-1715) et de Dalton (1815-1860). Il faut noter que les minima de Spörer et de Maunder correspondent aux crises les plus fortes du Petit Âge Glaciaire.

Le deuxième facteur concerne les poussières émises par les éruptions volcaniques qui, poussées par les vents, voilent une partie ou la totalité du ciel pendant des périodes plus ou moins longues. Par exemple, la saison estivale venteuse et fraîche de 1675, dont se plaint Madame de Sévigné, en Provence, est peut-être due, en partie, aux éruptions volcaniques de Gamkonora en Indonésie, en 1673. Le surcroît de froid des années 1693, 1694 et 1695 pourrait s'expliquer par les explosions de l'Hékla, en

Islande, de Serua et Aboina en Indonésie, de Komaga-Take au Japon. La rigueur de l'hiver de 1709 pourrait être, en partie, imputable à l'éruption majeure du Vésuve de 1707, du Fujiyama et du Piton de la Fournaise dont les aérosols voilèrent le soleil. L'année 1770, humide et froide, en particulier au printemps, avec de la neige en mai en Angleterre, serait la conséquence des éruptions volcaniques de 1766 aux Philippines, de l'Hekla, – encore lui – et de l'Iwakiyama au Japon. D'ailleurs, en juillet 1766, des colorations étranges dues à ces poussières volcaniques troublent l'atmosphère dans la province de Brandebourg (Leroy-Ladurie, 2006, t II). De juin à septembre 1783, un brouillard sec et coloré, en provenance des nappes brûlantes du Laki (Islande), s'étendait sur l'Europe, poussé par des vents d'Ouest et de Nord-Ouest. L'été 1783 fut très chaud mais l'hiver 1783-1784 extrêmement froid.

Enfin terminons cette nomenclature par trois derniers exemples. L'éruption terrifiante de Tombora, dans l'île indonésienne de Sumbawa, du 5 au 10 avril 1815, expulse un volume de 150 km^3 de cendres et d'aérosols. Dès le 3 septembre, les couchers de soleil londoniens sont colorés par ces poussières, le 10 juin 1816, une éclipse de Lune est invisible à cause d'un voile de poussière. Actuellement, l'étude des strates glaciaires du Groenland révèle des précipitations de cendres de 1815 à 1818. Les aérosols de Tombora entraînent un refroidissement de l'atmosphère de 0,4 à 0,7 °C qui s'ajoute à celui, à long terme du Petit Âge Glaciaire. Au XXe siècle, l'éruption du Pinatubo, aux Philippines, en 1991, provoque un refroidissement mondial de 0,5 °C en 1992 et 1993. À partir du 14 avril 2010, les cendres du volcan islandais Eyjafjalla entré en éruption sont poussées par des vents du Nord-ouest. Le nuage de fine poussière recouvre peu à peu toute l'Europe et paralyse le trafic aérien ; si l'éruption devait durer quelque temps, ce nuage de cendre pourrait entraîner un refroidissement de 0,4 à 0,6 °C dans les mois suivants.

▸▸ Vents et réchauffement climatique

À partir de 1860, le Petit Âge Glaciaire s'achève mais progressivement, l'industrialisation forcenée de la planète va favoriser le rejet de gaz à effet de serre, responsable du réchauffement actuel de l'atmosphère.

En effet, seule la moitié du rayonnement solaire (342 W / m^2) traverse l'atmosphère et atteint la surface de la planète (168 W / m^2). Le sol en absorbe une partie et se réchauffe. Il renvoie ensuite la chaleur sous forme de rayons infrarouges, mais au lieu de se diriger librement vers l'espace, ces derniers sont arrêtés par les gaz à effet de serre contenus dans l'atmosphère et qui les rabattent sur terre. Bien que ces gaz (vapeur d'eau, gaz carbonique, méthane et chlorofluorocarbure), agissent aussi sur l'ozone atmosphérique, ne représentant pas plus de 1 % de l'atmosphère, leur rôle est fondamental. Ils piègent une partie de la chaleur renvoyée par la Terre. Sans eux, la vie serait impossible car la température moyenne, au lieu d'être de + 15 °C serait de - 18 °C. En revanche, si la quantité de gaz à effet de serre augmente, à cause de leur émission par l'industrie, les transports, l'agriculture, à partir des combustibles fossiles comme le pétrole, le charbon ou le gaz, le réchauffement de la planète va se poursuivre et s'accentuer. La concentration en CO_2

atmosphérique a augmenté d'une valeur pré-industrielle de 280 ppmv (partie par million en volume) en 1800 à une valeur proche de 350 ppmv actuellement. Les conséquences de ce réchauffement sont difficiles à cerner malgré une modélisation de plus en plus sophistiquée de tous les paramètres du climat. Dans le cadre de ce réchauffement climatique, comment vont évoluer les turbulences atmosphériques à l'échelle régionale et planétaire ?

Dans ce paragraphe seront évoqués modestement et avec les réserves nécessaires, au regard des connaissances imparfaites actuelles sur le réchauffement dû aux gaz à effet de serre : les vents et les courants marins, les modifications éventuelles de l'alizé, de la mousson et de la circulation atmosphérique aux latitudes moyennes, l'intensification et la fréquence plus soutenues des cyclones et des tempêtes.

Les vents et les courants marins

Le réchauffement climatique entraîne la fonte partielle des glaces polaires et l'affaiblissement des cellules anticycloniques antarctiques mais surtout arctiques. L'une des conséquences de la diminution d'activité des AMP est un élargissement du domaine des alizés tropicaux et un ralentissement du souffle de celui-ci d'Est en Ouest, en particulier sur l'océan Pacifique. De ce fait, les masses d'eaux chaudes qui s'accumulaient à l'Ouest de l'océan, sur l'Indonésie et l'Australie, se répartiraient plus équitablement sur l'ensemble de l'océan Pacifique et provoqueraient des phénomènes El Niño (ENSO) plus fréquents, accompagnés de pluies plus abondantes sur les côtes du Pérou et du Chili.

L'Atlantique nord est le siège d'une oscillation complexe et irrégulière : le phénomène NAO (North Atlantic Oscillation). Celle-ci peut évoluer dans le temps, à cause du réchauffement climatique. Elle induit la fonte des glaces arctiques et des précipitations plus abondantes sur l'hémisphère nord, liées à une plus forte évaporation. Cet apport d'eau douce, de densité plus faible que l'eau salée, plonge moins facilement et freine la progression des eaux chaudes du Gulf Stream. À l'inverse, cette eau, bien que douce, est froide et donc relativement dense, ce qui faciliterait sa plongée. Cet exemple montre la complexité des phénomènes induits par le réchauffement climatique. Quoi qu'il en soit, si la dérive nord-atlantique ralentit sa course vers les côtes européennes, d'environ 30 % d'après certains chercheurs, la température, en Europe occidentale baisserait de 3 à 4 degrés, ce qui paraît considérable au vu de la baisse moyenne estimée de 1 °C, au cours du Petit Âge Glaciaire. Il semble d'ailleurs que la dérive nord-atlantique se soit affaiblie de 10 % pendant cette période. En réalité, la circulation horizontale de la dérive nord-atlantique continuera à fonctionner puisqu'elle dépend des vents d'Ouest et de la force de Coriolis. Le phénomène qui la ralentirait serait lié à la plongée plus lente des eaux refroidies au large de la Norvège et de l'Islande. Ce ralentissement entraînerait la stagnation relative des eaux, de la même manière que si l'on réduit l'orifice de vidange d'une baignoire, elle se vide moins vite et le courant qui s'installe entre cet orifice et l'extrémité opposée de la baignoire, est ralenti.

Réchauffement et comportement de la mousson africaine

Dans le cas de la mousson africaine, le réchauffement a pour conséquence un élargissement des zones tropicales arides et une remontée sensible vers le nord de la ZCIT. En effet, le moteur climatique antarctique reste plus puissant que celui du pôle nord car le continent est recouvert d'une calotte glaciaire de 3 à 4 kilomètres d'épaisseur sur plus de 13 millions de km^2 alors que l'océan arctique n'est bloqué que par la banquise et que l'inlandsis groenlandais, aussi épais que son homologue, ne mesure que 1,65 millions de km^2. Si la machine arctique perd de sa vigueur, les masses d'air tropical comme l'anticyclone des Açores remontent vers le Nord pendant l'été boréal. Au même moment, en hiver austral, l'anticyclone de Sainte-Hélène est lui aussi repoussé vers le Nord par les AMP australs. Le flux de mousson atteint, dans ces conditions, les parages du tropique du Cancer et le Sahara s'étend à des latitudes plus septentrionales. L'aridité, dans cette hypothèse, s'étendrait sur les pourtours de la Méditerranée, en Algérie et au Maroc, les rivages libyens et égyptiens accusant une sécheresse encore plus marquée que de nos jours. L'harmattan soufflerait plus souvent à la latitude du tropique, tandis que les vents comme le chergui ou le sirocco se manifesteraient plus régulièrement sur les rivages méditerranéens et seraient même assez fréquents au Nord du bassin où le mistral et la bora se raréfieraient.

Réchauffement et remontée du niveau océanique

Le réchauffement climatique met en évidence deux paramètres qui se conjuguent pour expliquer le relèvement du niveau des mers. Le premier est l'expansion thermique des océans, phénomène qui s'étale sur plusieurs siècles car les eaux chaudes de surface mettent un temps très long à transmettre leur chaleur aux eaux profondes. Le deuxième se rapporte à la fonte des glaciers et à l'apport d'eau douce des réservoirs continentaux.

Les variations du niveau des mers sont un phénomène ordinaire, tout au long de l'histoire de la Terre. Au cours de l'ère quaternaire, depuis environ 3 Ma, le niveau des océans a varié en suivant les cycles des glaciations et des inter-glaciaires. Aujourd'hui, alors que l'homme peuple une grande partie des régions côtières où les densités de population sont considérables, la moindre variation du niveau marin peut avoir des conséquences sociales et économiques sur les sociétés et leurs activités. Depuis une centaine d'années, il semble que le niveau des mers se soit élevé de 1,5 à 2 mm par an. Toutefois les mesures sont ponctuelles, rares au début du siècle dernier et parfois entachées d'erreurs. Les marégraphes sont édifiés sur les littoraux et sont donc assujettis aux mouvements isostasiques de ces derniers dont l'amplitude peut être supérieure, aux variations « climatiques » du niveau marin.

Depuis 1992, grâce aux satellites altimétriques Topex-Poseidon puis Jason 1 lancés en 2001, il est possible de calculer l'évolution du niveau marin en chaque point de l'océan mondial et la moyenne globale de ses variations. Il en ressort que le niveau global de la mer s'est élevé de 3 mm par an, au cours de la période 1992-2005.

Quelle est la part des deux facteurs dans la remontée du niveau marin ? Les campagnes océanographiques ont révélé, grâce à des mesures de la température des océans à différentes profondeurs, que celle-ci a augmenté, globalement depuis une cinquantaine d'années. Elle peut expliquer la moitié environ de la hausse annuelle du niveau océanique. Depuis quelques décennies, les glaciologues mesurent le recul général des glaciers de montagne qui n'occupent en réalité que 3 % de la masse totale des glaces continentales. Il semble que leur fonte ait contribué pour 0,5 mm à l'élévation du niveau, pendant les quarante dernières années. Les calottes glaciaires perdent de leur masse sur leurs franges, au contact de l'océan et par fonte des grands fleuves de glace dont la vitesse d'écoulement a considérablement augmenté, ces dernières années. En revanche, elles engraissent sur leurs parties sommitales car, à cause du réchauffement climatique, il y neige plus que par le passé. Actuellement, les données satellitaires permettent de mesurer l'épaisseur de la glace de l'inlandsis groenlandais et d'apprécier son ablation. Il a perdu, sur ses marges, environ 101 gigatonnes de glace entre 2003 et 2005 mais, en revanche, au centre, il a récupéré 54 gigatonnes. Si bien que le bilan n'est pas aussi négatif qu'on pourrait le penser. La fonte des calottes glaciaires ne participe que pour 0,5 à 0,6 mm à la remontée du niveau marin. La différence entre la moyenne enregistrée et le bilan des apports à l'océan mondial est due aux stocks d'eau du réseau continental apportés par les fleuves, en particulier lors des crues et par les réservoirs souterrains. Cette contribution serait de 0,3 à 0,4 mm. Ainsi, la somme des apports équivaut aux 3 mm / an de hausse moyenne du niveau des océans (La Recherche, 2007).

La montée du niveau de la mer pose trois principaux problèmes aux sociétés littorales. Le premier est une accélération de l'érosion par les vagues, provoquant le recul des côtes, le second est la salinisation progressive des nappes phréatiques infiltrées d'eau de mer. Cette salinisation met en péril l'agriculture, surtout sur les terres basses et peuplées des deltas des grands fleuves. Enfin, le troisième est lié à la remontée du niveau marin qui augmente la vulnérabilité des côtes basses aux inondations générées par les tempêtes.

Le scénario le plus pessimiste du GIEC (Groupe d'experts intergouvernementaux sur l'évolution du climat ; IPCC en anglais : Intergovernmental Panel on Climatic Change) prévoyait, en 2005, une hausse de 40 cm puis d'environ 80 cm au cours du XXIe siècle, du niveau des océans. Dans leur dernier rapport (2006), les experts pensaient que ce relèvement pourrait atteindre 140 cm (2007). Dans cette perspective alarmante, la controverse porte sur le rôle plus ou moins avéré de la fonte des glaces polaires. Les missions effectuées sur la bordure sud de l'inlandsis groenlandais indiquent une perte de 248 ±36 km^3 / an de glace entre avril 2002 et avril 2006, correspondant à une remontée du niveau océanique de 0,5 mm / an. Malgré ces observations, certains chercheurs hésitent sur l'efficacité actuelle de la fonte des glaciers pour provoquer le relèvement du niveau marin. Ils préfèrent privilégier le rôle de l'expansion thermique. Celle-ci n'est pas égale sur l'ensemble des océans, et des mesures satellitaires montrent des boursouflures et des creux qui se déplacent dans le temps et l'espace. Il est donc très difficile de prévoir l'inondation de tels ou tels archipels ou côtes basses. Cependant, quelques exemples montrent que le niveau de la mer monte et que l'érosion marine devient plus agressive. De nombreux archipels, comme les Maldives, les îles Marshall, seraient inondés et certains même, comme plusieurs atolls du Pacifique rayés des cartes. Il en serait ainsi de l'archipel de Tuvalu, au cœur du Pacifique, dont l'altitude est de 5 m au-dessus du niveau de la mer. Lors des grandes marées, certains villages sont inondés et les fortes tempêtes pourraient ravager entièrement cet archipel. Outre les îles, de nombreux littoraux qui hébergent des taux de population considérables sont menacés : delta du Nil, lagons et marais de la côte d'Afrique de l'Ouest, côte est des États-Unis et de Floride, deltas du Mississipi évidemment, de l'Indus, Bangladesh, Sud de Bornéo, côte est de Sumatra, littoraux chinois entre Tianjin et Shanghaï, littoraux de la mer du Nord, Camargue.

Les vagues, rendues plus puissantes par les tempêtes, éroderaient les littoraux avec plus de force à cause du niveau plus élevé de la mer. Certains modèles estiment que l'érosion des côtes anglaises, augmenterait par endroits d'environ 50 % (en mètres). Dans le cas des côtes anglaises, leur érosion actuelle s'expliquerait surtout par l'arrivée de vagues énergétiques et par les fluctuations brutales du niveau marin. Ces deux phénomènes sont liés aux vents et aux tempêtes. Par exemple, en 1953, une violente tempête située au large des Pays-Bas a provoqué une entrée soudaine de vagues dans l'estuaire de la Tamise. Le niveau du fleuve est monté de 3 m, inondant Londres. Après cette catastrophe, un barrage, *The Tames Barrier* a été érigé sur le fleuve pour protéger la capitale (La Recherche, 2007). En Alaska, la petite ville de Shishmarif est menacée par l'érosion marine. En effet, la banquise ayant fondu, les vagues se font plus violentes, d'autant que le niveau de la mer monte. Les maisons situées sur une falaise risquent de s'effondrer et leurs occupants devront être relogés, d'ici 2009, sur un terrain moins exposé aux vents et aux tempêtes.

Violence des tempêtes et des cyclones

Les cyclones et les tempêtes seront plus violents à cause d'une atmosphère plus chaude et donc plus instable et plus turbulente. L'évaporation s'accroissant avec la chaleur, les pluies seront plus abondantes. On constate d'ailleurs que les ouragans sont plus nombreux depuis les années 1990. Certains, comme Katrina ou Mitch sur le Honduras en 1998, sont considérés par de nombreux météorologues comme des produits du réchauffement climatique. Ces ouragans risquent aussi de détruire de larges portions de mangrove protectrice de grandes surfaces côtières d'Afrique et d'Asie. Par exemple, le parc national des Sundarbans, la mangrove la plus étendue de la planète, d'une superficie de 6 000 km^2, située à l'embouchure du Gange, serait complètement anéantie. Cette destruction verrait la perte irrévocable de très nombreuses espèces rares, végétales et animales et exposerait davantage le littoral à l'érosion.

Sur les continents surchauffés, comme le Sud et le Centre des États-Unis, l'Afrique sud-saharienne, l'Australie, les cyclones seraient de plus en plus dévastateurs. Le nombre de cyclones, par an, est très variable. Certaines années, un seul est mentionné tandis que d'autres années, on en compte plus de vingt. L'année 2004, avec 14 cyclones et dépressions tropicales ayant reçu un nom, montre une intesité marquée. En revanche, 2005 est l'année la plus active dans l'Atlantique nord avec 27 tempêtes tropicales dont 14 ont atteint la force d'un cyclone et 7 celle d'un cyclone majeur. Par ailleurs, les pluies abondantes se transformeraient en neige, certes à plus haute altitude, mais en plus grande quantité, si bien qu'il ne serait pas exclu, au bout d'un laps de temps de quelques décennies, d'assister à l'avancée des glaciers, en particulier en montagne.

▸▸ Modélisation et prévisions climatiques

Les faits qui viennent d'être évoqués témoignent des changements climatiques et de leurs conséquences actuelles et futures. Ils sont d'une très grande complexité. Pour mieux comprendre le comportement du système climatique de la planète, des modèles mathématiques ont été développés à diverses échelles de temps.

Le système climatique et l'effet papillon

Certains modèles tentent d'expliquer et de prévoir le temps sur de courtes périodes, hebdomadaires ou mensuelles, d'autres s'attaquent plus largement à l'évolution annuelle, décennale ou centennale des climats. Les uns privilégient les bilans énergétiques zonaux, les autres la circulation générale des masses d'air. Associés les uns aux autres, les océans, les continents et leurs climats, les glaciers, la biosphère et l'atmosphère procèdent à des échanges croisés de chaleur, d'eau, de carbone qui déterminent le comportement de l'atmosphère. La somme de toutes ces interactions contribue à la complexité du système climatique. « Au sein de cette vaste machine, toute action d'un rouage sur un autre, même minime, provoque un enchaînement d'évènements qui, finalement modifie l'équilibre de l'ensemble » (Bard, 2005).

Cette machine complexe est rendue encore plus compliquée par les mouvements de l'atmosphère, rapides et incessants, les renouvellements des eaux océaniques, (en quelques années pour les eaux de surface, en plusieurs siècles, pour les eaux profondes), les fontes ou les crues glaciaires qui s'étendent sur plusieurs millénaires, la capacité de la biosphère à fournir des teneurs en eau et en gaz carbonique dans l'atmosphère sur des laps de temps s'étendant de la saison à plusieurs milliers d'années. À ces conditions doit s'ajouter le comportement fluide de l'océan et de l'atmosphère animés, à cause des vents, de mouvements non linéaires, assujettis à des phénomènes de seuil, à des oscillations non périodiques et parfois entièrement chaotiques. Pour toutes ces raisons, l'état exact du système climatique de la Terre est difficilement prévisible à long terme. Une modification infime du système où une erreur de calcul sur un modèle peut entraîner des conséquences importantes et imprévisibles sur un pronostic climatique au-delà d'une dizaine de jours. Ces diagnostics délicats ou éphémères sont illustrés par le principe de Lorenz qui fut le premier à identifier le comportement déconcertant du climat et à énoncer « l'effet papillon » qui veut que le battement d'aile d'un insecte, assimilé à une perturbation de faible énergie, provoquerait, de proche en proche et à long terme, des modifications durables des phénomènes météorologiques.

Les difficultés d'un modèle climatologique

L'un des objectifs de la climatologie actuelle est de construire un modèle suffisamment élaboré qui tiendrait compte de l'ensemble des interactions climatiques qui viennent d'être évoquées et grâce auquel il serait possible de tester les hypothèses scientifiques de prévisions à moyen et long terme. Le principe actuel est de diviser l'atmosphère, l'hydrosphère, la surface de la lithosphère et la cryosphère en cubes ou boîtes dont les dimensions varient de quelques dizaines à quelques centaines de kilomètres sur le plan horizontal et à quelques milliers de mètres sur le plan vertical. Les différents paramètres de la circulation océanique superficielle et profonde et les interactions entre l'atmosphère, l'océan, les glaces et la biosphère sont analysées dans chaque boîte puis regroupés, de proche en proche, dans les boîtes suivantes ou superposées, en faisant intervenir le temps puisque le modèle part d'un temps T actuel, pour prédire le climat au temps T1 ou T2. Dans les boîtes, ce sont des équations représentant les échanges entre les différents milieux qui sont à résoudre, au moyen de puissants ordinateurs. Cette modélisation permet de mesurer les effets d'une perturbation climatique et le suivi de celle-ci. Elle est, actuellement, le seul type d'outil disponible pour prévoir, par exemple, les conséquences de l'augmentation actuelle du taux de gaz à effet de serre.

Toutefois, le large maillage des boîtes fournit une résolution médiocre. Pour l'améliorer, plusieurs solutions sont apportées depuis les années 1970 :
– la réduction de la taille des boîtes permet de faire apparaître les reliefs. Pour la France, il est nécessaire de situer les Pyrénées, le Massif central ou les Alpes pour expliquer le climat ;
– la modification de la taille des boîtes suivant l'échelle des phénomènes étudiés. Pour la France, réserver des boîtes de 60 km de côté et pour les antipodes, des boîtes de 450 km de côté ;
– l'avantage de la différenciation des tailles des boîtes est d'éviter les interactions entre les résultats à l'intérieur des boîtes de 60 km de côté et celles de maillage plus lâche qui sont situées aux limites du domaine étudié ;
– la simplification des modèles en supprimant l'un des paramètres, comme, par exemple, l'interaction atmosphère-océan ;
– la méthode des modèles dit « nidés » permet une précision plus grande pour un coût de calcul raisonnable. Le principe est d'utiliser deux modèles imbriqués. Un petit fait son « nid » à l'intérieur d'un autre, à plus petite échelle, qui simule une circulation générale dont les données météorologiques sont fournies toutes les six heures pour une vaste région à l'intérieur de laquelle le modèle « nidé » effectue des calculs plus précis.

Il faut cependant remarquer que ces modèles sont plus fiables pour étudier les alizés ou la mousson qui représentent des constantes climatiques même si elles évoluent avec le changement climatique. En revanche, ils sont moins performants sur l'Europe. Le climat y présente souvent un comportement chaotique et localement très varié si bien que les prévisions météorologiques ne peuvent guère aller au-delà de huit jours alors qu'elles peuvent être quasi saisonnières pour la mousson africaine ou indienne.

Le réchauffement climatique introduit une modification du climat terrestre au XXIe siècle.

Au-delà, les incertitudes des modèles deviennent trop importantes pour que leurs résultats soient fiables, et les réactions de paramètres mal connus faussent les modèles prévisionnels du climat à long terme (le siècle). D'après les dernières estimations du Groupe intergouvernemental d'experts sur l'évolution du climat, la température moyenne du globe devrait s'élever de 1,1 à 6,4 °C d'ici la fin du XXIe siècle, par rapport à la période 1980-1999. Ce très large éventail reflète justement les incertitudes des climatologues (La Recherche, 2007). Sur quels paramètres portent ces incertitudes ?

1- Les effets des nuages contribuent à refroidir la Terre en reflétant la lumière solaire vers l'espace, mais, en revanche, ils capitalisent le rayonnement terrestre entre leurs couches et le sol.

2- Les aérosols produits, par exemple, par les fumées, servent de noyaux de condensation aux gouttelettes des nuages et favorisent la formation de gouttelettes plus petites et plus nombreuses qui prolongent la vie des nuages. Par ailleurs, les aérosols et les poussières projetés par les volcans, dans l'atmosphère, entraînent le refroidissement de celle-ci d'environ 1 °C pendant la durée de suspension des poussières dans l'air.

3- Les forêts agissent de trois façons sur le climat. Elles séquestrent près du quart des émissions de CO_2 d'origine humaine. Ensuite, elles absorbent une grande partie du rayonnement solaire. Enfin, elles sont un élément clef du cycle hydrologique, mais la dynamique des peuplements végétaux est mal connue et on ignore leurs réponses au réchauffement climatique.

4- Dans le fond des océans sont enfouis des hydrates de gaz. Le réchauffement climatique et la hausse du niveau marin vont-ils déstabiliser ces gaz et les libérer dans l'atmosphère et à quelle vitesse ?

5- Le rôle des courants marins et les conséquences de leurs modifications, comme celle de la dérive nord-atlantique dans une perspective de réchauffement climatique, ont été évoqués dans la répartition des climats sur la planète.

6- Les océans dissolvent un quart du carbone émis par les activités humaines. En se réchauffant, leur capacité de dissolution va diminuer alors que, probablement, les rejets de gaz à effet de serre vont continuer à croître.

7- L'une des incertitudes qui intéressent plus directement le sujet de ce livre porte sur le rôle des cyclones. Ils pompent, en effet, une énergie considérable dans les océans et ils les refroidissent. Qu'arrivera-t-il si les cyclones sont de plus en plus nombreux, comme le montrent les statistiques actuelles ?

8- Les changements climatiques vont aussi dépendre, dans l'avenir, des rejets industriels produisant des gaz à effet de serre. Les énergies renouvelables vont-elles se développer suffisamment pour diminuer l'exploitation du pétrole, du gaz naturel et du charbon ? Quelle sera la politique énergétique des pays émergents dans les décennies à venir ?

9- La fonte des glaciers n'est pas prise en compte dans les modèles climatiques, elle n'est pas forcément synonyme, régionalement, de réchauffement planétaire.

10- Le dégel du permafrost (sol gelé) va, en principe, faire grimper le thermomètre encore plus vite car, avec le réchauffement, les micro-organismes décomposent plus efficacement les débris végétaux contenus dans les sols et favorisent la production de méthane. Mais ce dégazage ne va-t-il pas être freiné par l'extension des forêts, à la place des toundras qui s'étendaient sur les régions à sols gelés ?

Références bibliographiques

Abarca del Rio R., 2001. El Niño, *Pour la Science*, n° 281, p. 78-85.

Acot P., 2006. *Catastrophes climatiques, désastres sociaux*, PUF, Coll. La politique éclatée, 203 p.

Alexandre D.Y., 1992. La survie des forêts tropicales, *La Recherche*, vol. 23, p. 692-702.

Amat J. P., Dorize L., Le Cœur C., 1996. *Éléments de géographie physique,* coll. Grand Amphi, Bréal, Paris, 416 p.

Barbier E., 2006. L'isthme centraméricain : un remarquable carrefour aérologique. *Les Cahiers d'Outre-Mer*, n° 233, p. 95-113.

Bard E., 2003. *Évolution du climat et de l'océan, leçons inaugurales du Collège de France,* Fayard, Paris, 76 p.

Bard E., 2005. *L'homme et le climat, une liaison dangereuse,* Gallimard Découvertes, Paris, 128 p.

Barry J. P. et Celle J. C., 1991. *Flore de Mauritanie,* 2 t., Publ. de l'Inst. Sup. Sci. de Nouakchott, 550 p.

Bavoux J. J., 1998. *Les littoraux français,* Armand Colin, Paris, 268 p.

Beltrando G., 2004. *Les climats : processus, variabilité et risques,* Armand Colin, coll. U, Paris, 270 p.

Benalla M., El Alem M., de Rognon P., Desjardins R., Hilali A., Khardi A.., 2003. « Les dunes du Tafilalt (Maroc) : dynamique éolienne et ensablement des palmeraies », *Sécheresse*, n° 2, vol. 14, p.73-83.

Benmohammadi A., Benmohammadi L., Ballais J. L., Riser J., 2000. Analyse des inter-relations anthropiques et naturelles : leur impact sur la recrudescence des phénomènes d'ensablement et de désertification au Sud-Est du Maroc (vallée du Dra et vallée du Ziz), *Sécheresse,* n° 4, vol. 11, p. 297-308.

Bensidoun S., 1997. *Samarcande et la vallée du Zerafchan,* Anthropos, 290 p.

Berger A., 1992. *Le climat de la Terre, un passé pour quel avenir ?,* De Bœck Université, Bruxelles, 479 p.

Besançon J., Delgiovine A., Fontugne M., Lalou C., Sanlaville P., Vaudour J. 1996. Mise en évidence et datation de phases humides du Pléistocène supérieur dans la région de Palmyre (Syrie), *Paléorient*, vol. 23, fasc. 1, p. 5-23.

Besancenot J. L., 1990. *Climat et tourisme*, Masson, Paris, 223 p.

Bœuf S., Biju-Duval B., Chapal O., de Rognon P., Gariel O., Bennacef A., 1971. *Les grès du Paléozoïque inférieur au Sahara,* Technip, Paris, 464 p.

Ci-contre : Altostratus, léger mistral, faible houle : annonce probable d'une dépression.

Bielders C. L., Rajot J. L. et Karlheinz M., 2004. L'érosion éolienne dans le Sahel nigérien : influence des pratiques actuelles et méthodes de lutte, *Sécheresse*, n° 1.

Billard A., 1993. *Changements climatiques et influence de l'aridité sur le plateau de lœss de la Chine,* Colloque en l'honneur du Prof. R. Coque, p. 179-187.

Birot P., 1965. *Les formations végétales du globe,* SEDES, Paris, 508 p.

Blanc J. J., 1996. Plage en recul, dynamique des profils littoraux à Faraman (Camargue, delta du Rhône), méthodes d'étude, essai d'analyse prévisionnelle, *Quaternaire,* vol. 7, n° 1, p. 53-63.

Blanchet G. et Deblanc J. C., 1993. L'épisode pluvio-orageux catastrophique de septembre 1992 dans le Sud-Est de la France : analyse pluviométrique et météorologique, *Rev. de Géo. de Lyon,* vol. 68, n° 2-3, p. 129-238.

Brœcker W.S., 2001. « La fonte des glaces au Moyen-Âge », *La Recherche,* n° 343, p. 34-38.

Bücher A., Dubief J., Lucas C., 1983. Retombées estivales de poussières sahariennes sur l'Europe, *Rev. de Géol. dyn. et de Géogr. phys.,* vol 24, fasc. 2, p. 167-175.

Callot Y., 1988. Évolution polyphasée d'un massif dunaire subtropical : le Grand Erg occidental (Algérie), *Bull. Soc. Géol. Fr.*, t. IV, n° 6, p. 1073-1079.

Callot Y. et Oulehri T., 1996. Géodynamique des sables éoliens dans le Nord-Ouest Saharien : relations entre aérologie et géomorphologie, *Géodinamica Acta*, t. IX, n° 1 ; p. 1-12.

Campy M. et Macaire J.J., 1989. *Géologie des formations superficielles,* Masson, Paris, 433 p.

Casenave A. et Valentin C., 1989. *Les états de surface de la zone sahélienne,* ORSTOM, Paris, 229 p.

Cliquet D., Lautridou J.-P., Antoine P., Lamothe M., Leroyer M., Limondin-Lozouet N., Mercier N., 2009. La séquence lœssique de Saint-Pierre-les-Elbeuf (Normandie, France) : nouvelles données archéologiques, géochronologiques et paléontologiques, *Quaternaire,* n° 3, p. 321-343.

Conrad G., 1970. L'évolution continentale post-hercynienne du Sahara algérien, CNRS, 525 p.

Coque R., Gentelle P., Coque-Delhuille B., 1991. Désertification along the piedmont of the Kunlun chain (Hetian-yutian sector) and the southern border of Taklamakan desert (China) : preliminary geomorphologicla observations, *Rev. de Géom. Dyn.*, vol. XL, n° 1, p. 1-27.

Dalongeville R., De Medwecki V., Sanlaville P., 1991. *Évolution du Piémont occidental de l'Oman depuis le Pléistocène supérieur*, 116e congr. CTHS, Chambéry, p. 97-109.

Delannoy H., 1971. Aspects du climat de Marrakech et de sa région, *Revue géo. du Maroc,* n° 20, p. 69-106.

Delannoy H., 1996. Remarque sur le climat de la province de Tarfaya (Sud-marocain), in *Le bassin de Tarfaya*, J. Riser, L'Harmattan, Paris, 285 p.

De Menocal P. B., 1995. Plio-pleistocene african climate, *Science,* vol. 270, p. 53-59.

Desjardins R., Rognon P., Benalla M., El Alem M., 2005. « Progrès importants dans l'étude sur l'évolution des dunes grâce à l'utilisation combinée des satellites civils et militaires : l'exemple du Tafilalt (Maroc) », *Sécheresse,* vol. 16, n° 3, p. 153-164.

Demangeot J., 2003. *Les milieux naturels du globe,* coll. U, Armand Colin, Paris, 364 p.

Demangeot J. et Bernus E., 2001. *Les milieux désertiques,* coll. U, Armand Colin, Paris, 295 p.

Donque M.G., 1974. Les types de temps d'Alizé actif à Madagascar, *Bull. Ass. géogr. fr.*, n° 419, p. 229-237.

Dorize L., 1992. Le mistral, enfant terrible de la Provence , *Géographie et recherche*, n° 81, p. 73-100.

Doumange F., 1984. Les cyclones de l'été austral, 1982-1983 en Polynésie française, seuil climatiques et viabilité des petites îles, in *Nature et hommes dans les îles tropicales*, CEGET, Paris, p. 51-68.

Dresch J., 1982. *Géographie des régions arides,* PUF, Paris, 278 p.

Duplessy J.C., 1996. *Quand l'océan se fâche, histoire naturelle du climat,* Odile Jacob, Paris, 277 p.

Durand P., 1998. Cinématique d'un littoral sableux, à partir de photographies aériennes et de cartes topographiques, exemple du littoral d'Argelès-Plage à Saint-Cyprien (Roussillon, France), *Géomorphologie,* n° 2, p. 155-166.

Duron M., 1995. *La voile,* La Martinière, Paris, 160 p.

Ehlers J., 1996. *Quaternary and glacial geology,* John Wiley and Sons, 578 p.

Elbelrhiti H., Claudin P., Andreotti B., 2005. Field evidence for surface-wave-induced instability of sand-dune, *Nature,* vol. 437, p. 720-723.

Estienne P., Godard A., 1970. *Climatologie,* Armand Colin, Paris, 367 p.

Faugères L., 1977. Les complexes de lœss et de paléosols des bordures du golfe Thermaïque (Macédoine centrale, Grèce), *Recherches françaises sur le Quaternaire,* INQUA, Bull. n° 50, p. 119-133.

Godard A. et Tabeaud M., 1993. *Les climats, mécanismes et répartition,* coll. Cursus, Armand Colin, Paris, 191 p.

Gravier M., 1992. *Le Tagant, entre Sahel et Sahara (Mauritanie).* Thèse, Université d'Avignon, 305 p.

Guilcher A., 1964. *Précis d'hydrologie marine et continentale,* Masson, Paris, 389 p.

Guiter J., 1980. Mistral et tramontane, *Information géographique,* n° 44, p. 118-125.

Haesaerts P., Borziak I., Chirica V., Damblon F., Koulakovska L., Van der Plicht J., 2003. The east carpathian lœss record : a reference for the middle and late pleniglacial stratigraphy in Central Europe, *Quaternaire,* vol. 14, n° 3, p.163-188.

Haesaerts P., Chekha V.P., Damblon F., Drozdov N.I., Orlova L.A., Van der Plicht J., 2005. The lœss paleosol succession of Kurtak (Yenisei basin, Siberia) : a reference record for the Karga state, *Quatenaire,* n° 16, p. 3-24.

Henaff A., 2004. Les aménagements des littoraux de la région Bretagne en vue de la défense contre l'érosion depuis 1949, *Bull. Ass. Géogr. Fr.,* n° 3, p. 346-359.

Henia L., 1980. Le sirocco et les types de circulation à sirocco en Tunisie, *Revue tunisienne de géographie,* n° 5, p. 61-87.

Jeanguyot M. et Seguier-Guis M., 2004. *L'herbier voyageur, histoire des fruits, légumes et épices du monde,* Plume de carotte, Université de Montpellier II, Service des collections, Herbier de l'Institut de Botanique, 164 p.

Joussaume S., Bony S., Braconnot P., Dufresne J.L., Friedlingstein P., Planton S., Terray L., 1993. Climat, d'hier à demain, *Sciences au présent*, CNRS, Paris, 143 p.

Joussaume S. et al., 2008. Météo incertaine pour 2050, *La Recherche*, Objectif Terre 2050, n° 415, p. 123.

Kachkarov D. et Korovine E. P., 1942. *La vie dans les déserts*, Payot, Paris, 362 p.

Kasse C., 2002. Sandy aéolian déposit and environment and their relations to climate during the last glacial maximum and late glacial in northwest and central Europe, *Progress in physical geography*, t. 26, n° 4, p. 507-532.

Kendel R., 2004. *Le réchauffement climatique*, Que sais-je ? PUF, Paris, 128 p.

Kharin N., 1997. Dégradation des terres sèches en Mongolie, *Sécheresse,* n° 3, vol. 8, p. 163-168.

Labeyrie J., 1993. *L'homme et le climat*, Seuil, Paris, 350 p.

Lavigne Ph. et Biancotto B., 1997. *Planches à voile*, EPA, 144 p.

Leprun J.C., 1971. Nouvelles observations sur les formations dunaires sableuses fixées du Ferlo nord-occidental (Sénégal), *Ass. Sénégal. et. Quatern. Ouest afr.,* bull. liaison, n° 31, p. 69-78.

Leroux M., 2000. *La dynamique du temps et du climat*, Masson, Paris, 310 p.

Leroy-Ladurie E., 1967. *Histoire du climat depuis l'an mil,* Flammarion, Paris, 376 p.

Leroy-Ladurie E., 2005. *Histoire humaine et comparée du climat : canicules et glaciers XIII-XVIII e siècle*, t. I, Fayard, Paris, 739 p.

Leroy-Ladurie E., 2006. *Histoire humaine et comparée du climat : disettes et révolutions, 1740-1860*, t. II, Fayard, Paris, 611 p.

Leroy-Ladurie E., 2009. *Histoire humaine et comparée du climat : le réchauffement de 1860 à nos jours,* t.III, Fayard, Paris, 461 p.

Letolle R. et Mainget M., 1993. *Aral,* Springer-Verlag, Paris, 357 p.

Lézine A.M., 1989. Late quaternary vegetation and climate of the Sahel, *Quaternary research*, n° 32, p. 317-334.

Lioubimtseva E., 2004. Climate change in arid environment : revisiting the past to understand the future, *Progress in Physical Geography*, n° 28, fasc. 4, p. 502-230.

Livet R., 1962. Habitat rural et structures agraires en Basse-Provence, *Publ. des annales de la Fac. des Lettres,* Aix-en-Provence, n° 32, Ophrys, 465 p.

Mainguet M., Borde J.M., Chemin M.C., 1984. Sédimentation éolienne au Sahara et sur ses marges, *Trav. de l'Inst. de Géo. de Reims,* n° 59-60, p. 15-28.

Mainguet M. et Jacqueminet C., 1984. Le Grand Erg Occidental et le Grand Erg oriental, *Trav. de l'Inst. de Géo. de Reims*, n° 59-60, p. 29-48.

Mainguet M. et Chemin M.C., 1984. Les dunes pyramidales du Grand Erg oriental, *Trav. de l'Inst. de géo. de Reims*, p. 49-60.

Mainguet M. et Letolle R., 1994. Le lac d'Aral est-il un lac hydro-éolien ?, *Revue de géom. dyn.,* t. XLIII, n° 1, p. 27-34.

Mainguet M., 1996. Aridité, sécheresse et dégradation dans les aires sèches de Chine, *Sécheresse*, vol. 7, p. 41-50.

Mainguet M., Canon L., Chemin M.C., 1980. Le Sahara : géomorphologie et paléomorphologie éoliennes, *in* M.A.J. Williams et H. Faure (eds.), *The Sahara and the Nile* (Rotterdam, 1980), 17-36.

Maison E., 2003. *Kite-Board*, coll. Sport de l'extrême, Arthaud, Paris, 143 p.

Maley J., 1980. Les changements climatiques de la fin du Tertiaire en Afrique, leurs conséquences sur l'apparition du Sahara, in *Sahara and the Nile*, Balkema, Rotterdam, p. 63-86.

Markovic S.B., Oches E.A., Gaudenyi T., Jovanovic M., Hambach U., Zöller L., Sümegi P., 2004. Paleoclimate record in the late Pleistocene lœss paleosol sequence at Miseluk (Vojvodine, Serbia), *Quaternaire*, vol. 15, n° 4, p. 361-368.

Mayençon R., 1992. *Météorologie marine*, édit. Maritime et d'Outre-mer, Paris, 336 p.

Mayençon R. et Delorme R., 2004. *La météo des plaisanciers en Méditerranée*, Météo France, Gerfaut marine, 134 p.

Mayet L., février 1992. Les caprices d'El Niño, *Sciences et Avenir*, p. 24-27.

Michaut C., 2003. Arpenteur des dunes, *La Recherche,* n° 368, p. 75-81.

Monod T., 1973. *Les déserts*, Horizon de France, Paris, 247 p.

Monod T., 1984. Le vent et les êtres vivants au Sahara, *Trav. de l'Inst. de Géogr. de Reims,* n° 59-60, p. 137-142.

Monod T., 1996. *La Majâbat El Koubra*, Actes Sud, 265 p.

Munoz J., Felicisimo A.N., Cabezas F., Burgaz A.R., Martinez I., 2004. Wind as a long-distance dispersal vehicle in the southern hemisphere, *Science*, vol. 304, p. 1144-1147.

Nonn H., 1974. *Géographie des littoraux*, coll. Sup., PUF, Paris, 256 p.

Orieux A. et Pouget E., 1984. *Le mistral, contribution à l'étude de ses aspects statistiques, synoptiques et régionaux*, monographie, Ministère des Transports, direction de la Météo, 20 p.

Ortlieb L., 1975. *Recherches sur les formations plio-quaternaires du littoral ouest-Africain*, thèse, ORSTOM, Patis, 267 p.

Pace F., Classe J., 1997. *Les princes des mers,* Soline, Paris, 143 p.

Pagney P., 1970. *Les climats polaires*, Centre de doc. Univ., 93 p.

Paquet H., Coudé-Gaussen G., Rognon P., 1984. Étude minéralogique de poussières sahariennes le long d'un itinéraire entre 19° et 35° de lat. Nord, *Rev. de géol. dyn. et de géogr. phys.*, vol. 25, n° 4, p. 257-265.

Paskoff R., 1970. *Le Chili semi-aride*, Bordeaux, Imprimerie Biscaye frères, 430 p.

Paskoff R., 1989. Les dunes littorales, *La Recherche*, n° 212, p. 888-895.

Paskoff R., 1993. *Les littoraux, impacts des aménagements sur leur évolution,* Masson, Paris, 256 p.

Paskoff R., 2005. Caractérisation et gestion d'un type de dune littorale : les avant-dunes, *Sécheresse*, vol. 16, n° 4, p. 247-253.

Paskoff R. et Sanlaville P., 1983. *Les côtes de la Tunisie, variations du niveau marin depuis le Tyrrhénien,* coll. Maison de l'Orient, *Méditerranéen,* n° 14, 192 p.

Pédelaborde P., 1982. *Introduction à l'étude scientifique du climat,* SEDES, Paris, 353 p.

Petit-Maire N., 1979. *Le Sahara atlantique à l'Holocène : peuplement et écologie*, Mém. du Centre de Recherches anthropologiques, préhistoriques et ethnographiques, Alger, 340 p.

Petit-Maire N., 1982. *Le Shati, le pléistocène du Fezzan (Libye),* CNRS, Paris, 118 p.

Petit-Maire N. et Riser J., 1983. *Sahara ou Sahel ? Quaternaire récent du bassin de Taoudenni (Mali)*, CNRS, 473 p.

Petit-Maire N. (éd), 1991. *Paléo-environnements du Sahara, lacs holocènes de Taoudenni (Mali),* CNRS, Paris, 237 p.

Petit-Maire N., 1994. Natural variability of the asian, indian and african monsoon over the last 130 ka, *Natural Asia Serie*, vol. 126, Global precipitations and climate change, p. 3-9.

Peyre C., 1973. Quelques aspects de la végétation du Bou-Iblane (Moyen-Atlas marocain), *Trav. de la RCP 249*, p. 129-155.

Peltier J.P. et Riser J., 1974. Introduction à l'étude géomorphologique et géobotanique du massif du Siroua (Sud-marocian), *Trav. de la RCP 249*, p. 159-173.

Planhol (de) X. et Rognon P., 1970. *Les zones tropicales arides et subtropicales*, Armand Colin, Paris, 487 p.

Randrianarison J., 1988. *L'impact du cyclone Honorinina sur Taoamasine, Madagascar* (mars 1986), vol. jubilaire en l'honneur du Prof. Pagnez, p. 405-415.

Reichelt R., 1988. L'hydraulique pastorale et la désertification au Sahel, Afrique de l'Ouest, *Geologische Jahrbuch*, C. 52, p. 3-32.

Riser J., 1985. Le rôle du vent dans le bassin d'Araouane (Mali), *Bull. Ass. Géogr. Fr.* n° 4, 62e année, p. 311-317.

Riser J. (éd.), 1996. *Le Bassin de Tarfaya : paléoenvironnements, paléoanthropologie, préhistoire,* L'Harmattan, Paris, 285 p.

Riser J., 1999. *Le Quaternaire, Géologie et milieux naturels*, Dunod, Paris, 320 p.

Riser J., 2004. *La Terre, une vie de tourmente*, coll. Esprit des Sciences, Ellipse, Paris, 126 p.

Rognon P., 1967. *Le massir de l'Atakor et ses bordures (Sahara central), étude géomorphologique*, CNRS, CRZA, Paris, n° 9, 560 p.

Rognon P., 1989. *Biographie d'un désert : le Sahara*, Plon, Paris, 347 p.

Rognon P., 1991. Les sécheresses au Sahel replacées dans l'évolution climatique des vingt derniers millénaires, *Sécheresse*, n° 3, vol. 2, p. 199-210.

Rognon P., Coudé-Gaussen G., Le Costumer M.N., Balouet J.C., Occhietti S., 1989. Le massif dunaire de Jandra (Fuertoventura, archipel des Canaries), évolution des paléoenvironnements de 20 000 BP à l'actuel, *Bull. de l'AFEQ*, n° 37, fasc. 1, p. 31-37.

Salama M., Deconinck J.N., Lotfy M.F., Riser J., 1991. L'ensablement de Nouakchott : l'exemple de l'aéroport, *Sécheresse*, n° 2, p. 101-107.

Salomon J. N., 2008. *Géomorphologie sous-marine et littorale*, Presses Universitaires de Bordeaux, 387 p..

Sbaï A., Massaoui F., Oualit N., 1992. Les régimes des vents au Maroc oriental, *Méditerranée*, n° 3-4, p. 45-52.

Servant M. et Sevant–Vildary S., 1980. L'environnement quaternaire du bassin du Tchad, in *Sahara and the Nile*, Balkema, Rotterdam, p. 133-172.

Simone Cl., 2000. *Le géosystème dunaire anthropisé d'Essaouira est (Maroc atlantique)*. Thèse, Aix-Marseille, 199 p.

Sun J. M. et Lui T., 2006. The age of the Tahlamakan desert, *Sciences,* vol. 312, p. 1621.

Tabeaud M., 2000. *La climatologie*, Armand Colin, Paris, 173 p.

Tihay J.P., 1972. À propos des pluies catastrophiques de l'automne 1969 en Tunisie, *Bull. Soc. Hist. Nat. d'Afrique du Nord*, Alger, t. 63, fasc. 3-4.

Toon O.B., 2003. African dust in Floride clouds, *Nature*, vol. 424, 7 août.

Tricart J. et Cailleux A., 1967. Le modelé des régions périglaciaires, in *Traité de géomorphologie*, SEDES, Paris, t. II, 512 p.

Tricart J. et Cailleux J., 1970. Le modelé des régions sèches, in *Traité de géomorphologie*, SEDES, Paris, t. IV, 473 p.

Tricart J. et Alfonsi P.P., 1981. Actions éoliennes récentes aux abords du delta de l'Orénoque, *Bull. Ass. Géogr. Fr.*, n° 476, p. 75-82.

Valentin C., 1994. Sécheresse et érosion au Sahel, *Sécheresse*, n° 5, p. 191-198.

Veyret P. et M., 1967. *Au cœur de l'Europe, les Alpes,* Flammarion, Paris, 546 p.

Viers G., 1968. *Éléments de climatologie*, coll. Fac, Nathan, Paris, 224 p.

Vigneaux J.P., 1972. Le vent d'autan d'Aquitaine oriental, *Revue géographique des Pyrénées et du Sud-Ouest*, n° 3, p. 315-342.

Voituriez B. et Jacques G., 1999. *El Niño, réalité et fiction*, Forum Océans, Unesco, 116 p.

Wagret P., 1959. *Les Polders,* Dunod édit., Paris, 316 p.

Webster P.J., Holland G.J., Curry J.A., Chang H.R., 2005. « Changes in tropical cyclone number, duration and intensity in a warming environment », *Sciences*, 16 sept, vol. 309, p. 1844-1846.

Whetton P., Adamson D., William M.A.J., 1990. Rainfall and rives flow variability in Africa, Australia and East Asia linked to El Niño Southern Oscillation events, *Geological Society of Australia,* Symposium Proceeding, n° 1, p. 71-82.

William M.A.J., 1984. *Cenozoic evolution of arid Australia,* Sydney, Australia Museum, p. 59-78.

William M.A.J., 1994. *Cenozoic climatic changes in desert : a synthesis, geomorphology of desert environments,* Chapman and Hall edit., New-York, p. 644-670.

Wintle A.G., 1998. Des datations au grain près, *La Recherche*, p. 63-67.

Glossaire

Anticyclones mobiles polaires (AMP) : ce sont de vastes lentilles d'air dense, responsables, dans les hautes et moyennes latitudes, des variations de pression, de direction et de vitesse du vent, de température, d'humidité, de nébulosité et de pluviosité, et donc de la variation perpétuelle du temps et du climat à toutes échelles de durée (Leroux, 1996).

Agglutinations anticycloniques (AA) : accumulation d'air anticyclonique liée au frein que constitue le relief, au déplacement des anticyclones mobiles polaires.

Atérien : culture paléolithique présente du Maroc à la vallée du Nil et dans tout le Sahara entre 40 000 et 20 000 BP. Elle préfigure le Paléolithique supérieur.

Basses pressions intertropicales (BPIT) : ascendances thermiques qui suivent, sous l'équateur, le déplacement de la position apparente du soleil à midi. Elles sont perturbées, dans leurs positionnements, par la répartition des terres, des reliefs et des mers. Elles forment un couloir dépressionnaire occupé par l'équateur météorologique.

Beach-rock : grès et conglomérat de plage dégagés par l'érosion marine.

Berbéré : céréale des régions tropicales sèches, cultivée souvent sur les sols de décrue des fleuves et des lacs tropicaux.

Catabatique : vent descendant le long d'un versant ou sur le rebord d'un inlandsis et subissant des accélérations d'autant plus fortes que l'écoulement est laminaire et non turbulent (Viers, 1968).

Cheyre : coulée basaltique à la surface rugueuse et couverte de débris.

Chlorite : argile provenant de l'altération des silicates ferromagnésiens (micas, pyroxène, amphiboles, péridots).

Climat périglaciaire : climat froid circumpolaire et montagnard où le gel est l'agent d'érosion essentiel, associé à la neige et aux eaux de ruissellement.

Commandement : altitude relative d'un escarpement ou d'une falaise.

Cône de déjection : formation alluviale grossière à l'aval d'un torrent.

Continental intercalaire : séries géologiques continentales, détritiques ou lacustres, recouvrant une longue période d'érosion du continent africain entre la fin du Primaire et le Crétacé supérieur.

Continental terminal : formations géologiques d'âge tertiaire, fréquente au Sahara et sur ses marges.

Coriolis (force de) : le vent devrait se diriger des hautes pressions vers les basses pressions, ce qui donnerait une direction perpendiculaire aux isobares mais la rotation de la terre dévie l'écoulement de l'air. Le mathématicien Coriolis a montré que la force qui entraîne la déviation des vents est directement proportionnelle à la vitesse angulaire de rotation de la Terre. La force de Coriolis fait dévier les corps en mouvement sur la Terre (air, eau) vers la droite dans l'hémisphère nord et vers la gauche dans l'hémisphère sud.

Cotre : voilier possédant un mât unique sur lequel on peut établir, en même temps, deux voiles d'avant : foc et trinquette.

Courant de marée : courant généré par les marées dans un estuaire, un détroit ou de part et d'autre d'un cap à condition, dans ces deux derniers cas, que l'heure des marées soit décalée de chaque coté de l'obstacle ou aux deux extrémités du détroit.

Courant-jet ou jet-stream : vents violents d'Ouest situés un peu au-dessous de la Tropopause.

Cryoclastie : effet du gel et du dégel sur les roches et les sols en présence d'eau.

Cuesta : relief à pendage unique (monoclinal) des bassins sédimentaires constitué d'une alternance de roches dures et tendres donnant par érosion, des corniches escarpées dominant des talus en roche tendre (les cuestas du Bassin Parisien).

Cuirasse ferrugineuse : sol des régions tropicales constitué, après lessivage des composants solubles, de fer, de silice et d'alumine qui précipitent.

Daya : petite dépression fermée à la surface d'une hamada. Certaines peuvent être des dolines.

Désertisation : destruction du milieu naturel et extension des zones désertiques par l'action de l'homme dans des régions généralement de climat aride ou semi-aride.

Diaclase : fente ou fracture des roches résistantes, de faible importance, d'origine tectonique.

Doline : dépression fermée, creusée dans les calcaires par érosion chimique.

Échelle de Van Engelen : historien néerlandais, il établit une échelle d'indices de 1 à 9, pour caractériser les climats, de 1 à 6, étés frais, de 7 à 9, étés chauds à caniculaires, de 1à 6 hivers, doux à peu rigoureux, de 7 à 9, hivers rigoureux à très rigoureux.

Eemien : période de climat humide et clément entre 140 000 ans et 110 000 ans BP.

Effet venturi : accroissement de la vitesse d'un fluide comme le vent, dans un couloir ou une vallée étroite.

Endoréique : se dit d'un fleuve qui ne se jette pas dans la mer (le Chari ou la Saoura sont des fleuves endoréiques).

Éolianite : sédiment sableux déposé par le vent.

Épandage de piémont : dans les régions arides et semi-arides, vaste système alluvial au débouché des grandes vallées prenant naissance dans de hautes chaînes de montagne (Haut-Atlas, Caucase par exemple).

Évaporite : dépôt salé du à l'évaporation des eaux d'un lac temporaire ou d'une lagune littorale, sous climat aride.

Équateur météorologique (EM) : axe de symétrie de la circulation générale vers lequel se réalise la confluence des masses d'air des deux hémisphères.

Événement de Dansgaard-Œschger : épisode de refroidissement brutal mis en évidence par les forages sur la calotte glaciaire groenlandaise.

Événement de Heinrich : épisode de réchauffement situé à la fin de l'événement précédent et entraînant des débâcles d'icebergs dans l'Atlantique Nord.

Fente en coin : à partir de fentes, accumulation progressive de glace dans les sols.

Flandrien : dépôt des littoraux européens, témoin de la dernière transgression marine qui commence vers 10 000 ans BP.

Front de mousson ou zone de convergence intertropicale (ZCIT) ou Front intertropical (FIT) : zone de contact entre les masses d'air humides venues du golfe de Guinée, et l'air sec et brûlant du Sahara.

Gélifluxtion : fonte de la glace et de la neige à l'intérieur des sols, provoquant des glissements de terrain.

Géomorphologie : science de la Terre qui étudie les formes du relief terrestre soumis aux mouvements tectoniques et aux agents de l'érosion.

Glacis d'ablation : plan incliné façonné dans des roches tendres au pied d'un escarpement et modelé par le ruissellement sporadique et sous forme de chenaux. Les glacis d'ablation sont représentés essentiellement dans les régions arides et semi-arides.

Haloclastie : agent d'érosion de la fragmentation initiale qui agit par pression dans les pores et les feuillets des roches à cause de l'accroissement des cristaux de sel, à mesure que l'eau s'évapore de la solution saline.

Hamada : plateau horizontal, dans les régions désertiques, dont la surface correspond à l'affleurement d'une roche résistante sans couverture de sol ou de débris fins.

Illite : minéral argileux détritique.

Inlandsis : calotte glaciaire de plusieurs milliers de km^2 et de plus de 3 à 4 km d'épaisseur. Les deux principaux sont le Groenland et l'Antarctique.

Inselberg : relief résiduel rocheux escarpé.

Intumescence : dans le cas d'un anticyclone, débordement de celui-ci sous forme de digitations et de gonflements sur ses marges.

Isobathe : ligne d'égale profondeur.

Isostasie : mouvements des compartiments de l'écorce terrestre les uns par rapport aux autres.

Kaolinite : minéral argileux répandu dans les sols des régions tropicales.

Karst : formes créées, dans les calcaires, par érosion chimique. Les calcaires sont altérés et dissous par l'acide carbonique contenu dans les eaux de pluie et des sols. La karstification est le mécanisme de dissolution des calcaires.

Lithométéore : poussières et sables charriés par le vent.

Maader : étendue lacustre temporaire et zone d'épandage de crue recouverte d'argile dans les déserts et principalement sur le piémont des montagnes.

Matte : zone d'enracinement des posidonies, formant des buttes sous-marines qui protègent le littoral de l'érosion par les vagues.

Modelé : forme de la surface terrestre dont la définition fait appel à un agent ou processus d'érosion : une dune est un modelé.

Moghrébien : formation littorale du Maroc atlantique, à la charnière du Tertiaire et du Quaternaire.

Molasse : formation sédimentaire gréseuse à ciment carbonaté.

Néogène : étage géologique de la fin du Tertiaire, comprenant le Miocène et le Pliocène.

Néolithique : civilisation des premiers agriculteurs et éleveurs sédentaires à partir de 10 000 ans BP.

Nouakchottien : étage du littoral atlantique mauritanien équivalent du Flandrien.

Ogolien : période géologique du Pléistocène récent, entre 20 000 et 12 000 ans avant le présent, caractérisée par un Sahara plus étendu que de nos jours et reponsable de l'édification des principaux ergs actuels.

Oulgien : formation littorale du Quaternaire récent au Maroc atlantique.

Palygorskite : argile alumineuse caractéristique des milieux lagunaires et des formations lacustres des régions arides et semi-arides.

Permafrost : sol gelé en permanence dans les régions périglaciaires.

Planèze : coulée basaltique de forme triangulaire provenant de la dissection d'un édifice volcanique conique par des vallées rayonnantes.

Playa : plaine de piémont argileuse en région aride et semi-aride.

Racémisation des acides aminés : certaines molécules des organismes animaux présentent deux structures symétriques : droite et gauche. Dans les organismes vivants, seule la structure gauche est présente. Après la mort de l'organisme, les molécules de structure gauche se transforment en molécules de structure droite jusqu'à parvenir à un mélange équimolaire. La mesure du temps, en déterminant la part de forme gauche et de forme droite des molécules, permet de remonter à la date de la mort de l'organisme.

Régolite : formation superficielle constituée de fragments d'une roche massive brisée sur place, en surface, par l'érosion. Cette formation devient un sol lorsque les argiles de la roche sous-jacente constituent la matrice de la formation et évoluent vers des horizons individualisés.

Rubéfaction : processus de coloration en rouge du sol ou des grains de sable par des oxydes de fer sous forme déshydratée.

Sansouire : steppe halophile baignant, en hiver, dans une vasière peu profonde (terme utilisé en Camargue).

Seiches : oscillation d'une onde stationnaire dans une baie ou un port étroitement ouverts sur la haute mer. Des seiches peuvent aussi se produire à la surface d'un lac.

Sloop : voilier à mât unique, gréant une grand voile et un seul foc à la fois. C'est le plus courant des voiliers de plaisance.

Smectite : argile des milieux mal drainés, neutres ou alcalins comme les lacs et marigots des régions tropicales.

Taffoni : cavité arrondie, creusée dans des roches granuleuses comme les grès, les molasses ou les granites.

Terrasse : dépôt alluvial le long d'un cours d'eau.

Thermoclastie : agent d'érosion de la fragmentation, agissant sur les roches nues par variation importante de température.

Thermocline : couche de transition thermique entre les eaux superficielles et les eaux sous-jacentes, de température plus froide, dans un océan, une mer ou un lac.

Trade winds : équivalent anglais des alizés.

Upwelling : remontée d'eau froide liée, sur un littoral, à un vent soufflant du continent vers la mer.

Vertisol : sol caractérisé par l'abondance des argiles gonflantes (smectites) en liaison avec une faible quantité d'humus très polymérisé, l'ensemble présentant une couleur noire. Ils sont présents sous les climats chauds, tropicaux et subtropicaux à saisons sèches.

Westerlies : vents d'ouest très puissants, surtout dans l'hémisphère sud.

Wisconsin : équivalent, en Amérique du Nord du Weischselien de l'Europe du Nord et plus largement du Würm moyen (70 000 à 20 000 BP).

Yardang : ce terme *turkmène* désigne des buttes effilées, allongées dans le sens du vent dominant, façonnées dans des sables limoneux, des limons, des argiles ou des marnes.

Index

D

E

F

G

H

I

J

K

L

M

N

O

P

Crédits photographiques

toutes photographies © Jean Riser, sauf :

© Dorian Rollin (p. 2, 16, 76 et 188)

Fotolia © Southmind (p. 112) et © Rafa Irusta (p. 205)

© Marion Moulin (p. 116, 224)

© Adrien Doméné (p. 10, 124, 223)

© Michel Serra (p. 240)

En couverture : Au large de Cassis, après un coup de vent © Gilles Foucras

Édition, maquette : Éditions Quae

Mise en pages : maomas

Impression d'après documents fournis

bialec, nancy (France)

Dépôt légal n° 73712 - mai 2010

PEFC

PEFC/10-31-1745

IMPRIM'VERT

Votre imprimeur agit pour l'environnement